国家棉花市场监测系统

- 国家电子政务工程重点项目
- 中国棉花行业市场监测与信息发布权威渠道
- 中储棉花信息中心有限公司承担建设与运行管理任务

国家棉花市场监测系统是国家为满足棉花市场宏观调控决策需要而专门批准设立的棉花市场监测体系，是国家重点电子政务工程建设项目之一，主要职能是“满足棉花市场宏观调控决策需要，正确引导国内棉花生产和消费”。

国家棉花市场监测系统（下称“监测系统”）依托覆盖全国主要棉花产销区的全产业链立体化监测网络体系开展监测工作。目前监测网络体系包括国家棉花监测网络信息中心（即中储棉信息中心）、区域办事处、监测站和农户监测点四个层次，年数据采集量超过30万条，年发布相关监测报告120余份。

依托国家棉花市场监测系统产出的监测成果包含“棉花价格指数”“专项调查报告”“市场分析报告”三大类和一个国家棉花数据中心（产业数据库），为政府决策提供科学依据，正确引导国内棉花生产和消费发挥了重要作用。其中，国家棉花价格指数是国家研究实施棉花产业宏观调控政策的重要参考，是中央储备棉轮换底价的重要组成部分，监测系统上报的政策建议、数据报表、行业信息等历年来均得到国家有关部门的肯定和运用，近年来通过集团上报的信息数据多次被中共中央办公厅和国务院办公厅采用。

国家棉花数据中心是依托国家棉花市场监测系统建立的官方数据库，主要为满足棉花市场宏观调控决策需要，同时服务好涉棉企业。汇聚和融入了监测系统多年的研究成果，收录了国内外涉棉产业链各个环节海量一手数据，具有时间跨度长（从1949年的棉花产销存数据开始到最新的各类数据）、覆盖范围广（包括国内外涉棉行业价格、国内外涉棉行业产需数据、国内外宏观经济数据等三大板块70多类数据，近千万条历史数据）、时效性强（实时数据能够每日同步更新）的独特优势，为国家相关部门和行业研究者随时了解掌握国内外市场最新形势和相关数据提供便捷服务，切实发挥大数据的动态分析与趋势预测作用。

地址：北京市石景山区京原路19号中储粮油脂大厦11层　　网址：http://www.cncotton.com

中国储备棉管理有限公司
China Cotton Reserves Management Co., Ltd

中国储备棉管理有限公司（简称中储棉公司）成立于2003年，总部位于北京，是执行国家宏观调控政策的国有独资公司，2016年11月整体并入中储粮集团公司，成为中储粮集团全资专业化子公司。中储棉公司具体负责中央储备棉的经营管理，承担中央直属棉花储备库建设任务，履行保护棉农利益、保障纺织供应、稳定棉花市场的职责。目前，中储棉公司下辖27家直属企业，其中仓储类企业20家，非仓储类企业3家，在建4家。中储棉公司自成立以来，认真落实国家下达的宏观调控任务，有效平衡了国内棉花产需供求，平稳了棉花市场价格，为国家供给侧结构性改革作出积极贡献，促进了棉花及纺织产业持续健康发展。

经营范围
BUSINESS SCOPE

中央储备棉的购销、储存、加工；进出口业务；仓储设施的租赁、服务；棉花储备库的建设、维修、管理；以及相关的信息咨询服务。

经营宗旨
BUSINESS AIM

严格执行国家下达的各项调控政策。确保中央储备棉数量真实、质量良好、储存安全、调运畅通，确保中央储备棉储得进、管得好、调得动、用得上，维护国家利益，服务宏观调控；强化管理，搞活经营，不断提高中央储备棉的经营管理水平和经济效益，确保国有资产保值增值。

全资子公司
SUBSIDIARY COMPANY

中储棉阜阳有限公司
中储棉徐州有限公司
中储棉九江有限公司
中储棉绍兴有限公司
中储棉西安有限公司
中储棉武汉有限公司
中储棉岳阳有限公司
中储棉兰州有限公司
中储棉盐城有限公司
中储棉漯河有限公司
中储棉花信息中心有限公司
中储棉德州有限责任公司
中储棉阿克苏有限公司
中储棉四川有限责任公司
中储棉菏泽有限责任公司
华远盈盛有限公司
中储棉永安有限公司
中储棉（南通）有限公司
中储棉山东诸城有限公司
中储棉新疆（乌鲁木齐）有限责任公司
中储棉新乡有限公司
中储棉连云港有限公司

控股子公司
HOLDING COMPANY

天津中储棉有限公司
中储棉广东有限责任公司
中储棉青岛有限公司
中储棉库尔勒有限责任公司

地址：北京市西城区华远街17号
邮编：100032
电话：010-83326505

中储棉花信息中心有限公司
CHINA NATIONAL COTTON INFORMATION CENTER LTD. COMPANY

ABOUT CNCIC
中储棉花信息中心有限公司

专注于提供世界一流的棉花综合信息服务

Devote to provide world's first-rate integrative cotton information service

中国棉花网是中储棉花信息中心有限公司直属网站，创建于1999年5月。作为中国棉花行业颇具影响力的垂直门户网站之一，中国棉花网始终秉承“及时、准确、全面、权威”的服务宗旨，以“服务国家宏观调控、服务广大会员、服务涉棉企业”为指导思想，开拓创新，砥砺前行。通过二十年的服务与运行，逐步建立了以“中国棉花网”为主的信息发布矩阵和新媒体宣传阵地（包括中国棉花网APP、小程序、微信公众号、头条号、同花顺号、微视频等），网站有效注册会员累计超过6万家，信息年均浏览量超过500万+。

中国棉花网的优势：

※ 及时的资讯服务，让您对棉花市场的大小事件一览无余

※ 国家棉花价格指数、国际棉花指数和郑棉期货价格，让您随时洞悉行情变幻

※ 提供国内主要地区现货价格行情，助您及时把握市场风云

※ 全面的国内、国际涉棉行情信息，帮您实现一“网”打尽

※ 深入的棉花市场分析预测，为您提供决策参考

※ 大型的棉花专业统计数据库，为您的分析研究提供第一手数据

※ 广泛的棉花市场监测网络体系，使棉花专业资讯服务物超所值

※ 权威的专业机构和专家队伍，是资讯服务的强大后盾

※ 领先的技术与不断创新的能力，是保持专业水准的坚实基础

国家棉花数据中心是中储棉信息中心、国家棉花市场监测系统自主研发的大型数据终端，主要在满足棉花市场宏观调控决策需要的基础上，更好地服务涉棉企业。综合运用智能监测，涵盖了宏观经济数据、行业产需数据、市场价格数据、个性化分析等内容，展现了国内外棉花全产业链各环节数据，包含棉花价格指数体系、棉纱价格、植棉面积、棉花历史产量、消费量、库存量、进出口等重要数据。

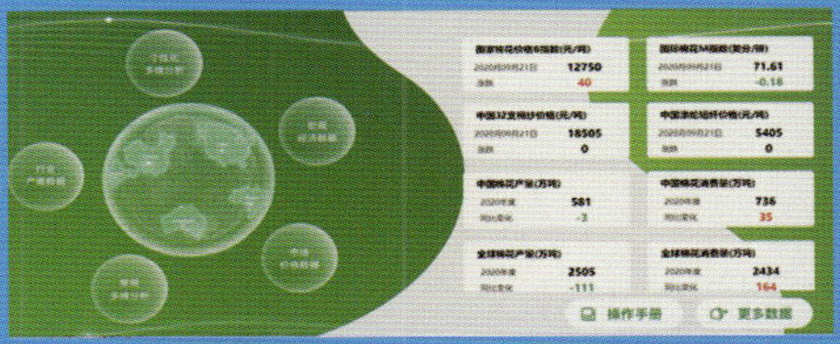

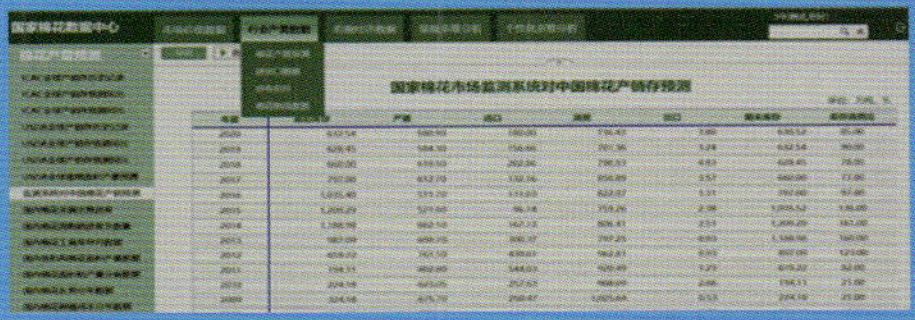

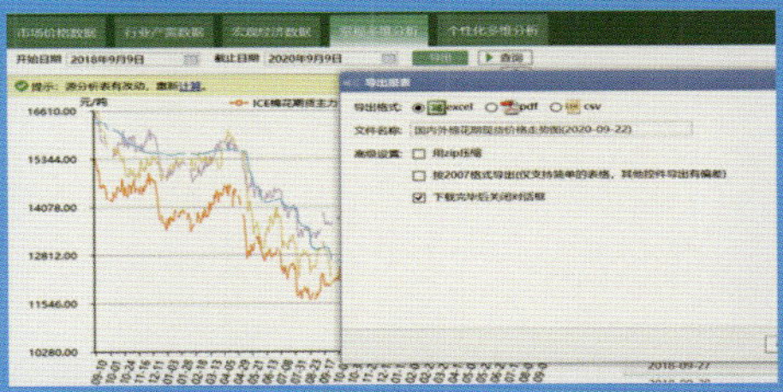

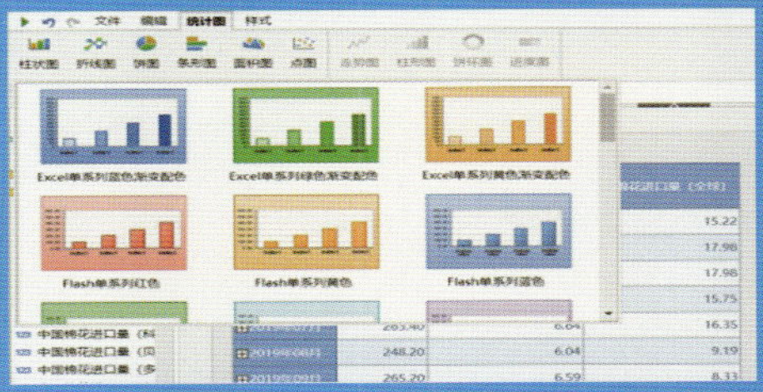

中国棉花网联系电话：010-56081189

2023/2024

中 国 棉 花 年 鉴

CHINA COTTON ALMANAC

中储棉花信息中心有限公司　编

中国出版集团
中 译 出 版 社

前 言

2023/2024 年度，国际贸易摩擦与地缘政治冲突呈多发态势，全球经济增速有所放缓。我国经济面临诸多困难和挑战，但长期向好的基本趋势没有改变。全球棉花供需形势由松变紧，我国棉花产需缺口大幅缩小，国内外棉价总体呈波动下行走势。《中国棉花年鉴 2023/2024》全面系统客观地反映了 2023/2024 年度中国棉花市场运行情况，主要涵盖行业发展概况、主要产棉省区概况、年度报告、监测报告、统计资料、大事记、政策文件和附件等八个部分。

《中国棉花年鉴》（以下简称《年鉴》）是一部集中反映棉花行业年度发展与趋势的工具书，《年鉴》集权威性、史实性、研究性、收藏性为一体，主要面向国内外棉花加工流通、纺织印染、金融与投资、贸易与咨询、科研与教育机构以及各级政府管理部门和行业社团组织发行。

本书涉及大量统计数据和史实资料，总体上按照棉花年度计算（2023 年 9 月 1 日至 2024 年 8 月 31 日）。除国家棉花市场监测系统外，统计数据主要来源于国家统计局、棉花主产省（市、自治区）统计局、中国海关总署、中国纺织品进出口商会、郑州商品交易所、美国农业部（USDA）、国际棉花咨询委员会（ICAC）和美国洲际交易所（ICE）等相关机构。

为增强可读性，我们在编写过程中对部分数据进行了二次整理，相应部分的原始数据以原出版单位为准，年度报告中所涉及的数据、资料、观点均由文章作者提供，政策文件部分均采用相关部门的政策原文，未标明来稿单位的文章均由《年鉴》编辑部编撰。

在编写过程中，相关部门给予我们大力支持，各相关单位、地方有关机构也给予了热情帮助，我们在此表示诚挚的感谢。

由于编写时间较紧，书中难免有不足之处，望各位读者不吝赐教，我们将认真改进，把《年鉴》做得更好，为推动中国棉花行业发展贡献微薄之力，

《中国棉花年鉴》编委会

2025 年 1 月

目录

第一部分　行业发展概况

第二部分　主要产棉区概况

第三部分　年度报告

第四部分　监测报告

第五部分　统计资料

第六部分　大事记

第七部分　政策文件

第八部分　附　件

行业发展概况

第一部分

行业运行概况

2023/2024 年度，国际贸易摩擦与地缘政治冲突呈多发态势，全球经济增速有所放缓。我国经济面临诸多困难和挑战，但长期向好的基本趋势没有改变。全球棉花供需形势由松变紧，我国棉花产需缺口大幅缩小，国内外棉价总体呈波动下行走势。

全球经济增速放缓。2023/2024 年度，国际贸易摩擦仍然没有缓和迹象，尤其是中美贸易摩擦。同时，其他国家也有类似情况，对中国部分商品采取一些制裁措施，影响了中国进入一些市场，如欧盟对中国电动汽车发起反补贴调查等。美国维持高利率引发市场对银行业流动性风险的担忧进一步增强，此外，在俄乌冲突持续不断的情况下，巴以冲突、印巴冲突、缅甸内部军事冲突、孟加拉国骚乱事件相继爆发导致地缘政治局势愈发复杂。受以上因素影响，全球经济增速放缓。国际货币基金组织（IMF）预测 2024 年全球经济增长率为 2.9%，同比下降 0.1 个百分点。

我国经济长期向好的基本趋势没有改变。2023 年中央经济工作会议指出，进一步推动经济回升向好需要克服一些困难和挑战，主要是有效需求不足、部分行业产能过剩、社会预期偏弱、风险隐患仍然较多，国内大循环存在堵点，外部环境的复杂性、严峻性、不确定性上升。要增强忧患意识，有效应对和解决这些问题。综合起来看，我国发展面临的有利条件强于不利因素，经济回升向好、长期向好的基本趋势没有改变。

全球棉花供需形势由松变紧。国际棉花咨询委员会（ICAC）2024 年 4 月份公布的全球棉花产销存预测报告显示，2023/2024 年度全球棉花产量为 2 458 万吨，同比减少 52 万吨；消费量为 2 466 万吨，同比增加 97 万吨；产需缺口为 8 万吨，而上个年度则是产量大于消费量 141 万吨。

我国棉花产需缺口大幅缩小。国家棉花市场监测系统 2024 年 4 月份公布的我国棉花产销存预测报告显示，2023/2024 年度我国棉花产量为 590 万吨，同比减少 82 万吨；消费量为 790 万吨，同比增加 20 万吨；产需缺口为 200 万吨，较上个年度缩小 98 万吨。

国内外棉价总体呈波动下行走势。截至 2024 年 8 月 30 日，郑州棉花期货主力合约价格为 13 805 元/吨，较 2023 年 9 月 1 日下跌 3 980 元/吨，跌幅 22.4%；国家棉花价格 B 指数为 14 953 元/吨，下跌 3 253 元/吨，跌幅 17.9%；美国洲际交易所（ICE）棉花期货主力合约价格为 69.99 美分/磅，下跌 19.96 美分/磅，跌幅 22.2%；国际棉花 M 指数为 78.32 美分/磅，下跌 20.39 美分/磅，跌幅 20.7%。

棉　花　生　产

2023/2024 年度新疆维吾尔自治区棉花种植面积、单产、总产量均呈现下降态势。受厄尔尼诺影响，春播时期新疆维吾尔自治区部分棉区遭受低温天气，对棉花生长产生一定影响。黄河流域和长江流域棉花总体长势好于去年。据国家棉花市场监测系统调查，2023 年我国棉花实播面积 4 140.2 万亩，同比减少 476.8 万亩，减幅 10.3%；棉花总产量为 590.3 万吨，同比减少 12.1%；棉花平均单产为 142.6 千克 / 亩，同比减少 2.0%。

具体情况如下：

2023 年国家发展改革委、财政部印发《关于完善棉花目标价格政策实施措施的通知》，将 2023—2025 年新疆维吾尔自治区棉花补贴产量规模下调至 510 万吨。新疆维吾尔自治区政府进一步优化棉花种植区域布局，引导各地退出低质低效棉田，推动棉花生产继续向优势产区集中，新疆维吾尔自治区棉花种植面积同比大幅下滑。春播期间新疆维吾尔自治区部分地区遭遇大风、冰雹等极端天气，不少地块的棉田经历多次补种，夏季大部分棉区气温偏高且降水较少，这对棉花花铃生长带来了不利影响。2023/2024 年度新疆维吾尔自治区产量为 549.5 万吨，同比下降 11.8%，棉花平均单产为 152.0 千克 / 亩，同比下降 4.1%。

2023 年黄河流域棉花播种期间普遍发生降雨，少部分棉农推迟播种。由于上年度籽棉收购价格低、农资价格持续上涨导致种植收益下降，黄河流域棉花播种面积大幅下降。棉花生长期个别地区有雹灾发生，导致棉苗生长受到一定影响。在棉花采摘期多为晴好天气，利于吐絮，棉花单产同比改善。整体看，2023/2024 年度黄河流域棉花播种面积为 290.1 万亩，同比减少 94 万亩，减幅为 24.5%；单产为 80.3 千克 / 亩，同比增长 3.7%；棉花总产量为 23.3 万吨，同比下降 21.7%。

2023 年长江流域棉花播种总体进展顺利，生长前期光热较为适宜，病虫害发生较轻，夏季大部分棉区因晴热高温导致部分棉田发生旱情，但随后的降水过程改善了棉田墒情，利于棉花开花结铃。2023/2024 年度长江流域播种面积为 196.4 万亩，同比减少 54.5 万亩，减幅 21.7%；单产 71.9 千克 / 亩，同比增长 20.6%；棉花总产量 14.1 万吨，同比下降 5.6%。

棉　花　收　购

在我国棉花加工产能严重过剩的背景下，受 2023 年国内棉花种植面积同比大幅减少，新疆维吾尔自治区棉花生长期间出现异常天气以及棉花商业库存紧张的影响，2023/2024 年度新花抢收预期较强。随着 2023 年 7 月国家有关部门先后发布中央储备棉销售和滑准税配额增发公告，新旧年度过渡期间棉花供应得到保障，在新棉上市时未出现抢收现象，籽棉收购价格“高开低走”，从 10 月初的 7.94 元 / 千克逐步下跌至12月中旬6.8元/千克左右，但总体上仍高于去年同期。截至2024年2月，全国400型棉花加工企业3128级籽棉平均收购价格为7.62元/千克，同比上涨25%；其中，新疆维吾尔自治区籽棉收购均价为7.62元/千克，同比上涨28%；内地籽棉收购均价为7.96元/千克，同比上涨2.5%。

棉　花　加　工

2023/2024**年度棉花加工技术发展现状。**一是棉花目标价格补贴政策实现了兵地互交互认；二是棉花加工质量在线检测与实时监测，实现了棉花加工生产线全过程加工质量、设备运行状态、用电量与产量等参数的在线监测与管理；三是无人驾驶夹包车研发成功并开展示范应用，为棉花加工棉包搬运、码垛提供了多样化实施方案，助推了人工智能技术在棉花加工领域的场景应用。

2023/2024**年度棉花加工企业经营效益情况及结构变化。**一是随着棉花干播湿出种植技术的推广，以及水资源短缺和生态环保政策收紧等因素的影响，南疆棉区棉花种植面积逐步增加，北疆棉区例如昌吉州等地区开始缩减棉花种植面积，叠加棉纺产业相关政策引导，棉花加工经营逐渐向南疆棉区集聚；二是棉花需求较弱、销售压力增大，经营风险没有大的改善。

2023/2024**年度棉花加工设备销售变化情况。**一是棉花智能化加工集成应用初见成效，大型智能轧花生产线已完成新建或改建10余条，设备销售达3亿元以上，新疆维吾尔自治区棉区通过智能化装备升级，推动加工效率提升30%—50%，人工成本降低40%以上；二是棉花质量追溯政策推动技术与装备发展提升，近几年棉农质量意识和棉企质量管控意识得到极大提高，加工企业注重棉花质量在线检测技术与装备的投入应用，促进棉花加工质量大幅提升；三是棉花机械化采摘快速发展，机采率再创新高，全疆棉花耕种收综合机械化率已经高达97%以上，机采率更是突破90%。

2023/2024年度，我国棉花产业面临全球竞争加剧、生产成本攀升及区域发展不均衡等挑战。为推动行业高质量发展，亟须通过加快装备更新换代、推动集约化生产、提升黄河与长江流域机械化水平三大路径，实现效率提升、成本优化和产业安全保障。建议：一是加快装备更新换代，推动棉花加工集约化生产；二是加大应用示范，提高黄河与长江流域棉花机械化水平。

棉　花　消　费

棉花消费量小幅增长。2023/2024年度，随着我国经济运行平稳向好以及扩大内需政策措施落地生效，纺织品服装内需持续恢复，但由于全球经济低迷以及美国对新疆维吾尔自治区棉制品出口制裁带来的影响不断深入，我国纺织品服装出口有所减少。根据国家棉花市场监测系统预测，2023/2024年度我

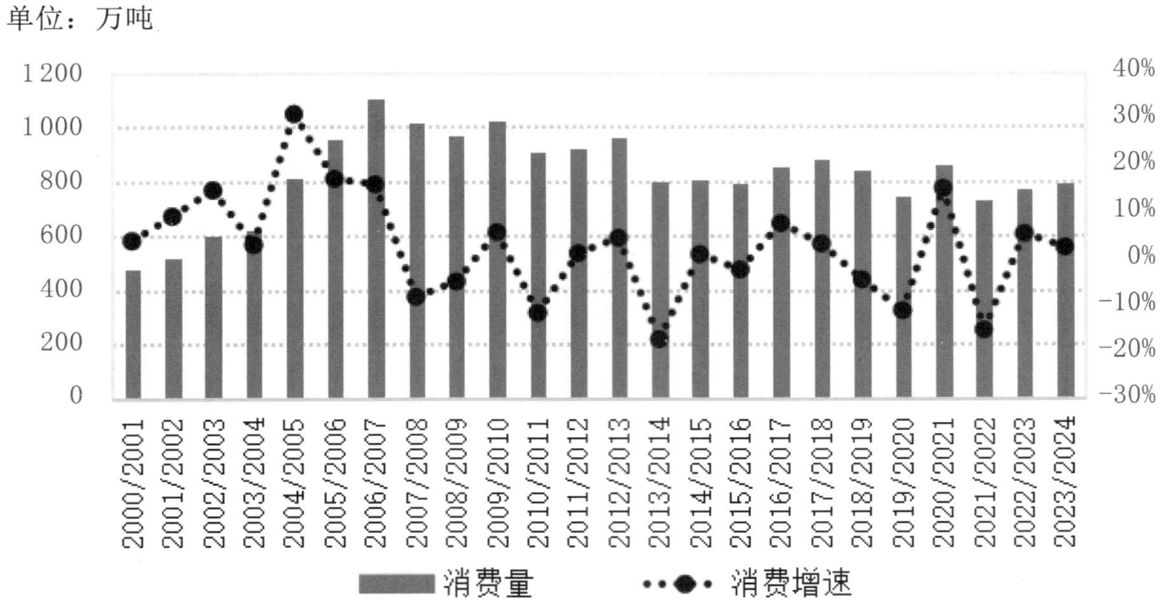

图 1–1　2000/2001—2023/2024 年度我国棉花消费量及同比增幅

国棉花消费量 790 万吨，同比增长 2.60%。

国内纺纱产业布局加速调整。国家统计局数据显示，2023/2024 年度，我国纱产量 2 216 万吨，同比减幅 9.6%，其中山东省纱产量 395.1 万吨，为七年以后再次超越福建成为第一大产纱省，占全国纱产量的 17.8%；福建省纱产量 373.9 万吨，占比由上年度的 19.1% 降至 16.9%；江苏省纱产量 323.2 万吨，占比 14.6%，连续两年居第三位；新疆维吾尔自治区纱产量 243.9 万吨，占比 11.0%，由上年度全国第五位上升至第四位。

表 1–1　2023/2024 年度我国主要地区纱产量及占比情况

单位：万吨

排名	地区	纱产量	占比 / %
1	山东	395.1	17.8
2	福建	373.9	16.9
3	江苏	323.2	14.6
4	新疆维吾尔自治区	243.9	11.0
5	湖北	223.6	10.1
6	浙江	158.3	7.1
7	河南	122.8	5.5

续表

排名	地区	纱产量	占比 / %
8	江西	101.5	4.6
9	湖南	61.9	2.8
10	四川	60.6	2.7
11	河北	53.0	2.4
12	安徽	43.2	1.9
13	广东	22.0	1.0
14	宁夏	10.6	0.5
15	陕西	5.7	0.3

数据来源：国家统计局。

纺织品服装内销增长、出口承压。2023/2024 年度国内经济持续复苏，国务院推出“推动大规模设备更新和消费品以旧换新”行动，不少省市将家纺等产品纳入补贴范围，我国纺织消费展现出增长势头。据国家统计局数据，2023/2024 年度我国服装鞋帽、针纺织品类零售额 14 490.1 亿元，同比增加 645.5 亿元，增幅 4.66%。与此同时，由于发达经济体利率水平保持高位，全球经济复苏缓慢，地缘政治冲突影响持续，海外消费市场需求疲软，美欧市场对产品供应链溯源要求不断加码，我国纺织品服装出口受阻。据海关总署数据统计，2023/2024 年度我国纺织品服装累计出口额为 2 962.2 亿美元，同比减少 67.1 亿美元，减幅 2.2%。

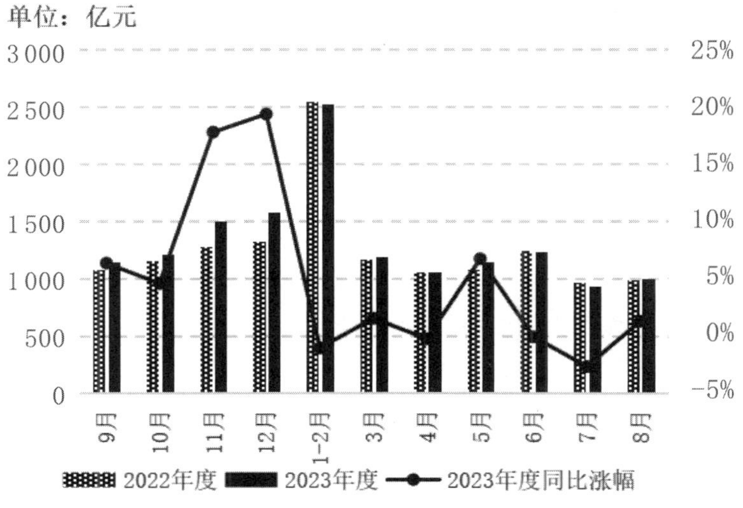

图 1–2　2023/2024 年度我国服装鞋帽、针纺织品类零售额变化

数据来源：国家统计局。

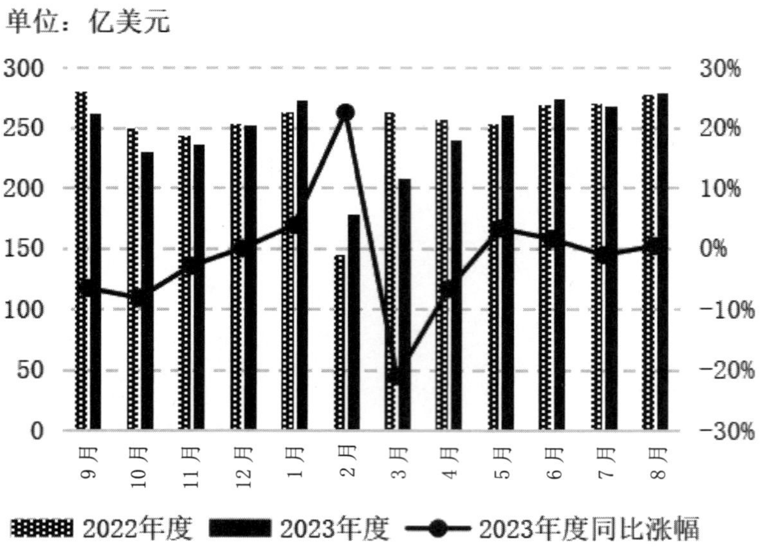

图 1-3　2023/2024 年度我国纺织品服装出口额变化

数据来源：中华人民共和国海关总署。

棉　花　库　存

棉花库存同比大幅增加。据国家棉花市场监测系统预测，2023/2024 年度我国棉花期末库存 693.80 万吨，同比增长 21.44%；库存消费比 87.68%，同比增加 13.66 个百分点。

纺织企业棉花库存数量同比增加。随着 2023/2024 年度国内纺织市场产销形势稳步恢复，纺织企业补充棉花库存的意愿整体高于上年度。2023 年秋冬季纺织品服装订单回暖以及春节前后纺织企业备货需求旺盛，带动企业棉花库存大幅增加，但 2024 年春节后纺织品服装市场新增订单不及预期，开机率短暂回升后持续回落，后道纱布累库现象增多，销售总体维持偏弱态势。同时受棉花价格持续下行影响，纺织企业补库积极性有所下降。国家棉花市场监测系统监测数据显示，截至 2024 年 8 月底，全国纺织企业棉花库存折合天数为 33.5 天（含到港进口棉数量），推算全国棉花工业库存约 72.5 万吨，同比增长 21.4%。

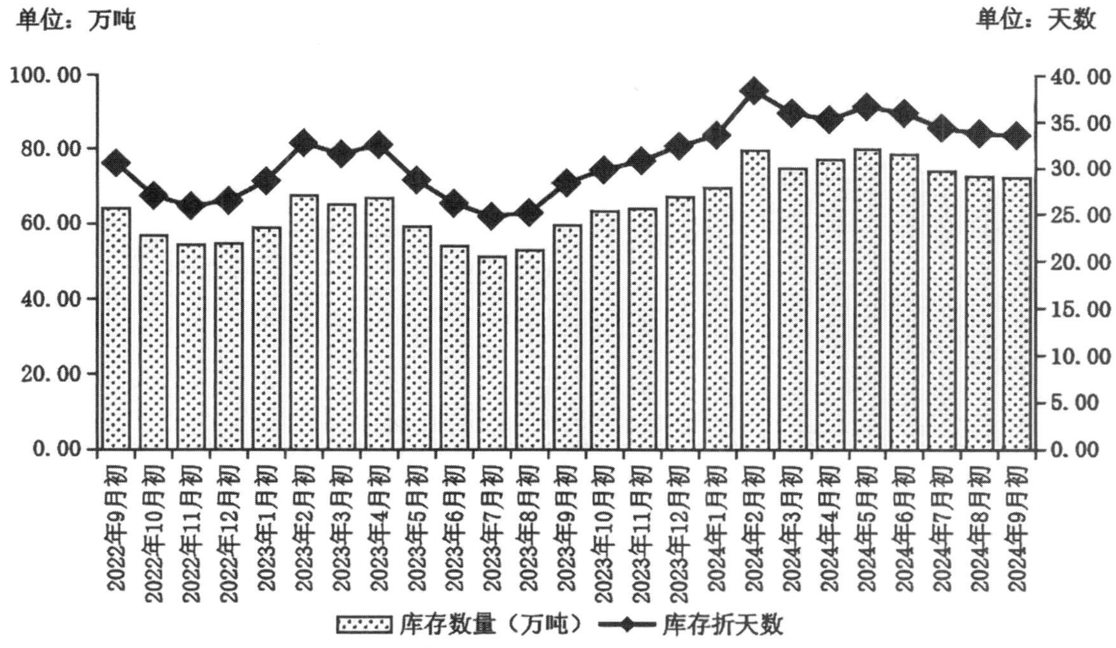

图 1–4　2022—2024 年度我国棉花库存量变化

棉　花　价　格

国内棉花价格震荡走弱。2023/2024 年度初期储备棉销售稳定了市场预期，随着国内棉花供应量增加，以及纺织市场“金九银十”旺季表现不及预期，棉花价格承压下行。2023 年末至 2024 年初因美棉签约量同比大幅增加，市场对美棉供应趋紧的担忧加重，投机资金助推国际棉价飙升至一年多以来的高位，国内棉价也随之走强。随后由于市场对高价棉接受程度不高、新年度全球棉花丰产预期增强、纺织品服装市场进入淡季等因素，棉花价格进入下行通道。截至 2024 年 2 月底至 8 月底，国家棉花价格 B 指数由 17 175 元 / 吨下跌至 14 953 元 / 吨，跌幅 12.9%。

内外价差大幅波动。2023 年 9 月至 2024 年 1 月，国内外棉花平均价差（国内棉价减去国外棉价）为 800 元 / 吨，随后因国际棉价快速上涨，国内棉价走势相对温和，内外棉价差不断缩窄并由正转负，最低为 -1 976 元 / 吨。4 月之后，国际棉花市场供强需弱预期增强，国内棉花库存缓慢消化，国家发展改革委仅发放棉花进口滑准税配额 20 万吨，低于市场预期，国内棉价走势略强于国际市场。截至 2024 年 8 月底，内外棉价差为 1 397 元 / 吨。

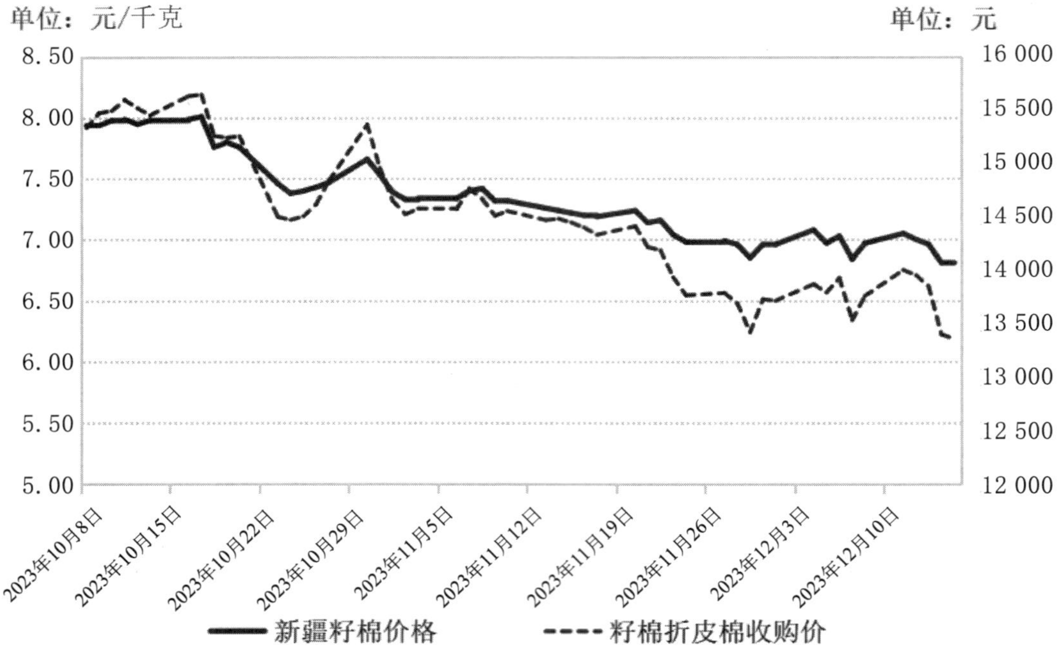

图 1–5　2023/2024 年度新疆棉花收购价格走势①

① 图 1 籽棉价格为白棉 3 级，籽棉折皮棉为平均收购成本（不含加工费，不算损耗）。

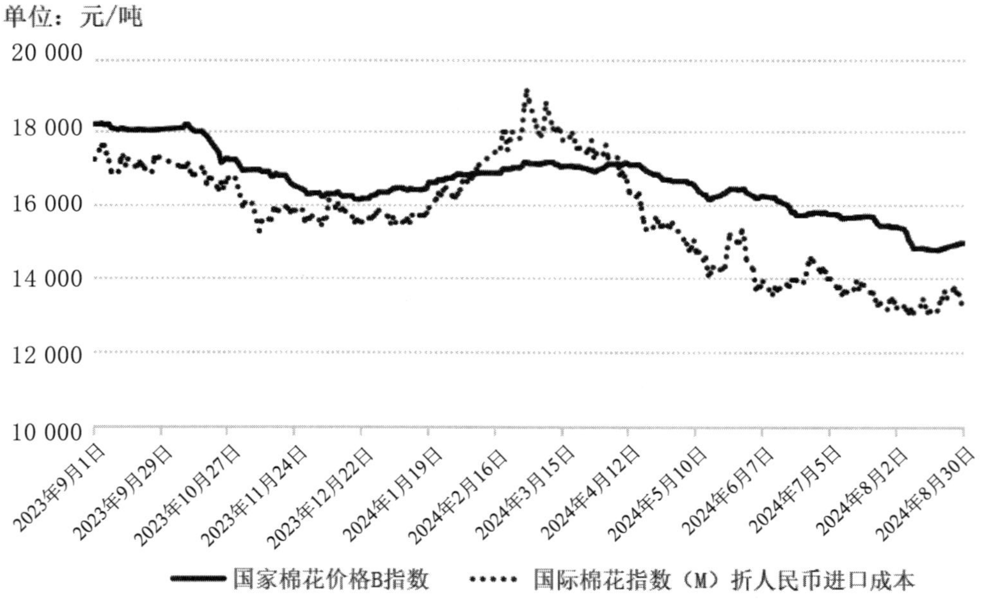

图 1–6　2023/2024 年度国内外棉花现货价格走势对比

棉花进出口

2023/2024 年度，我国棉花进口量为 323.63 万吨，同比增加 181.18 万吨，增幅 127.19%，出口量为 1.35 万吨，同比减少 0.4 万吨，减幅 22.86%。

一、棉花进口量同比增长 127.19%

1. 按国别和地区统计

2023/2024 年度，我国棉花进口量为 323.63 万吨，同比增加 181.18 万吨，增幅 127.19%。

表 1–2　2023/2024 年度中国棉花进口分国别统计

单位：万吨

国别	数量	国别	数量
合计	323.63	塔吉克斯坦	2.874
巴西	131.81	布基纳法索	1.59
美国	110.91	坦桑尼亚	1.489
澳大利亚	34.807	墨西哥	1.473
土耳其	9.719	马里	0.984
印度	8.611	巴基斯坦	0.927
哈萨克斯坦	4.923	吉尔吉斯斯坦	0.789
苏丹	4.154	缅甸	0.769
阿根廷	3.916	其他	3.868

数据来源：中华人民共和国海关总署（不含已梳的棉花）。

2. 按时段统计

2023 年 9 月—2024 年 8 月，我国棉花进口在大部分时间里保持在高水平，其中 2023 年 9 月—2024 年 5 月的每月进口量基本保持在 25 万吨—35 万吨，这段时间的平均进口量达到 30 万吨，2024 年 6—8 月的进口量降至 15 万吨—20 万吨。

2023/2024 年度，我国棉花进口量为 323.63 万吨，同比增加 181.18 万吨，增长 127.19%，创下近 11 年来最高水平，月均进口量为 26.9 万吨，明显高于上年度的 11.87 万吨。全年度最高进口量为 2024 年 3 月，达到 39.7 万吨，较上年度高点增加 21.9 万吨。

二、棉花出口量下降 22.87%

2023/2024 年度，我国棉花出口量为 13 490 吨，同比减少 4 000 吨，减幅 22.87%。

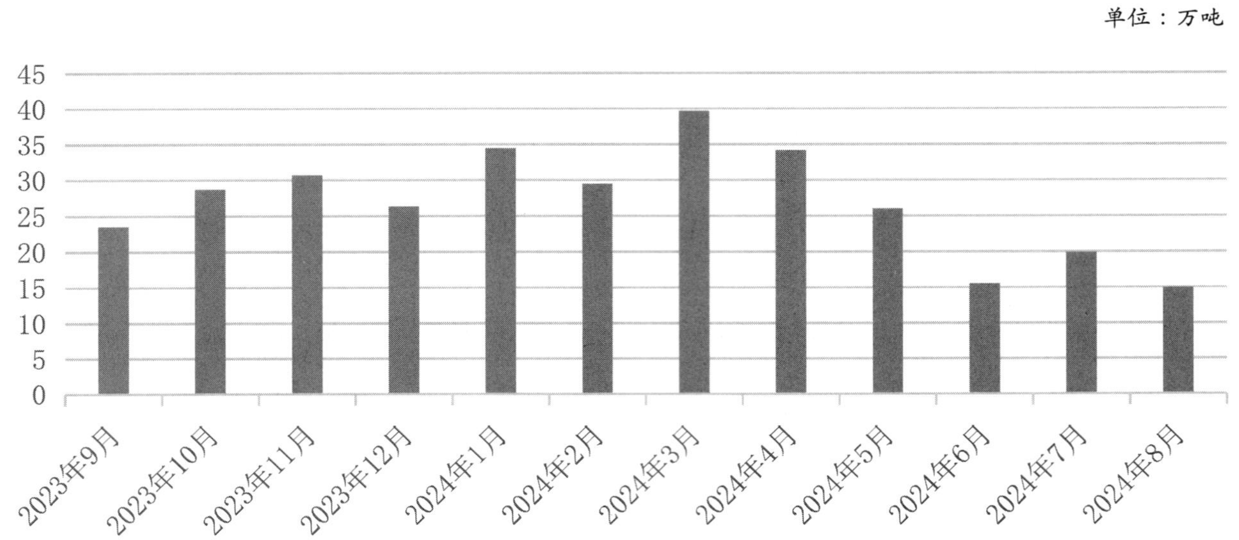

图 1–7　2023/2024 年度中国棉花进口分月统计图

表 1–3　2023/2024 年度中国棉花出口分国别统计

单位：万吨

国别	数量	国别	数量
合计	1.349	印度尼西亚	0.081
越南	0.562	马来西亚	0.063
孟加拉国	0.443	印度	0.046
朝鲜	0.114	其他	0.04

数据来源：中华人民共和国海关总署（不含已梳的棉花）。

国　际　市　场

一、概述

根据美国农业部（USDA）的数据，2023/2024 年度全球棉花期初库存增长 7.08%，产量减少 2.86%，进口量增长 16.61%，消费量增长 1.50%，出口量增长 21.72%，期末库存减少 2.29%。虽然全球期初库存同比增加，但被产量减少以及消费量和出口量增加所抵消，因此全球期末库存同比有所下降，基本面由上年度的供大于需转变为供略不足需。

2023/2024 年度，ICE 棉花期货近月合约平均价为 80.62 美分 / 磅，同比下跌 4.20 美分 / 磅，跌幅 4.95%；国际棉花指数（M）平均价为 90.51 美分 / 磅，同比下跌 9.14 美分 / 磅，跌幅 9.17%。2024 年 8 月 30 日，ICE 棉花期货主力合约（2024 年 12 月合约）收盘价为 69.99 美分 / 磅，较 2023 年 8 月 31 日（2023 年 12 月合约）下跌 17.83 美分 / 磅，跌幅 20.30%。

表 1–4　2023/2024 年度全球产销存预测表

单位：万吨

年度	期初库存	产量	进口量	消费量	出口量	期末库存
2023/2024	1 652.6	2 459.9	958.1	2 489.2	971.2	1 614.8
2022/2023	1 543.3	2 532.2	821.7	2 452.5	797.9	1 652.6
同比（±）	109.2	–72.3	136.5	36.7	173.3	–37.8

数据来源：美国农业部。

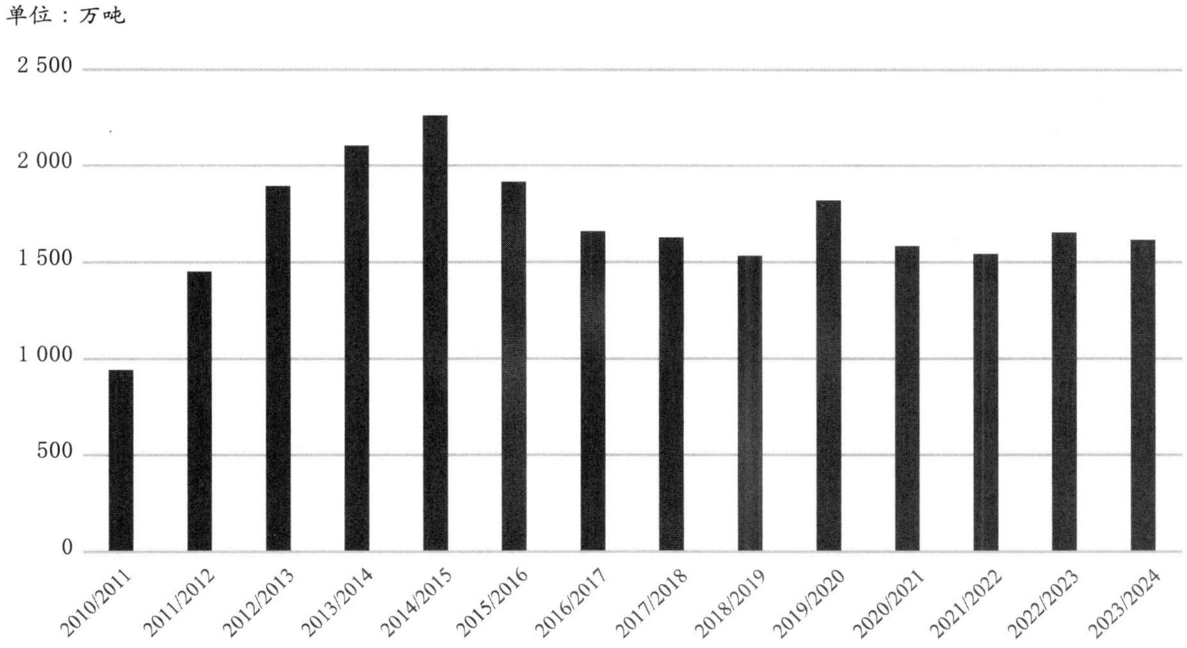

图 1–8　2010/2011—2023/2024 年度全球棉花库存变化趋势

二、产需状况

1．产量

2023/2024年度，中国、印度、美国、澳大利亚、土耳其和乌兹别克斯坦均减产，巴西、巴基斯坦和西非增产。中国产量减少74万吨，印度减少19.6万吨，美国减少52.3万吨，澳大利亚减少17.4万吨，土耳其减少37万吨，乌兹别克斯坦减少6.6万吨，巴西增加62万吨，巴基斯坦增加67.5万吨，西非增加21.8万吨。

表1–5　2023/2024年度主要国家棉花产量同比对比表

单位：万吨

年度	中国	印度	巴西	美国	巴基斯坦	西非	澳大利亚	土耳其	乌兹别克斯坦
2023/2024	595.5	553.0	317.2	262.7	152.4	109.3	108.9	69.7	63.1
2022/2023	669.5	572.6	255.2	315.0	84.9	87.5	126.3	106.7	69.7
同比（±）	–74	–19.6	62	–52.3	67.5	21.8	–17.4	–37	–6.6

数据来源：美国农业部。

2．消费量

2023/2024年度，除了土耳其因大地震影响到纺织业和棉花消费以外，主要消费国的棉花消费量均有所增加。中国棉花消费量为838.2万吨，同比增加17.4万吨；印度消费量增加21.8万吨，为555.2万吨；巴基斯坦消费量增加21.8万吨，为211.2吨；孟加拉国消费量增加1.1万吨，为168.7万吨；越南消费量增加3.3万吨，为143.7万吨；巴西消费量增加1.1万吨，为68.9万吨；土耳其消费量减少19.9万吨，为143.7万吨。

表1–6　2023/2024年度主要国家棉花消费量同比对比表

单位：万吨

年度	中国	印度	巴基斯坦	孟加拉国	土耳其	越南	巴西
2023/2024	838.2	555.2	211.2	168.7	143.7	143.7	68.9
2022/2023	820.8	533.4	189.4	167.6	163.6	140.4	67.8
同比（±）	17.4	21.8	21.8	1.1	–19.9	3.3	1.1

数据来源：美国农业部。

3．进口量

2023/2024年度，土耳其、巴基斯坦和印度的进口量减少，中国、孟加拉国、越南和印度尼西亚的进口量增加。中国进口量增加190.4万吨，为326.1万吨；孟加拉国增加12.5万吨，为164.9万吨；越南增加2.5万吨，为143.4万吨；印度尼西亚增加4万吨，为 40.2 万吨；土耳其减少 13.6 万吨，为 77.6 万吨；巴基斯坦减少 28.3 万吨，为 69.7 万吨；印度减少 18.3 万吨，为 19.3 万吨。

表 1–7　2023/2024 年度主要国家棉花进口量同比对比表

单位：万吨

年度	中国	孟加拉国	越南	土耳其	巴基斯坦	印度尼西亚	印度
2023/2024	326.1	164.9	143.4	77.6	69.7	40.2	19.3
2022/2023	135.7	152.4	140.9	91.2	98.0	36.2	37.6
同比（±）	190.4	12.5	2.5	–13.6	–28.3	4	–18.3

数据来源：美国农业部。

4．出口量

2023/2024 年度，巴西、印度、西非的棉花出口量增加，美国、澳大利亚和希腊的棉花出口量减少。巴西出口增加 123.1 万吨，为 268.0 万吨；印度增加 26.4 万吨，为 50.3 万吨；西非增加 13.2 万吨，为 99.9 万吨；美国减少 15.3 万吨，为 255.8 万吨；澳大利亚减少 9.7 万吨，为 125.0 万吨；希腊减少 7.8 万吨，为 21.2 万吨。巴西首次取代美国成为全球棉花出口量最大的国家。

表 1–8　2023/2024 年度主要国家棉花出口量同比对比表

单位：万吨

年度	美国	巴西	澳大利亚	印度	西非	希腊
2023/2024	255.8	268.0	125.0	50.3	99.9	21.2
2022/2023	271.1	144.9	134.7	23.9	86.7	29.0
同比（±）	–15.3	123.1	–9.7	26.4	13.2	–7.8

数据来源：美国农业部。

5．期末库存

2023/2024 年度，印度、巴西、澳大利亚和美国的期末库存减少，中国、乌兹别克斯坦和阿根廷的期末库存增加。中国增加 82 万吨，为 808.2 万吨；乌兹别克斯坦增加 0.7 万吨，为 43.5 万吨；阿根廷增加 7.5 万吨，为 47.5 万吨；印度减少 33.2 万吨，为 202.5 万吨，巴西减少 19.6 万吨，为 67.7 万吨；澳大利亚减少 12.6 万吨，为 91.5 万吨；美国减少 32.6 万吨，为 68.6 万吨。

表 1–9　2023/2024 年度主要国家棉花期末库存同比对比表

单位：万吨

年度	中国	印度	巴西	澳大利亚	美国	乌兹别克斯坦	阿根廷
2023/2024	808.2	202.5	67.7	91.5	68.6	43.5	47.5
2022/2023	726.2	235.7	87.3	104.1	101.2	42.8	40.0
同比（±）	82	-33.2	–19.6	–12.6	–32.6	0.7	7.5

数据来源：美国农业部。

三、价格走势

2023/2024 年度，ICE 棉花期货走势大致可分为三个阶段。第一个阶段是年度初期（2023 年 9 月 -11 月初），这段时间 ICE 期货价格震荡下跌，从最高点 89.61 美分跌至最低点 76.52 美分，累计下跌 13.09 美分，跌幅 14.61%；第二个阶段从 2023 年 11 月初至 2024 年 2 月初，这段时间 ICE 期货价格从 76.52 美分一路上涨至最高点 103.07 美分；第三个阶段是 2024 年 2 月初至年度结束，这段时间 ICE 期货价格持续下跌，8 月 8 日跌至年度最低点 65.79 美分。

2023/2024 年度，ICE 期货近月合约最高价是 2024 年 2 月 28 日的 103.07 美分，较 2022/2023 年度低 9.3 美分，最低价是 2024 年 8 月 8 日的 65.79 美分，较 2022/2023 年度低 6.21 美分，年度平均价为 80.62 美分，较 2022/2023 年度低 4.20 美分。

2023/2024 年度，代表进口棉中国主港到岸均价的国际棉花指数（M）与 ICE 棉花期货近月合约走势保持一致，最高价是 2024 年 2 月 29 日的 110.78 美分，较 2022/2023 年度低 23.27 美分，最低价是 2024 年 8 月 7 日的 75.43 美分，较 2022/2023 年度低 14.27 美分，年度平均价为 90.51 美分，较 2022/2023 年度下跌 9.14 美分。

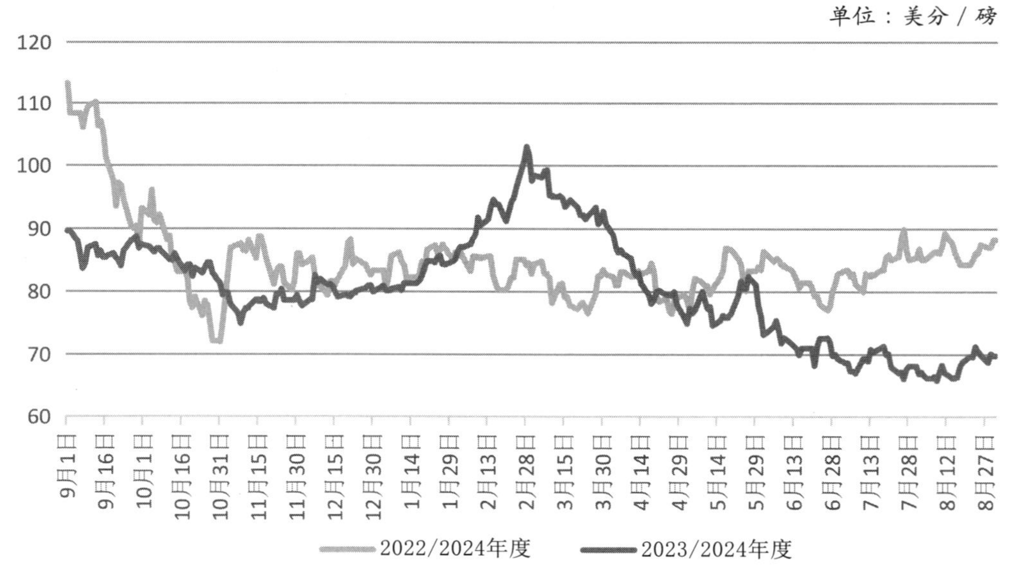

图 1–9　2023/2024 年度 ICE 棉花期货走势同比对比

图 1–10　2023/2024 年度国际棉花指数（M）走势及同比对比

主要产棉区概况

第二部分

新疆维吾尔自治区

一、棉花生产

（一）棉花面积、总产量和单产

据国家统计局公布数据显示，2023 年新疆维吾尔自治区棉花种植面积 3 554 万亩（其中地方 2 399.6 万亩，兵团 1 154.3 万亩），较上年减少 191 万亩，减幅 5.1%；总产量 511.2 万吨（其中地方 326.1 万吨，兵团 185.1 万吨），占全国棉花产量的 91%，总产量较上年减少 27.9 万吨，减幅 5.1%；单产 143.8 千克 / 亩（其中地方 135.9 千克 / 亩，兵团 160.35 千克 / 亩），与上一年度基本持平。

（二）种植品种、成本及收益

据自治区发展改革委成本及收益直报调查数据显示，2023 年棉花亩成本为 2 556.61 元，与上年相比增加 32.67 元，增幅 1.29%；从成本构成来看，物质与服务费用 1 259.30 元，在总成本中占比 49.26%；人工成本 604.48 元，在总成本中占比 23.64%；土地成本 692.83 元，在总成本中占比 27.10%。

受棉花出售价格上涨因素影响，每亩净利润、现金收益均有所增加。2023 年平均每 50 千克皮棉出售价格为 814.16 元，同比增加 196.02 元，增幅 31.7%；亩均产值 2 939.02 元，同比增加 477.23 元，增幅 19.39%；每亩净利润 382 元，同比增加 444 元。

（三）目标价格政策实施情况

一是制定新一轮棉花目标价格政策实施方案。积极争取国家在新疆维吾尔自治区继续实施棉花目标价格改革政策，同时在总结评估 2014—2022 年棉花目标价格政策落实情况的基础上，研究制定《新疆维吾尔自治区 2023—2025 年棉花目标价格政策实施方案》，明确本轮棉花目标价格水平保持 18 600 元 / 吨，以固定产量 510 万吨进行补贴，在政策框架不变和支持力度不减的基础上，对稳定新疆维吾尔自治区棉花生产、扩大质量补贴范围、融合兵地棉花市场等方面提出了要求，为推进新疆维吾尔自治区棉花产业高质量发展指明了方向。

二是兑付 2022 年度棉花目标价格补贴。制定 2022 年度棉花目标价格补贴标准拨付方案，核定 2022 年度棉花补贴标准：陆地棉 1.93 元 / 千克，长绒棉 2.71 元 / 千克；开展籽棉交售信息统计核查工作，印发《关于做好 2022 年度自治区棉花目标价格补贴资金“一卡通”专项治理工作的通知》《关于加快做好棉花目标价格补贴资金兑付工作的通知》，部署各植棉地（州、市）及时开展超单产核查工作，严格执行补贴发放规程，确保补贴资金精准兑付至棉农手中。

三是完成 2022 年度棉花加工企业诚信经营评价结果公示。印发《关于做好 2022 年度自治区棉花加工企业诚信经营评价工作的通知》，根据《自治区棉花加工企业诚信经营评价管理办法》（新政办发〔2022〕42 号）的要求，自治区发展改革委、财政厅、公安厅、市场监督管理局、税务局、农发行新疆维吾尔自治区分行和新疆维吾尔自治区农信社等部门联合审查后，对 750 家棉花加工企业不良行为及诚信经营评价结果进行公示。

四是开展 2023 年度棉花加工企业公示申报工作。完善自治区棉花目标价格政策信息平台，增加县（市、区）线上审核流程，大幅提高信息填报准确性与审核效率，按照自治区人民政府办公厅《关于印发

〈自治区棉花目标价格改革加工企业公示管理办法〉的通知》（新政办发〔2021〕75号）规定，经县（市、区）、地（州、市）、自治区逐级申报审核，完成754家参与2023年度棉花目标价格改革的加工企业公示。

五是推进南疆兵地棉花市场融合试点。自治区发展改革委、兵团发展改革委、自治区市场监督管理局、兵团市场监督管理局四部门联合印发《2023年度兵地棉花市场融合试点实施方案》，在南疆五地州和兵团南疆师团开展兵地棉花市场融合试点。棉农可自由选择试点区域内经自治区和兵团公示的棉花加工企业交售籽棉，实现互交互认；树立兵地一盘棋思想，建立兵地市场协同监管规则和机制；完善棉花目标价格政策信息平台，实现试点范围内籽棉交售信息精确匹配到地块。

六是全面推广质量补贴政策。自治区市场监督管理局会同自治区发展改革委、财政厅、农业农村厅联合印发《2023年度自治区棉花目标价格补贴与质量挂钩政策实施方案》在自治区所有产棉县（市）实施质量补贴政策，大幅提升整个行业在棉花生产环节的质量意识。将参与“目标价格补贴与质量挂钩”企业和参与2023年度棉花目标价格改革企业合并申报、一同公示，大幅提升企业申报、审核、公示效率。

七是完善棉花收入保险试点。自治区财政厅会同自治区发展改革委、农业农村厅联合印发《新疆维吾尔自治区棉花收入保险试点方案》（新财建〔2023〕179号），在塔城地区沙湾市、乌苏市，昌吉州玛纳斯县，哈密市伊州区等县市探索建立棉花收入保险机制，优化棉花“期货+保险”政策。

八是部署开展新棉收购工作。自治区人民政府办公厅印发《关于做好2023年度新棉收购工作的通知》，自治区发展改革委印发《关于做好2023年度新棉收购工作的通知》，要求各植棉地（州、市）做好新年度棉花收购、加工的价格监测、质量监管、资金管控等工作。

九是协调监管部门与金融机构信息上报、信息互通。自治区市场监督管理局、地方金融监督管理局及各金融机构，部署周报工作，通过各监管部门的监督检查结果与各发放贷款金融机构的及时传递实现精准管控。实施重点区域、重点环节、重点企业监管制度，对重点区域加强巡查频次，同时对重点企业名单进行公示曝光。

十是加强政策宣传培训。印发《致广大植棉户的公开信》《致棉花加工企业的公开信》等政策宣传资料，举办自治区棉花目标价格政策视频培训，通过电视、报纸、广播、新媒体等多种途径广泛宣传和解读棉花目标价格政策，从正面重点宣传目标价格政策对棉农的托底保障作用，加强舆论引导，引导棉农积极交售、棉花加工企业诚信经营。各地均设立服务和举报电话，及时处理棉农和企业反映的问题，回应社会关切，有序推进棉花收购工作。

（四）生产特点

面积方面：自治区农业农村厅牵头制定次宜棉区划分实施方案，印发《关于优化棉花种植结构加快推进次宜棉区退棉工作的通知》，对各棉花主产地州次宜棉区退棉工作提出明确要求。全疆次宜棉区调减近200万亩。

产量方面：2023年度气候总体利于棉花生长，9月下旬北疆地区新棉陆续上市，单产与上年度基本持平，处于历史较高水平。

质量方面：自治区近年来不断优化棉花主栽品种、推进高标准棉田建设、鼓励土地流转、提升种植技术。从公检数据看，2023年度棉花质量创5年最优水平。

二、棉花收购加工与销售利润

国庆节期间，北疆片区开始采收棉花，以机采蛋卷棉为主，目前采收进度尚未过半，收购价格在8元/千克左右，棉农看高籽棉收购价格，以观望为主。节后，期货价格回落，加工企业调整机采棉收购价格，在7.6—7.8元/千克左右，不及棉农心理预期，棉农与加工企业仍在博弈状态，籽棉少量成交。

因为宏观利空，需求不及预期、成本变数、纺织订单不佳、棉农交售情绪等因素，收购拉锯战持续。加工企业随期货涨跌调整价格，棉农出现恐慌情绪，实时关注期货和收购价格。后期，北疆机采籽棉主流价格维持在6.9—7.4元/千克之间；南疆机采籽棉价格区间下跌至7.1—7.5元/千克，手摘籽棉价格下跌至8.1—8.4元/千克之间。

整体来看，受期货价格下行、下游需求不旺、银行机构严控信贷资金等因素影响，棉花加工企业收购心态普遍较为理性，未出现抢收情况。

（自治区发展改革委　徐　敏）

山 东 省

一、棉花生产概况

（一）棉花生产面积、总产量

山东省作为黄河流域重要产棉省，2023/2024年度全省棉花播种面积149.7万亩（约99.8千公顷），同比增长3.4%，扭转了此前下降趋势；总产量12.7万吨，同比增长1.0%；棉花单产1 273.9千克/公顷（约84.9千克/亩），低于全国平均单产144.8千克/亩。山东省在2023/2024年度棉花生产中保持内地领先地位，但单产与新疆维吾尔自治区相比差距显著，新疆维吾尔自治区主要得益于规模化种植、机械化采收（新疆维吾尔自治区机采率达90%以上）及光热资源优势。山东棉花产量的提升需进一步推进机械化采收、品种改良和盐碱地综合利用，以巩固其作为黄河流域核心棉区的竞争力。（数据引用国家统计局关于2024年棉花产量的公告）

（二）种植品种、成本及收益

种植品种：棉花的种植和选育一直是农业的科研方向，山东省棉花产学研推等部门，协同创新、深入推进和技术推广，一批高产、多抗、适宜轻简化、机械化生产的优质棉新品种在生产中转化应用，除了“鲁棉11号”“鲁棉12号”“鲁棉13号”等传统品种，“鲁棉3218”“鲁棉研28”“鲁棉338”等新品系也成为山东省目前较为理想的推广品种。这些新品系植株紧凑，桃铃壳薄，坐果丰硕，抗病虫害能力较强，可以有效减少农药的使用，在显著提高经济效益的同时，也为棉花种植区域的环境改善和绿色高效农业的健康发展提供支持。

种植成本：植棉综合成本略微抬升。其中农资产品同比稳中有降，机械耕播费用保持平稳，土地流转和人工费用同比有所增加，综合种植成本较2022/2023年度小幅度提高。山东省通过科技兴农、政策助农实现降本增效，全省机采棉面积已突破3万亩，鲁北盐碱地棉饲两熟种植模式亩均增收600元以上，鲁西南棉区蒜（麦）后贴茬直播早熟棉模式，亩节约人工成本40%以上，减少物化投入30%以上。

种植收益：2023/2024年度，山东各产棉区籽棉收购价格前高后稳，收购价格在8.70—9.30元/千克区间波动，不同地区因土壤环境、种植条件、管理水平、气候灾害、种植补贴等差异，收益亦有所不同。例如济宁、菏泽地区棉花本年度单产创历史纪录，当地沿用的“蒜棉套播”等高效复合种植模式也节省了大量的物化和人工费用，亩均纯收益达到1 800—2 000元，有力促进了棉农的植棉积极性。

二、棉花加工与销售

（一）棉花公检情况

2023/2024年度，山东省棉花参与公证检验的有东营、济宁、德州、聊城、滨州、菏泽6个产棉市，上报公检的加工企业58家，检验量398 115万包、8.9633万吨，同比增长18.09%，送检数量占总产量的70.58%，同比增长10.38%。

年度公检数量5 000吨以上的棉花加工企业分别是：金乡县东方棉业有限公司9 462.5443吨，金乡县泰升棉业有限公司8 553.2234吨，成武县昌韵棉业有限公司6 665.309吨，济宁锦花商贸有限公司5 797.1654吨，武城县银源棉业有限公司5 450.282吨。（山东省纤维质量监测中心，数据截至2024年8月25日）

（二）棉花收购加工与销售

在2023/2024年度棉花市场周期中，山东省棉花加工企业的收购与销售活动因为受到市场供需、政策环境以及国际形势等多方面因素的扰动，展现出高开低走、震荡下行的特征。

收购初期受种植面积减少、总产量下降以及货币宽松等消息影响，轧花企业对后市价格有较强预期，收购较为积极，部分轧花厂提价促收。2023年9月8日，山东地产籽棉到厂价格跟涨至9.26元/千克，皮棉收购加工成本一度突破18 000元/吨。

2023年9月下旬开始纺织企业同比下游订单大量减少，“金九银十”表现整体差于预期，下游开机率持续降低，供应端出现“堰塞湖”，为后期市场持续下行埋下隐患。

因现货交易低迷，棉花加工企业大量交售期货仓单并等待点价机会，期货盘面却一路下行，在期货盘面价格跌破预期时，纺织企业乘机点价采购，地产棉仓单流转加快，部分棉企未点价销售的棉花产生亏损。

三、纺织生产与棉花消费

纺织产业是山东省传统支柱产业，是发展新质生产力的重要阵地，近年来积极发挥政策优势，以高端化、智能化、绿色化、集群化为发展方向，培育了一批国家级“三品”战略示范城市，使传统产业焕发新活力。

（一）生产构成

山东省的纺织生产构成较为多元，按行业划分：涵盖棉纺织、印染、毛纺织、麻纺织、家用纺织制成品、针织品、服装、化学纤维、纺织机械等子行业；按产品划分：种类丰富，涵盖十大类2万多个品种，包括纱、布、毛机织物、印染布、梭织服装、毛毯、地毯等。

（二）行业分布

区域集中性明显。青岛是产业中心，拥有完善的产业链和产业集群；烟台以服装加工和家纺产品为主；潍坊以棉纺织和服装加工为主；滨州则以1 100万纱锭的纺织规模在全国占据重要地位。

产业集群化发展：形成了众多产业集群，如青岛、烟台、滨州、潍坊等地的产业集群，从原材料采购、生产加工到产品销售的完整产业链条一应俱全，具有分工专业、产品配套、用工互补等集聚优势，协同效应显著。

沿交通干线和港口分布：山东省地处沿海，拥有青岛、烟台等重要港口，便于纺织服装产品进出口和物流运输，利于企业拓展国际市场。同时，部分产业也沿胶济铁路等交通干线分布，便于原材料和产品的运输流通。

区域差异化：不同地区有各自的主导产品和优势领域，百花齐放，各有不同，在全省纺织行业中形成了差异化发展的格局。

（三）棉花消费

2023年上半年，山东省的纺织企业内外销订单相对充足，尤其是精梳纱订单以及生产利润明显优于普梳纱，对棉花的品质和数量需求在一定时期内较为稳定。自第三季度开始，在全球经济形势影响下，海外主要消费市场需求不及预期，我国纺织品服装出口下降，下游订单跟进乏力，山东作为纺织大省也受到影响，棉花消费同比降低，需求端负反馈显现，山东棉纺企业开工负荷逐步下降至65%，产能的降低从一定程度上制约了棉花的消费和需求。

四、纺织生产运营情况及特点

（一）政策导向助力

2023年，山东省发布了《山东省建设绿色低碳高质量发展先行区三年行动计划（2023—2025年）》，表明了山东省对纺织服装行业的重视与支持。“十三五”期间，山东省提出改造提升传统产业，加快纺织行业提质增效、转型升级。“十四五”以来，山东省陆续发布政策，支持纺织服装行业开展产业链供应链优化升级、开展智能化绿色化转型。

（二）生产形势韧性向好

山东作为沿海纺织大省，2023年对共建“一带一路”国家出口服装增长17.6%，化学纤维纺织原料增长117.4%，全省纺织行业工业增加值增速高出全国同行业5.2个百分点，利润增速高出全国同行业277.1个百分点，显示出山东纺织业在全国的优势地位及发展韧性。（引用大众日报）

（三）部分地区表现突出

滨州2023年1月至11月纺织行业完成贸易额108.87亿元，其中出口额105.42亿元，当地现有规上纺织企业213家，纺纱规模1 100万纱锭，年可加工原棉150万吨、布30亿米、服装2 500万件。聊城市冠县拥有生产加工企业350家，规模以上企业26家，拥有180余万纱锭，纺纱能力30余万吨、织布能力6 000万米，在2023年全国纺织产业集群工作会议上被授予“中国棉纺织名城”称号。（引用新华社、中共冠县县委宣传部官方账号）

（四）智能化转型加速

产业结构持续升级，产品供给日益丰富，品种引领力、品质竞争力和品牌影响力显著增强，产业附加值不断提升。如山东省冠县冠星纺织集团建成纺织工业互联网云平台，使得设备智能化率高达90%以上，降低成本5%，提高效益8%，被评为“山东省数字化车间”“山东省智能化工厂”“省级绿色工厂”。（引用头条新闻）

（五）产业链不断延伸

上游环节从优化原料种植到化纤产业升级，中游环节从设备智能改造到印染工艺提升，下游环节从服装服饰品牌化建设到产品多元化开发，逐步形成自主可控的纺织全产业链布局。

（六）压力与动力并存

在低端OEM代工方面的成本优势逐渐丧失，而在中高端领域又面临国外核心技术和工艺的壁垒，另外存在产能过剩、出口订单减少、常规品种竞争激烈、原材料及用工成本上升、供应链向东南亚转移等诸多问题。山东纺织行业在感受压力的同时，积极发挥国家系列存量增量政策效能，充分展现发展韧性，扎实推进降本增效、优化管理等措施，积极拓展内销渠道，随着直播带货等电商新模式的发展，内销市场实现了温和增长。棉纱、棉布产量稳定提升。

附件图表：

一、山东省棉纱产量统计表对比表

单位：万吨

项目	2022 年 1—12 月	2023 年 1—12 月	2024 年 1—12 月
全国	2 719.1	2 234.19	2 277.9
山东	348.3	382.22	413.38
占全国比重 %	12.81	17.11	18.15
居各省位次	2	2	1

二、山东省棉布产量统计表对比表

单位：亿米

项目	2022 年 1—12 月	2023 年 1—12 月	2024 年 1—12 月
全国	367.5	294.9	306.3
山东	41.06	45.06	48.31
占全国比重 %	11.17	15.28	15.77
居各省位次	5	3	2

列表数据显示，2022—2024 年，我国棉布年产量从 367.5 亿米下降至 306.3 亿米，山东省通过设备升级、科技创新、扩大内需和产业链延伸，逆势求进，棉布年产量从 41.06 亿米稳步提升至 48.31 亿米，棉纱产量跃居全国首位，实现和保持了纱、布产量同步增长。

（山东省统计局　丛　磊）

河　北　省

一、棉花生产情况

1．棉花面积单产情况

2024 年河北省棉花生产总体情况呈“两减一增”态势，即面积减、总产减、单产增。据统计部门统计，2024 年全省棉花面积 86.85 万亩、总产 7.1 万吨，分别较上年减少 42.15 万亩、3.3 万吨，单产 81.8 千克/亩，较上年增加 1.27 千克 / 亩，增幅 1.6%。 面积和产量均居全国第 5 位。

2. 棉花种植成本与收益

据《全国农产品成本收益资料汇编 2024》数据统计，河北省棉花亩产值 2 059.06 元，亩成本 2 932.82 元（其中：物质与服务费用 460.46 元，人工成本 2 161.79 元，土地成本 310.57 元），亩净利润 -873.76 元/亩；而小麦 + 玉米亩产值 2 790.13 元，亩成本 2 408.33 元（其中：物质与服务费用 1 058.77 元，人工成本 866.17 元，土地成本 483.39 元），亩净利润 381.8 元。棉花人工成本是小麦 + 玉米总人工成本的 2.5 倍，种植效益远远低于小麦 + 玉米种植模式，棉农植棉积极性逐年降低。

表 2-1　2024 年河北省棉花种植成本收益

单位：元 / 亩

项目	2024 年
产值	2 059.06
总成本	2 932.82
物质费用	460.46
人工成本	2 161.79
土地成本	310.57
净利润	–873.76

数据来源：全国农产品成本收益资料汇编 2024。

3. 棉花生产特点

一是面积大幅下滑。棉花价格一直低位运行，植棉效益降低，棉农植棉积极性严重受挫，植棉面积继续大幅下滑，据统计部门统计，全省棉花播种面积 86.85 万亩，比去年减少 42.15 万亩，下降 32.7%。二是播期适宜。4 月中下旬，气温适宜，未出现明显低温降雨过程，播种进度正常，4 月下旬基本完成播种。三是棉花出苗好。主产棉区苗期普遍气温较高，棉苗生长快，出苗情况好于常年，苗全、苗齐、苗壮，苗期病害偏轻。四是前期长势好。6 月中旬各地均已进入蕾期，平均株高 39.8cm，真叶数 11.2 片，单株现蕾数 8—9 个，棉花前期长势较好。五是伏前桃数量多。进入 6 月份后，出现超过 40℃极端高温天气，棉田土壤失墒严重，各地均出现不同程度旱情，伏前桃数量多，部分未灌水棉田出现早衰。六是秋桃比例低。受前期高温干旱影响，棉花普遍发育进程偏早，伏前桃数量多，由于中下部成铃率高，导致上部秋桃成铃率偏低。七是吐絮早、衣分低。进入 8 月中旬大田即出现吐絮棉株，明显偏早，且烂铃少于常年，衣分明显低于常年。

二、纺织生产概况

1. 行业增加值增速低速下滑，连续十个月负增长

2024 年全省纺织服装行业的累计增加值增速下降了 0.49%，在全省七大主要行业累计增加值增速位列最后一名，纺织行业增加值占全省工业比重 1.43%。

2024 年规模以上企业主要大类产品产量中布，毛条、绒线、毛纱、毛机织物、服装、轻革、皮革服装、衣箱、提箱及类似容器、鞋、化学纤维等正增长。纱、印染布、亚麻布、化纤长丝机织物、非织造布、手提包（袋）、背包、天然毛皮服装大类等负增长。服装、鞋两大类由负转正。

在细分 35 个品类中产量同比上升的有 18 个，占比 51.43%；下降的有 17 个，占比 48.57%。

2. 全行业用电量当月增长，累计用电量增速缓慢

2024 年 12 月当月增长 9.82%，1-12 月累计增长 3.86%，全行业累计用电量增速低速增长。仅化学纤维制造业用电量增速达两位数以上，仍是四个子行业增速最高的。

3. 固定资产投资、技改投资增速双双大增

2024 年纺织工业固定资产投资增速同比增长 36.3%，高于全省工业固定资产投资增速 17.7 个百分点，占全省工业投资比重 1.4%，连续七个月居全省七大主要行业中增速第一位。

2024 年纺织工业技术改造投资增速同比增长 50%，高于全省技改投资增速 39.7 个百分点，占全省工业技改投资比重 1.7%，连续七个月居全省七大主要行业中技改投资增速第一位。

两项投资从六月开始持续保持较高速增长，增速超乎预期，上、下半年差异巨大。

4. 行业收入增速低速下滑、利润总额增速突发大幅下滑，亏损企业数量同比稍增，亏损额同比大幅上升。

2024 年规模以上入统企业总数 1233 家，营业收入完成 838.09 亿元，同比下降 1.09%，营业收入增速持续下降，减幅趋缓。利润总额完成 5.59 亿元，同比下降 19.28%。利润总额增速较纺织业下滑 9.8%。

亏损企业 232 家，同比增长 9.43%。亏损企业数量主要集中在纺织业和皮革、毛皮、羽毛及其制品和制鞋业，全行业亏损面达 18.82%。亏损总额 15.77 亿元，同比增长 34.77%。

从业人员平均人数 10.9 万人，同比持平。2024 年底主要经济技术指标出现较大幅度变化，不排除年度数据调整情况。

5. 1—12 月主要产品大类出口情况（单位：人民币）

皮革、毛皮及其制品 18.38 亿元，同比下降 46.29%；箱包及类似容器 35.82 亿元，同比下降 22.81%；纺织原料 31.6 亿元，同比下降 13.86%；纺织纱线、织物及其制品 167.39 亿元，同比下降 9.71%；服装及衣着附件 131.9 亿元，同比下降 17.15%；鞋靴 10.95 亿元，同比下降 41.38%；帽类 8.36 亿元，同比下降 10.33%。

（王彦章）

河　南　省

一、河南省棉花生产情况

棉花作为重要的经济作物，能够有效增加棉农收入，促进棉区农村经济发展，促进乡村振兴。受要素成本等影响，河南省棉花种植面积逐年下降。国家统计局公布的数据显示，2023 年，河南省棉花种植面积 8.4 万亩，单产 80.8 千克 / 亩，总产 0.7 万吨。

近年来，根据河南省的实际情况，政府采取了有针对性的鼓励政策，如出台了鼓励产棉大县、产棉大户、废弃矿区发展棉花生产等措施。但目前来看，政策的落实力度还不足以形成有效发展合力。

二、棉花种植加工销售及发展建议

（一）棉花生产加工中存在的问题

1. 棉花生产机械化程度难以提高

河南省大部分棉花种植为夏播棉，通常采用育苗移植麦行套栽方式种植，影响种植机械化推广；在用工最多的采摘环节，由于土地细碎化和缺少经济实用的小型采摘机械，难以实现棉花生产中机械对劳动力的替代，导致棉花生产用工矛盾难以缓解，劳动强度大，用工成本高。

2. 针对棉花生产的服务力度不足

生产性服务组织发育不够，缺少专业化的生产技术服务。产后销售服务组织发育不够，棉农面临直接销售问题。

3. 缺乏合规的棉花收购加工厂站

河南省棉花种植分散，难以有效形成集中的商品棉区域，政策只允许经过验收的 400 型棉花加工厂收购加工棉花，从收购加工成本核算，没有 3 000

吨以上的皮棉加工量，400 型厂难以生存，造成目前河南没有 400 型棉花加工厂。

（二）棉花销售的情况

河南省植棉面积受国家政策和要素成本等影响，产量相对于河南省的棉花消费来说，已经远远不能满足。近年来，河南省每年棉花消费都在 110 万吨以上，河南曾是产棉大省，棉纺行业拥有良好发展基础，规模实力较强，现阶段棉花原料主要来自新疆棉以及进口棉。

（三）发展棉花生产的建议

1. 提高棉花品质

建议实行统一供种、统一收购，以保证棉花遗传品质的一致性。根据纱线生产工厂和终端消费需要，提高棉花的生产加工品质，满足市场需求。

2. 根据生态条件科学确定技术重点

对适宜推广的植棉模式，分别配套推广棉花轻简化栽培、精量播种机播种、测土配方施肥、封闭除草、全生育期化学调控、节水灌溉、棉田病虫害绿色防控等节本增效实用技术，以降低生产成本，提高植棉效益。

3. 加大政策和服务力度推动棉花产业高质量发展

一是加强政策支持，提高棉花补贴力度。建立能够组织协调农业技术推广部门、种子生产企业、棉花收购加工企业、纺织企业等相关方的牵头机构，加大政策和资金支持力度。

二是通过新品种、新技术、新机械、新模式的推广应用，引导和支持植棉大户或企业建立棉花种植合作社等多种形式的棉农合作服务组织，并通过棉农合作组织，提高农民的组织化程度，实现棉花生产的恢复和发展。

三是依托合作社等棉农合作服务组织与棉纺企业提前签订棉花采购订单，按企业需求组织生产，将棉花生产、流通与纺织消费进行有效对接，推进棉花订单生产模式。

四是加强对农业技术推广人员和棉农的技术培训，使配套技术得到落实。

三、河南棉纺织工业运行情况

（一）河南纺织工业运行特点

2023 年以来，河南省纺织工业运行呈现以下主要特点：一是增速继续下滑，棉纺织出现较大幅度负增长；二是内需相对平稳；三是原材料市场波动较大；四是投资领域和规模有增有减；五是质效平稳提升。

（二）河南纺织工业基本情况

河南省纺织行业经过多年发展，形成了包括纺纱、化纤、织布、染整、服装、家纺、产业用、纺织机械制造等纺织服装行业较为完整的产业链体系。全省规模以上纺织服装企业有 1 500 余家，从业人数约 60 万人，2023 年行业规上企业主营业务收入约 2 800 亿元（不含纺织机械），是全国纺织服装制造大省和中部重要的纺织服装产业转移承接地。全省棉纺织企业近 400 家，拥有纺纱规模近 2 000 万纱锭，纯棉纱产量占全国的 18%，素有“河南产好纱”的美誉；2023 年化纤产量 67.31 万吨，同比下降 15.7%，化纤行业锦纶工业丝、粘胶长丝、氨纶产量分别排在全国第 1、第 1、第 2 位。在纺织机械设备方面，恒天重工、光山白鲨、二纺机等行业知名企业市场拓展力度不断加大。

（三）棉纺织运行情况

河南省棉纺纱线产量受国内外市场影响，近几年纱线产量大幅萎缩。2023 年，河南省棉纱产量 130.94 万吨，同比下降 55.7%。受原材料、成本、政策等因素影响，河南省骨干纺织企业也积极在省外布局，目前在外纺纱产能约 260 万锭，占全省产能的 13%，主要集中在新疆维吾尔自治区地区。2023 年以来，河南省织造环节增速明显，机织布产量不断增加，针织布受下游针织服装行业带动具有一定规模；印染和面料整理环节薄弱，企业少、规模小，除个别企业外，技术装备整体较落后，制约着产业链的完善和价值链的提升。

（四）产业集群和品牌发展

2023 年，棉纺织、化纤、针织、长丝织造、非织造布、女装等一批特色产业集群和龙头企业，不断加大创新力度，围绕行业特色发展，成为全国纺织工业重点发展领域的翘楚，打造了“白鹭”“神马”“通泰纺织”“裕丰纺织”“逸阳服饰”“阿尔本服饰”等一批知名纺织服装消费品牌。

（李继锋）

江　苏　省

一、棉花生产与成本收益

（一）棉花面积、总产量和单产

据国家统计局统计，2023/2024 年度江苏全省棉花种植面积为 5.25 万亩，同比下降 1.05 万亩，减幅 16.7%，连续 17 年下降，再创历史新低，仅为最高年份（1984 年，1082 万亩）的 0.49%，植棉面积占全省种植面积的 0.05%，产量 0.5 万吨，分省排名第 10，占全国产量的 0.1%。历经十几年的下降，棉花种植已经从江苏农业的主力品种变成一个可以忽略不计的品种。

（二）种植成本及收益

2023 年春节后，疫情结束，经济复苏，预期国内棉花大幅减产，在这些利好驱动下，2023 年上半年棉花价格走出了一波上涨行情，到 9 月 4 日达到最高点，5 月合约创出 17 585 元 / 吨的高点。随后，在新棉上市供应增加的压力下，逐步走低。与往年相比，新棉收购价格相对较高，普遍在 7.2—9.2 元 / 千克之间，收购期间呈高开低走。由于籽棉收购价格相对高，棉农普遍收益较好。但与其他经济作物比，优势不明显，种植周期长、用工多，机械化程度低，种植棉花对大多数农民仍没有吸引力。加之江苏省人均耕地面积相对少，又是沿海经济发达地区，城市化比例高，同时临近上海，时鲜蔬菜、水果的消费需求大，是上海的主要蔬菜供应基地。现代高效农业发展快，毗邻大中城市的农村大力推广“一乡一品”特色农业。随着乡村振兴战略实施，资本下乡增加，土地向高收益品种流转、集中，棉花和传统粮食的种植面积呈持续减少趋势，棉花种植趋于消失。

二、棉花收购、加工与销售

（一）棉花收购加工企业构成及变化情况

2023/2024 年度，由于棉花种植面积大幅减少，缺少稳定的籽棉资源，江苏收购加工企业也逐年减少，规模收购和参与公检的只有 1 家企业，籽棉资源大部分来自周边外省安徽、江西、湖北，并非江苏本地籽棉资源。收购皮棉数量 3 000 吨左右，公检主体等级淡点污，主体长度 28 毫米，总体质量指标差于传统江苏棉花质量。

（二）棉花收购、加工和销售成本及利润情况

与往年一样，因为籽棉上市量少，2023 年江苏省棉区开秤收购普遍晚于周边地区。收购主体分散，400 型、200 型和小轧花厂都有参加，小厂大都是与后道纱厂签订协议，锁定渠道、价格，采用以销定购订单式收购加工为主。400 型企业专门生产加工仓单棉，在期货市场价格较高时销售给期货市场，遇期货市场波动较大时做阶段性滚动套利降低成本增加收益。由于本年度收购及皮棉价格呈现高开低

走，期货从9月初的17 500元/吨跌到11月底的14 500元/吨，大跌3 000元/吨，收购企业普遍亏损严重。

（三）**棉花收购、加工及销售特点**

2023/2024年度，棉花价格走的是一波“高开低走”行情，收购期间期货价格由9月初的17 500元/吨跌到11月底的14 500元/吨，到2月底又涨到16 300元/吨，然后又一路下跌到8月底的13 500元/吨左右。收购企业由于规模小、收购量小，边收边卖的亏损相对小些，有一定库存又未严格套保的亏损较大。

江苏是用棉大省，年用棉70万吨左右，2023/2024年度地产棉只有0.5万吨，地产棉花的数量在总棉总量中微不足道，销售市场主要集中在江苏省内，小厂销售主要集中在周边熟识的纱厂，由于纱厂资金紧张，新棉集中上市期间阶段性供大于求，常有赊欠现象。大厂主要在附近交割库注册仓单卖给大的贸易公司或资金公司，最终销售到江苏省内或周边省份的纱厂。

江苏由于地产棉花资源很少，占用棉总量比例可以忽略不计，江苏每年70万吨左右的用棉主要是进口棉和新疆棉，也有少量的外省地产棉。这促进了江苏棉花购销贸易的快速发展，形成了几个大型的棉花集散地。张家港、南通港主营进口棉花，除供应江苏本省外，还辐射福建、浙江、江西、河南、湖南、湖北、安徽等主要用棉省份。无锡、南通、盐城、徐州的仓储企业主要经营新疆棉，供应本省和周边省份的纺织企业。近几年江苏的棉花贸易电商平台企业也发展迅速，走在全国前列，2家电商平台，年业务量超过100万吨，客户遍布全国主要产区和销区。

（四）**江苏棉花种植的现状和方向**

江苏是传统的优质棉产区，生产的棉花长度长，强力高，马值适中，三丝少，曾是全国最好的棉花，相较西北、黄河棉区、江苏棉区作为传统的高品质棉生产和纺织工业基地，拥有完整成熟的产业链，拥有优越的物质技术条件和人才优势，近十几年由于棉花生产比较效益差、周期长、缺乏劳动力，种植面积持续下降。江苏省政府相关部门和研究单位一直在为恢复发展江苏棉花生产研究对策，采取了不少措施。但从几年的实践效果看，收效甚微，大面积可用来种植棉花的沿海滩涂地被改造成了效益更好的鱼塘、虾塘，市场的力量不可违，江苏最终可能成为“无棉区”。

三、纺织生产与棉花消费

（一）**纺织生产及销售情况**

据省统计局数据，2023年全省纱产量305.3万吨，同比增1.06％，布产量50.74亿米，同比增4.15％。从国家发展改革委公示的配额申报企业看，2024年江苏共有88家纺织企业参与申报，同比增加4家，申报产能折算纱锭1 000万锭，增加163万锭，增幅19.5%。其中环纺纱锭721万锭，气纺138 301头，涡流纺45 552头，全棉水刺无纺布79 000吨，申报用棉量73万吨，增加6万吨，增幅9%。

（二）**棉花消费**

2023/2024年度，江苏省纺织企业用棉主要以外购新疆棉、国储棉、进口棉为主，地产棉份额只有不到1%，很少，可以忽略。江苏是沿海发达地区，劳动力市场整体缺口较大，纺织行业由于行业盈利能力差，工资水平低（8小时5 000-6 000元/月无休或一休，五险一金不全或全无）、劳动强度大、工作环境差（高温、高湿、粉尘、噪声），江苏纺织企业普遍存在招工难、用工难的问题，员工普遍以45岁以上群体为主，传统棉纺织规模在逐渐萎缩，主要是自然关停，少量转移到新疆维吾尔自治区、甘肃、国外。曾是最大产棉区的盐城市最为明显，现有纱锭总数不足峰值时的一半。在传统环纺纱锭减少的同时，新型气纺、涡流、水刺等产能有所增加。在消费结构上，棉花与化纤差价大，棉花被价格便宜的涤纶、粘胶替代量在持续增加。2023年全年用棉量估计在70万吨左右，棉花消耗总量稳中有降。

（三）**纺织行业经济运行特点**

2023年，江苏纺织行业运行稳中有升，规模以上企业主要经济运行指标有所好转，生产、销售总体呈现恢复性增长。7 573家规上企业，比上年增加326家，营收10 535亿，同比增长6.8%，利润419亿，同比增长16.1%。

在新疆棉占主体的原料供应中，江苏远离新疆棉花主产区，运输成本相对较高，出疆运费高于山东、河南等纺织大省100–200元/吨。但地处沿海，进口棉运输成本低。此外，仓储业发达，是新疆棉移库的优选目的地。拥有全国最大的后道织造加工产业链，江苏生产的棉纱主要销往本地及海外，运输综合成本相对较低。南通的床上用品、"苏锡常宁"的服装等终端产业聚集度高、规模大，南京聚集了苏美达、苏豪、南纺等大型服装出口企业。当地纺织企业能第一时间掌握后道需求信息，快速响应开发新特品种供应市场。由于用工、用地、电力紧张，与山东、河南、福建、新疆维吾尔自治区等地区相比，江苏棉纺企业普遍规模相对较小，平均在10万锭以下，70%以上企业在10万锭以下，规模优势不足，装备相对陈旧。但管理更精细、技术创新能力强、捕捉市场信息快是江苏纺织的优势。

（何银官）

江 西 省

一、棉花生产

1. 种植面积、产量

作为长江流域的江西棉区，具有亚热带季风气候，地形以山地和丘陵为主，盆地、谷地广布。

全省近五年棉花种植、产量，具体情况见下表：

表2–2　2020年至2024年江西省棉花种植面积及产量

年份	种植面积（千公顷）	单位面积产量（千克/公顷）	总产量（万吨）
2020年	35.0	1 511.5	5.3
2021年	11.0	1 557.8	1.7
2022年	19.7	1 101.5	2.2
2023年	19.4	1 134.6	2.2
2024年	19.0	1 125.0	2.1

数据来源：国家统计局。

2024年江西省棉花实播面积同比减少2.0%。

2. 棉花长势

江西省前期干旱、后期雨水偏大，受气候影响，大部分调查户反映苗情长势较差。截至8月，调查户中反映苗情较好的仅占16.4%，较去年低50.8个百分点，六成以上调查户反映苗情较差。病虫害发生较轻，病害较轻的棉田占61.9%，同比低25.6个百分点；虫害较轻的棉田占40.4%，同比低37.1个百分点。上半年长江流域棉区出现较强降水，部分低洼农田发生洪涝灾害。今年的气候条件在棉花生长的关键时期总体较为有利，加之种植户采用了先进的种植技术和精细的田间管理措施，棉花生长状况总体良好。（中国棉花协会）

3. 收购加工、成本及收益

江西主要种植品种为赣杂1号、金科21号、赣早棉5号、赣棉15号等。在不计人工、土地等成本的情况下，物资成本550元/亩，籽棉按平均6.2

元／千克计算，收益约 700 元／亩。棉花收购企业以 400 型企业和棉纺织代加工企业为主，本地八成籽棉销往山东、安徽等地。受到棉花期货高开低走影响，市场收购价格由 10 月份的 7.6 元／千克下降到 6 元／千克，部分收购企业出现亏损，籽棉加工年前基本结束。2024 年江西植棉大县彭泽棉花种植面积 6.12 万多亩，同比减少一成多，籽棉平均单产 200 千克／亩。（产销监测站反馈）

4. 种植补贴情况

2024 年种植奖励政策延续去年按面积数量不同每亩补贴 200—400 元不等。

5. 农业政策和技术扶持情况

4 月，江西省棉花产业技术体系首席专家、育种岗位专家及相关团队成员赴九江市彭泽县开展棉花生产调研活动，体系成员通过座谈调研了彭泽县棉花生产形势及棉农植棉意愿等，对县级农业技术推广部门及植棉农户所关心的棉花生产相关政策及棉花“直密矮”高产高效种植技术和麦（油）棉轮作高效种植模式等相关问题进行了详细解答。

武宁县农业农村局邀请省经济作物研究所农技专家为棉花种植大户开展“直密矮”种植技术及棉麦、棉油轮作技术培训。农技专家围绕棉花“直密矮”、棉麦棉油轮作技术，详细讲解并直播整地、播种、肥水、病虫草害防治、矮化控制、茬口衔接、采收等关键技术。

6 月，省棉花产业技术体系栽培岗专家团队、赣中试验站站长等一行莅临省经作所（棉花办公区）与棉花体系育种岗、赣北站团队成员就棉花新品种示范基地苗期田间管理技术开展技术交流。（江西省农业农村厅）

9 月份，省经作所组织召开 2024 年省棉花品种区域试验田间鉴评会，相关部门专家组先后对省经作所、江洲、彭泽等棉花品种区试点进行了实地考察，对各区试点试验方案落实、田间试验布局、试验管理和品种表现等进行了综合评价，指出了部分试点存在的问题，并给出了指导意见。此次会议对继续做好区试工作、优化试验质量具有重要的意义。（江西省农业农村厅）

10 月份，江西省棉花机械采收现场观摩会在九江召开，与会人员考察了九江市柴桑区江洲镇千亩连片机播机收棉花种植基地，观摩了棉花机械采收现场，参观了九江博凯纺织有限公司机采棉清杂、轧花和棉籽榨油等加工流程。特别是由江西省经济作物研究所选育的赣早棉 5 号品种早熟优质，研发的“直密矮”种植技术轻简高效，为江西棉花全程机械化生产提供了技术支撑，对长江流域轻简化、规模化、机械化、效益化植棉，缓解粮棉油争地矛盾也具有重要借鉴意义。（人民网）

11 月，省棉花产业技术体系首席专家及技术人员到德安县实地考察了“棉花直密矮”项目示范基地棉花采收情况，详细了解了示范点农事操作、种植品种赣棉 15 号的田间表现及产量等，调研了当地棉花收购渠道及销售价格；结合示范点今年出现的农药使用不当、化控不到位等问题，产业体系专家表示将继续增强对示范点的技术指导工作，有针对性地谋划明年示范推广工作，以促进江西棉花产业良性发展。（江西省农业农村厅）

二、纺织行业经济运行特点

2024 年江西省纺织行业运行情况总体良好，1 至 5 月规模以上企业完成工业增加值 135 亿元人民币，同比增长 25.2%；实现主营业务收入 550 亿元，同比增长 21%；实现利税总额 48.2 亿元，同比增长 30.3%，其中利润总额 32 亿元，同比增长 35.9%。纺织业增速回升较快，四季度较前三季度回升 9.3 个百分点。（江西省统计局）

江西省纺织行业发展特点：一是重点企业快速增长。40 户重点企业中，35 户企业主营业务收入实现增长，28 户企业增幅超过 20%。二是出口高速增长。1—5 月全省纺织服装实际出口 21.7 亿美元，同比增长 43.7%；三是承接产业转移成效显著。1至 4 月实际完成固定资产投资 173.3 亿元，同比增长 39.6%，居中部同行业首位和全国同行业第四位。（大耀纱布商城网）

江西省纺织服装产业基础良好。产业已建立从前端的化纤、纺纱到中端的织造、染整再到后端的研发设计、成衣制造的产业体系，形成以服装为重点，棉纺、针织、化纤、家纺、产业用纺织品等协同发展的产业格局。目前，全省服装产能达 14 亿件、纱线产能 150 万吨、布产能 12 亿米。产业特色鲜明，针织服装、纱线等细分行业在全国具备较强竞争力。集群化发展势头良好，全行业已培育共青城市、青山湖区、于都县、德安县、奉新县、万年县、濂溪区等省级纺织服装产业集群。

数字化转型不断深入。行业智能化改造、数字化转型步伐不断加快。全行业已有 1 343 户企业进行了数字化水平评级，其中，L3 以上有 456 户企业，占比达 34%；L5 以上有 162 户，占比达 12.1%。数字化公共平台建设初见成效，纺织“产业大脑”已被我厅纳入省级“产业大脑”建设，完成了揭榜挂帅工作。

2024 年 1—9 月，江西省纺织服装规上企业实现营业收入 762.8 亿元，实现利润 22.3 亿元。

（张岩岩）

湖　北　省

一、棉花生产

（一）棉花面积、总产和单产

据国家统计局数据，2023/2024 年度湖北省植棉面积 147.6 万亩，同比减少 7.35 万亩，减幅 4.74%；皮棉总产量 9.3 万吨，同比减少 0.3 万吨，减幅 3.12%；皮棉单产 63 千克 / 亩，同比提高 1.07 千克 / 亩，增幅 1.7%。

（二）生产特点

2023/2024 年度全省棉花生产形势可以概括为：政策持续发力；植棉面积下滑放缓；植棉主体多元化；植棉技术扬新固旧。

一是落实补贴政策，稳定植棉面积。近年湖北省坚持落实棉花大县奖励政策，通过给予棉花种植者一定的补贴，缓解了全省植棉面积持续大幅下滑的局面，2014 至 2024 年湖北省植棉面积共减少了 369.61 万亩，平均每年减少 36.9 万亩，2024 年同比减少了 7.35 万亩。

二是种植主体多元化。随着农村务农劳动力大量外流和老年化加剧，棉花轻简化和机采棉种植技术逐渐得以示范和运用，出现了小农户、种植大户、农民合作社、科研院所、涉棉企业等多元化的植棉主体，个体种植面积由 1—2 亩至上千亩不等。

三是种植方式固旧扬新。湖北除了继续采用传统的营养钵移栽植棉方式外，轻简化植棉方式得到植棉大户的广泛运用，其核心技术“一播全苗”实现了省时、省力，但最后的采收环节仍靠人工采摘；2022 年，湖北省棉花产业化龙头企业银丰集团涉足机采棉种植领域，通过几年的努力取得了四个“第一”：首次实现 1 000 亩以上连片机采；首次引入“滴灌＋水肥一体化”机采棉智能种植模式；首次实现机械采收打包一体化，产下长江流域第一个“棉花蛋”；首次在湖北打通覆盖种植、采收、加工、销售、消费和质量反馈等环节的机采棉全产业链。2024 年银丰集团将棉花种植面积扩至 4 000 亩，深化与科研院所合作，形成了自有团队田间管理、农科专家基地驻点、院士现场勘测指导等多方位的科技支撑体系。2024 年全省轻简化栽培棉花面积 40 万亩左右，机采棉面积约 2 万亩，其他是传统种植。

（三）棉花收购加工与销售利润

2024 年，湖北籽棉收购价同比下降，呈走低回旋平稳运行的态势。8 月中旬传统手摘棉上市，开秤报价集中在 6.2—6.6 元 / 千克，水分 20%—30%，衣分 37%—38%，同比降低 1.0—1.2 元 / 千克，棉农虽心痛收益减少但惜售心理并不强烈，随行就市交售。但棉企入市较谨慎，2023 年收购价格高开低走且久居低位，部分棉企经营出现亏损，少数企业还有陈棉库存。直至 9 月中旬新棉集中上市，中期籽棉质量较好，加之下游纺织旺季到来，带动购销棉价同步上移，本土棉花企业加快了收购加工和销售力度。截至 2024 年 12 月底，全年的籽棉收购高价位集中在 11 月中下旬和 12 月上旬之间，约 6.6—6.8 元 / 千克，12 月中旬下跌至 6 元 / 千克左右。湖北以 4 级地产棉为主，销售均价约 14 800 元 / 吨，质量好的 3 级棉销售均价可达 15 400 元 / 吨，扣除成本和人员费用等，吨平利润约 500 元，经营效益好于上年。

湖北新棉市场有个较为突出的特征，部分轧花厂化身为大棉贩，孝感、天门、黄冈有几家维持多年收购加工的轧花厂，虽然收购了籽棉，但是没有加工而是直接销售。每个厂销售籽棉约 10-30 万斤不等，因为湖南、山东等地外省到湖北省调运籽棉出价高，导致湖北籽棉大量外流，而本土轧花厂收购籽棉量非常有限，如果加工皮棉再销售，不但成本高还要担心后市风险，所以干脆卖籽棉，充当中间商赚取籽棉差价。

二、纺织生产与棉花消费

根据湖北省统计局、工信厅及纺织行业协会发布的阶段性数据（截至 2025 年 2 月），湖北省 2024 年纺织行业呈现“前低后高、结构优化”的运行态势。

一是产业规模稳中有增。全年规上纺织企业营收突破 4 500 亿元，同比增幅 3.8%，增速较 2023 年提高 1.2 个百分点。其中，仙桃非织造布产业集群产值突破 800 亿元（占全国市场份额 28%），襄阳化纤新材料基地产能同比增长 15%。

二是出口逆势回升。受东南亚订单回流影响，纺织服装出口额达 87 亿美元，同比增幅 5.3%，医用防护服、车用高端纺织品等新品类出口占比提升至 37%。武汉阳逻港开通至中亚的纺织专列，带动对共建“一带一路”国家出口增长 12%。

三是智能化改造效应显现。全省建成 12 个省级纺织智能工厂，设备数控化率达 68%，带动劳动生产率提升 23%。黄冈罗田县通过“5G+ 工业互联网”平台实现中小纺织企业设备共享，降低生产成本 18%。

四是新材料应用突破。生物基纤维实现量产，应用于高端服装领域；武汉纺织大学研发的玄武岩纤维防火面料已用于国产大飞机内饰，带动相关企业利润率提升至 9.2%。

五是新疆棉纱相对内地棉纱有一定成本和价格优势，湖北棉纱产品竞争力减弱，棉花价格年内波动幅度超 30%，叠加碳关税试点影响，中小型棉纺企业平均利润空间压缩至 2.1%。

（郧　莉）

湖 南 省

一、棉花生产概况

近年来，湖南省通过优化棉花大县奖励资金方案，调动种棉积极性，实现了产量有效增长。示范引领成效突出，大力开展棉花“百千万”示范片创建，带动主产棉区县级创建百亩示范片。同时，科技创新能力突破，选育棉花新品种，支持良种繁育基地建设，提高良种、良技、良机支撑能力。此外，湖南省农业农村厅、湖南省财政厅紧密协作，制定三年行动方案，强力推动新政落实，全省棉花生产能力得到恢复发展，植棉综合效益得到提高。

（一）湖南省棉花生产情况

1. 根据国家统计局公告数据，长江流域棉区整体播种面积减少 1.6%。但湖南省是该棉区的主要省份之一，2024 年全省种植面积 91 余万亩，受种植结构调整和比较效益偏低的影响，播种面积或呈小幅下降趋势。湖南省棉花产量 8.4 万吨，单产为 73.2 千克 / 亩，较上年增长 2.5%，增长得益于植棉技术改进和品种优化。

2. 当前湖南棉种培育的洞庭 1 号、岱红岱、湘棉 10 号品种先后引领长江流域棉区 3 次品种改良，终结了“美棉”在长江流域的种植历史。湖南研发推广的“湘杂棉”系列品种及配套技术居全国领先水平，开创了长江流域棉花杂交种应用的先河。

3. 湖南省棉花生产主要集中在长江流域的适宜种植区，但近年来受耕地保护和粮食安全政策影响，部分农田向粮食作物倾斜。2024 年湖南省耕地面积实现净增加 1.5 万亩，但棉花种植面积可能因政策调整和经济效益差异而受限。湖南省棉花主要集中在洞庭湖区和衡阳盆地，常德、岳阳、益阳、衡阳四市集中了全省 90% 以上的植棉面积，产量也在 90% 以上。

（二）湖南省棉花收购加工与销售利润

1. 湖南省 2024 年在省供销合作总社、省农业农村厅、省市场监督管理局等有关职能部门的推动下，由湖南省银华棉麻产业集团股份公司牵头引领推出了棉花“专业仓储监管 + 在库公证检验”试点工作，2024 年完成皮棉入库公检 2 万余吨。棉花收购加工企业也由以往的 200 型锯齿轧花企业与小型皮辊个体收购加工转变为参与试点工作的 400 型棉花收购加工企业。

2. 由于 2024 年棉花市场价格同比略有下跌，3128B 籽棉收购价格在 6.5 元 / 千克，皮棉走势持续低迷，业务量减少。湖南 2024 年棉花加工行业整体利润不佳。

二、湖南省纺织生产与棉花消费

1. 产业规模保持稳定：“十三五”以来，湖南纺织行业规模以上企业年营业收入保持在 1 000 亿元左右，2024 年全省规模以上纺织工业企业达 640 家。

2. 产业集聚态势良好：湖南纺织服装产业在长沙株洲、环洞庭湖、衡阳、永州等地集中度相对较高，如华容县棉纺织、沅江市纺织服装、常宁市牛仔服装等产业基地（园区）已初具规模。

3. 部分领域优势明显：棉麻纺织业拥有国内领先的自动化生产线和生产设备，苎麻综合加工产能占全国近一半，产业用纺织品业成为新的增长点，如湖南中泰特种装备有限责任公司在超高分子量聚乙烯纤维产业化方面处于领先地位。

4. 消费需求受行业整体影响：从全国来看，2024 年棉纺织行业运行总体偏弱，湖南作为其中一部分，棉花消费也受到一定影响。虽有季节性波动，但整体需求增长不及预期。

5. 棉花加工产业链完善支撑消费：以沅江市为例，当地形成了从棉花加工、纺纱、织布到成衣等较为完备的产业链，有利于棉花的本地消化和利用，一定程度上保障了棉花消费的稳定。

6. 产业升级或影响棉花需求结构：随着湖南纺织行业向高端化、智能化、绿色化发展，对于高品质棉花以及具有特殊性能的棉花产品需求可能会增加，消费结构可能会有所调整。

（张　露）

四　川　省

一、棉花生产情况

根据国家统计局公告，2024 年全国棉花总产量为 616.4 万吨。由于四川以山地为主，加之多雨气候等因素，不适宜种植棉花，因此该区域内已多年未进行棉花收购和加工，原料依赖外购。省内纺织企业主要使用新疆棉或进口原料，成本压力显著。

二、纺织生产与棉花消费

1. 纺织生产构成及变化情况

从国家发展改革委公布的进口关税配额申请企业信息表中，对川内 24 家纺织企业的统计数据显示，2023 年纺纱能力为 165 万锭，其中环锭纺产量 161 万锭，年棉花用量 10.7 万吨；2024 年纺纱能力降至 151 万锭，较去年减少 8%，年棉花用量 9.9 万吨，较去年减少 7.4%。

达州市渠县引进中国西部印绣智能服装制造园项目，计划总投资 25 亿元，建设全智能印花生产线、服装服饰生产线等，打造集坯布裁剪、数码转印、印绣花服装加工销售于一体的智能服装制造园。

达州将轻纺服饰产业作为 500 亿级主导产业纳入全市“3+3+N”现代产业集群重点培育，抢抓产业转移和市场消费升级等发展机遇，已建成苎麻脱胶、纺纱、织布、印染、服装服饰加工全产业链，荣获国家外贸转型升级基地（纺织服装）、中国户外纺织服装名城、中国西部服装服饰产业承接基地等国字号名片，产业正向高端化、智能化、绿色化发展迈进。

2. 纺织生产及销售情况（量、价及其销售情况）

根据产业调研网数据显示，2024 年 1—5 月，四川省规模以上工业企业布产量达 4.1 亿米，同比增长 6.2%；单月（5 月）产量达 1.0 亿米，同比增长 18.5%，增速较上年同期高 38.9 个百分点，且高于全国同期增速 17.8 个百分点。布产量占全国总量的 3.2%—3.4%。2024 年 6 月，四川省纱产量 5.06 万吨，排名全国第九；1—6 月累计产量 29.05 万吨。

四川省统计局 2024 年 1 月 21 日发布的数据显示，前三季度产能利用率提升，四川省纺织业规模以上工业产能利用率达 78.3%，同比提升 1.9 个百分点。其中，全国纺织企业利润总额同比增长 7.5%，但四川纺织服装、服饰业利润同比持平，皮革等行业利润下降 30.8%，显示行业内部竞争加剧。

乐至县一家主营纯棉纱的纺织企业新厂建成

后，用棉量可达1.7—1.8万吨/年。四川省仁寿、乐至等地部分纺织企业产品涵盖混纺纱、工装面料、纯棉家纺产品等，产品既有内销订单也有出口订单。部分企业在2024年因出口订单不饱和，产销率低于去年，但仍维持满负荷开机生产，具有一定的棉花消耗基础。

四川省纺织行业具备电费、人工成本、土地成本等多重优势，能够承接东南沿海产业转移，近年来总体保持稳健增长趋势，对棉花的需求也随之增长。然而，棉花消耗也会受到下游市场订单情况的影响，订单不饱和时，川内企业多为刚需采购，原料库存大多在一个月之内。

通过对川内大部分纺纱、织布和印染企业的调研走访得知，仍有一小部分企业因自身经营问题，上游棉价居高不下，下游订单不足，利润空间被压缩，甚至已经关停并转卖设备。

3. 棉花消费情况

四川省纺企反馈，内需市场床上用品、家纺、劳保等订单景气度不高，接单难以维持产能。但在其他时段也有需求较好的情况，如部分企业在旺季也能接到一定订单。

棉花作为主导天然纤维，在四川省纺织原料中占据重要地位，是生产纯棉纱、纯棉布以及棉混纺产品的主要原料。如2024年10月，中国棉花预警系统的调查样本中，纯棉纱占比为47%。

化学纤维占一定比例：化学纤维如涤纶、锦纶等在四川省纺织原料消费中也占有一定份额。化学纤维具有成本低、易加工、功能性强等特点，常与棉花混纺，用于生产各种功能性面料和中低端服装面料，在整体纺织原料消费中约占50%。

其他天然纤维有应用：麻纤维、羊毛、蚕丝等天然纤维也有一定的应用。麻纤维以其透气性和环保特性，在夏季服装和部分家纺产品中有所应用；羊毛、蚕丝常用于高端服装和家纺领域，满足部分消费者对高品质、舒适性纺织品的需求，但占比较小。

4. 纺织行业经济运行特点

据中研网数据显示，2024年四川省纺织行业整体呈现平稳增长态势，规模以上企业工业增加值同比增长4.4%，营业收入达4.95万亿元（+4.0%），利润总额1 938.8亿元（+7.5%）。分产品看，布、服装、化纤产量分别增长2.2%、4.2%、9.7%，纱产量微增1.3%，显示生产端结构性分化。

利润修复显著，1—7月利润总额同比增长20.1%，化纤、毛纺织等子行业利润增速超两位数，但纺织服装、皮革等细分领域利润增速分化（如皮革利润下降30.8%）。尽管原料价格波动（如棉价上涨、化纤价格下跌），企业通过优化供应链和提升产能利用率（如四川纺织业产能利用率达78.3%）实现盈利改善，规模以上企业营业收入利润率提升至3%。全年纺织品服装出口3 011亿美元（+2.8%），12月单月出口增速达11.4%，对共建“一带一路”沿线国家出口增长显著，美国、墨西哥等市场成为重要增量来源。

总体而言，2024年四川省纺织行业呈现“稳中求进、分化升级”的特征，内需与外需协同发力，数字化转型与绿色化转型加速，但国际环境复杂性和国内结构性矛盾仍存。未来需依托技术创新、政策支持和区域协同，巩固稳中向好基础，推动高质量发展。

（聂广富）

安　徽　省

一、棉花生产概况

1. 棉花面积、总产量和单产

据安徽省统计局数据，2023 年安徽全省棉花播种面积 22.66 千公顷，产量 2.03 万吨，单产 894 千克 / 公顷，主要集中在安庆市共 14.56 千公顷，占比 64%。2023 年沿江棉区推广全程机械化种棉，面积近 8 000 亩；安徽皖北地区开始发展麦棉两熟直播棉。

2. 种植品种、成本及收益

安徽棉花种植品种主要有：中棉所 F1、F2、徽棉 1 号、中棉所 97 等。

据安徽省发展改革委成本局对全省棉花主产区棉农的调查，2023 年全省棉花面积下降、亩产增加、价格上涨、成本持平，种植收益增加。

（1）面积下降、亩产上升、价格上涨

2023 年棉花播种面积 33.99 万亩，较 2022 年 45.44 万亩下降 25.2%。沿江棉花主产区在棉花苗期及生长期天气较好，雨水少，有利于棉花生长；且棉花病虫害较少，有利于棉花增产。2023 年全省皮棉（下同）亩产为 83.15 千克 / 亩，比上年 71.91 千克 / 亩增加 11.24 千克 / 亩，增幅 15.63%，较正常年景略偏高。

2023 年安徽省新棉价格有所上涨，全省棉花每 50 千克平均出售价格为 783.33 元，比上年 713.53 元上涨 69.8 元，涨幅 9.78%。由于亩产上升、价格上涨，2023 年安徽省棉花每亩产值为 1 612.16 元，比上年 1 343.15 元增加 269.01 元，增幅 20.03%。

（2）亩均成本基本稳定

2023 年安徽省棉花每亩总成本为 2 555.86 元，与上年 2 552.6 元基本持平。从成本构成要素分析，每亩物质与服务费用的减少与人工成本的上升基本相抵。

2023 年安徽省棉花种植每亩物质与服务费用为 552.52 元，比上年 602.2 元减少 49.68 元，减幅 8.25%。从每亩物质与服务费用的构成分析，每亩化肥费、农药费、机械作业费分别比上年减少 10.17%、15%、43.37%。化肥费减少的主要原因是主要化肥品种价格稳中有降；农药费减少的原因是棉花病虫害较少。机械作业费减少的主要原因是农户植棉面积减少，机械化作业占比相应减少。

2023 年安徽省棉花种植每亩人工成本为 1 802.48 元，比上年 1 729.87 元增加 72.61 元，增幅 4.2%。主要原因是农业劳动日工价的增加。每亩土地成本为 200.86 元，比上年的 220.53 元减少 19.67 元，减幅 8.92%。主要原因是近年来植棉利润不断下滑，棉花种植的流转地价格有所下降，带动亩均流转地租金的减少。2023 年棉花亩均流转地租金为 44.61 元，比去年 86.76 元减少 42.15 元，减幅 48.58%。

（3）亩均净利润亏损减少、现金收益大幅增加

2023 年安徽省棉花亩均净利润亏损额为 943.7 元，比上年亏损 1 209.45 元减亏 265.75 元。每亩现金收益 1 015.03 元，比上年 613.69 元增加 401.34 元，增幅 65.4%。

二、棉花收购加工与销售利润

安徽省 2023 年度棉花收购加工企业不足 10 家，其中 400 型轧花厂只有 4 家（望江 3 家、宿松 1 家），产棉大县无为市轧花厂已消失。

1. 籽棉收购情况

2023 年籽棉收购价格高开低走，年末震荡，呈

现阶段性波动。最高籽棉收购价达到 8.60 元 / 千克，最低 7.0 元 / 千克，平均籽棉收购价 7.80 元 / 千克，高于上一年度 5.4%。

2. 籽棉加工情况

加工量方面：因种棉面积下降带来籽棉资源减少，各轧花厂籽棉收购数量下降，加工量也随之减少，开工率低，产能过剩。近几年全省籽棉年加工量最大的望江绿色家园种植专业合作社 2023 年度加工皮棉 2000 吨，较上一年度减少 200 吨，减幅达 9.1%。

加工质量方面：因棉花成铃、吐絮期遭受多种自然灾害，除植棉大户籽棉质量稍好外，一般农户采摘的籽棉质量较上一年度明显下降，皮棉加工品质受影响，颜色级整体弱于上一年度。机采棉上市，但含杂率高（3.5% 以上），既影响定价，又因轧花厂清杂设备未升级而影响皮棉外观。

3. 皮棉销售

2023 年安徽省未实施棉花“专业仓储监管 + 在库公证检验”工作。皮棉销售方向为本省沿江地区及江苏、浙江、福建、江西等周边地区棉纺企业。前期销售尚可，能顺价销售。但轧花企业大多数延续着以前“年前收、年后卖”的传统，受棉花期货价格大幅回落和下游棉纺织低迷影响，皮棉销售价格跌幅较大，导致大多数轧花厂全年亏损，微利企业不多。

三、纺织生产与棉花消费

2023 年安徽纺织行业的整体状况呈现出稳定增长的趋势。据安徽省统计局数字显示：2023 年，安徽省共有 1 433 家规上纺织及服装企业，职工 29.4 万人。其中，99 家大中型纺织及服装企业 2023 年营收共达到 337 亿元。2023 年纱产量 60.2 万吨，布产量 4.6 亿米，服装 4.99 亿件。纱、布、服装产量同比分别下降 2.2%、4.8%、8.7%，而化纤产量同比增长 10.3%。省内棉花自给率偏低，不足 20%，纺织企业主要依赖新疆棉 60%（含国储）和进口棉 20%（主要美国、巴西）。

1. 纺织生产构成及变化情况

（1）产业格局

棉纺主导：棉纺织占比约 55%（纱线、坯布为主），非棉纺织（化纤、产业用纺织品）占比 30%，服装家纺成品占比 15%。

区域集群：芜湖（高端纱线）、安庆（坯布加工）、阜阳（劳动密集型织造）为三大核心产区，贡献全省 75% 产能。

技术升级：智能化设备渗透率达 32%，涡流纺、自动落纱机应用率同比提升 12%。

（2）结构性变化

棉纺收缩：企业转向混纺（棉 + 涤纶）以降低成本；

化纤扩张：涤纶短纤用量增长，主要替代中低支棉纱市场；

绿色转型：再生纤维（如再生涤纶）占比上升。

（3）棉花消费与原料结构

棉花消耗总量：50 万吨，同比减少 4.5%；用途：78% 用于棉纺织（纱线为主），15% 用于家纺，7% 为产业用。

原料消费构成：棉花占 60%，较上年下降 5%；涤纶占 30%，较上年增长 8%；再生纤维占 10%，较上年增长 3%。

2. 纺织行业经济运行特点

（1）成本压力分化

棉花成本下降：国际棉价走低缓解部分压力；

综合成本上升：人工上涨 7%、能源上涨 5% 抵消原料红利，行业利润率降至 4.1%（2022 年为 5.3%）。

（2）产业发展环境

安徽省委、省政府把纺织服装纳入制造强省“7+5”重点产业，融入长三角一体化战略，形成“四链合一”发展生态。

产业体系与集群：产业体系完善，涵盖纺织、服装服饰、化纤等，产业链完整。

（3）转型升级

智能化改造：2023 年，全省纺织行业培育智能工厂 12 家，当年新增 2 家；数字化车间 45 家，当年新增 8 家。华茂棉纺智能工厂成为行业样板。

绿色转型：推广无水染色技术，废水排放量减少 40%；滁州、蚌埠等地布局循环经济产业园，利用废旧纺织品生产再生纤维。8 家企业获“国家级绿色工厂”认证。

（袁良福）

浙　江　省

一、棉花生产概况

1. 种植面积、总产量与单产

根据浙江省统计局统计，2023/2024 年度棉花种植面积 2.43 千公顷，上年为 3.43 千公顷；总产量 0.34 万吨，上年为 0.48 万吨；平均单产 1 389 千克 / 公顷，较上年的 1 388 千克 / 公顷基本持平。

作为零星产区，棉花种植依然是黄土丘陵、河滩沙地（盐碱地）等土壤质量相对较差的区域。

2. 种植品种、成本及收益

2023 年度，全省棉花主要种植品种为浙金研 -2 号、浙棉 11 号和浙大 18 号、浙大 19 号，还有少量的农民上年自留种子。

相对于经济作物，种棉效益偏低；而且较种粮（水稻、鲜食大豆、鲜食玉米）、蔬菜的效益也偏低，种棉的亩收益相当低，因此仅是不计工本的一些老年人在参与种棉。

3. 棉花收购和加工

由于浙江省棉花多数市县的加工企业因加工数量不能达到规模化生产的要求和无力承担质检体制改革的目标，2023 年整个棉花年度，全省没有一家棉花加工企业按照棉花质量检验体制改革方案的要求加工棉花并进行公证检验。

由于棉花数量少、皮棉加工水平低，全省没有形成完善的收购市场。本省加工企业中尚有部分皮辊棉加工，呈散、小、弱的特征，由于生产量小且分布在多个市县，并且浙江省棉农的植棉收入占总收入的比例较小，据估计全年的棉花产值也不足一个亿。

二、纺织生产运行概况

据浙江省统计局统计数据显示，全年规模以上纺织行业总产值 6 927.6 亿元，较上年 6 922.0 亿基本持平（略增 0.08%）。其中：纺织业总产值 4 681.0 亿元，较上年的 4 608.0 亿元，增长 1.6%。全年规模以上纺织服装、服饰业总产值 2 246.6 亿元，较上年 2314.0 亿元减少 2.9%。

从产量上看，2023 全年纱产量 167.73 万吨，较上年 142.8 万吨同比增长 17.45%；全年织造企业生产布 71.92 亿米，较上年 67.74 亿米同比增长 6.2%。全年化纤总产量 3 533.20 万吨，较上年 3 220.97 万吨增长 9.69%。

据浙江省商务厅数据，全年纺织服装出口交货值 6 030.60 亿元，较上年 5 957.16 亿元，同比增长 1.23%。其中纺织纱线、织物及制品出口 3 626.43 亿元，较上年的 3 631.31 亿元基本持平（同比略减 0.13%）；服装及衣着附件出口 2 404.17 亿元，较上年的 2325.85 亿元同比增长 3.36%。出口总值占比 16.9%，仅次于机电产品，依然保持浙江省的出口商品的第二位。

全年进口纺织纱线、织物及制品 128.74 亿元，较上年 113.37 亿元，增长 13.56%。进口纺织原料

76.6 亿元，较上年 63.05 亿元，增加 21.40%，其中进口棉花 8.09 亿元，较上年 6.64 亿元增加 21.85%。

三、2023/2024 年度纺织行业的总体运行情况综述

1. 行业总体运行平稳

2023 年是三年新冠疫情防控结束后经济恢复发展的一年。复杂严峻的形势下，我省纺织行业坚持稳中求进工作总基调，围绕加快建设高质量发展的纺织现代化产业体系目标，深入推动转型升级。在内销市场持续回暖发挥带动作用，以及国家一系列扩大内需、提振信心、防范风险政策举措支持下，2023 年纺织行业保持了平稳运行，如图所见，总产值与 2022 年基本持平。

表 2–3　总产值

	2021 年	2022 年		2023 年	
	总产值（亿元）	总产值（亿元）	较上年增减 %	总产值（亿元）	较上年增减 %
纺织业	4 776.3	4 608.0	–3.5	4 681.0	1.6
纺织服装、服饰业	2 225.5	2 314.0	4.0	2 246.6	–2.9
合计	7 001.8	6 922.0	–1.1	6 927.6	0.1

（二）利润率继续下滑，但亏损面有所收窄

从下表《大中型工业企业主要指标》看，企业的利润率（利润总额 / 总产值比例），从 2021 年的 7.3%，到 2022 年的 6.8%，持续下滑到 2023 年的 6.4%，凸显了行业生存的艰难。但亏损企业的占比，出现了纺织业和纺织服装、服饰业较 2022 年的双降。

表 2–4　大中型工业企业主要指标

年度	分类	亏损企业个数	总企业个数	亏损企业个数占比（%）	总产值（亿元）	利润总额（亿元）	利润总额 / 总产值比例（%）	平均用工人数（万人）
2021 年	纺织业	40	407	9.8	1 804.61	151.31	8.4	25.53
	纺织服装、服饰业	48	223	21.5	1 200.77	66.85	5.6	17.51
	合计	88	630	14.0	3 005.38	218.16	7.3	—
2022 年	纺织业	79	373	21.2	1 671.3	128.44	7.7	24.68
	纺织服装、服饰业	41	210	19.5	1 200.9	67.6	5.6	16.9
	合计	120	583	20.6	2 872.2	196.04	6.8	—
2023 年	纺织业	66	369	17.9	1 750.32	128.66	7.4	24.64
	纺织服装、服饰业	39	198	19.7	1 138.22	57.07	5.0	14.82
	合计	105	567	18.5	2 888.54	185.73	6.4	—

（三）出口

受海外需求收缩、贸易环境风险上升等因素影响，2023 年我省纺织行业出口压力明显加大，但行业发展韧性在外贸领域持续显现。根据浙江省商务厅和杭州海关的数据，2023 年我省纺织品服装出口总额为 6 030.61 亿元，同比增长 1.2%，这是在 2022 年增长 12.2% 的基础上的增长，殊为不易，其中服装及衣着附件出口更为亮眼。

（张建华）

表 2–5　出口交货值

	2021 年	2022 年		2023 年	
	出口交货值（亿元）	出口交货值（亿元）	较上年增减（%）	出口交货值（亿元）	较上年增减（%）
服装及衣着附件	1 993.27	2 325.85	16.7	2 404.18	3.4
纺织纱线、织物及制品	3 315.00	3 631.31	9.5	3 626.43	–0.1
合计	5 308.27	5 957.16	12.2	6 030.61	1.2

数据来源：

一、2023 年浙江统计年鉴

二、浙江省商务厅统计数据

三、杭州海关统计数据

四、浙江省经信厅统计数据

中储棉青岛有限公司

中储棉青岛有限公司（以下简称“青岛公司”），系中国储备棉管理有限公司的控股子公司，是在原山东省棉麻公司青岛采购供应站红寨仓库的基础上改扩建而成，2002年9月正式投入运营。

青岛公司地处青岛市城阳区，周边紧靠胶州湾高速公路、青兰高速、青银高速公路，可直达青岛港货运码头，交通便利。库区建有砖混库房、钢结构库房、卸货平台、钢罩棚、露天观察场、设备库、水泵房、综合楼、警消楼等附属设施，配套完善。

作为中储棉公司在山东省设立的第一家直属企业，青岛公司采用“自储+代储”的模式，高峰时期监管着省内四十余家社会承储库。随着中储棉公司改革发展步伐，青岛公司目前设有东营、利津两个存储专区，以“租库直管”的方式全力保障中央储备棉的存储安全。

青岛公司设立股东会、董事会和经理层，下设综合财务科、党群人事纪检科（党支部办公室）、安全科、业务科四个科室，并设有东营、利津两家存储专区。目前，公司现有干部员工37人，其中党员17名。

在中储棉公司党委的坚强领导下，青岛公司紧紧围绕“听党话、管好粮、不出事、效益好”的总要求，秉持“精益求精、细致入微、勤勉尽责、锲而不舍”的治企理念，强党建、重安全、促发展。通过不断提升储备棉管理水平，有效发挥服务宏观调控的作用，持续深化企业改革发展，为服务保障国家粮棉安全作出了积极贡献。

联系人：刘滢　联系电话：0532-66917983

中储棉徐州有限公司

中储棉徐州有限公司（以下简称“徐州公司”）前身是中国储备棉管理总公司徐州直属库，为中储棉系统第一个开工、第一个建成投入运营的直属单位。公司占地310.5亩，设有室外观察场和钢罩棚。2024年成立邯郸存储专区，专区占地面积260亩。公司现有员工42人（其中邯郸专区8人），设综合财务科、安全科、业务科、监管科、党群人事纪检科五个部门。

听党话 · 管好粮 · 不出事 · 效益好

徐州公司在集团公司党组和中储棉公司党委的正确领导下，坚持以习近平新时代中国特色社会主义思想为指导，全面贯彻党的二十大精神，扎实践行新时代中储粮“四个坚持”新要求，紧抓“二次创业”契机，不断强化党建引领，提升管理水平，夯实发展基础，以实际行动彰显新时代新担当新作为，切实守住管好“大国粮仓”。

中储粮
SINOGRAIN

中储棉绍兴有限公司

中储棉绍兴有限公司（以下简称“绍兴公司”）是隶属于中储粮集团的三级企业，是2002年10月由国家投资建成的大型棉花专用仓储企业。公司配备有夹包机16台，牵引车2台，平板车12台，日最高作业量500吨。库内配备有安防监控系统、火灾报警系统、消防联动系统、电子巡更系统。配备消防水池1200立方米，消防车两台。

绍兴公司坚持以“两个确保”为职责和使命，服务国家宏观调控，努力践行“维护国家利益，服务宏观调控，严守安全、稳定、廉政底线”的中储粮核心价值理念。

绍兴公司地理位置优越，距离省会杭州市60公里、宁波北仑港140公里、上海港200公里。沪杭甬、上三、甬金、诸甬等高速公路环绕绍兴城；距104国道仅5公里，距最近高速公路绍诸高速仅8公里，交通状况极为便利。所储棉花不仅能在本地收储、销售，还可迅速调运、辐射长江三角洲，甚至整个华东地区。

· 维护国家利益
· 服务宏观调控
· 严守三条底线

听党话　管好粮　不出事　效益好

联系人：卓旭昇　　联系电话：0575-88368020

中储棉武汉有限公司

中储棉武汉有限公司（以下简称“武汉公司”），东邻京广铁路，南连京珠、沪蓉高速，西依107国道，北靠长江水运码头，成立于2004年7月，主要承担国家储备棉存储管理等业务。

库区配备了先进的智能监控监测系统和完好的消防管网设施设备，常年驻库值守的专职警消队伍、两辆专业的消防车和完善的管理制度有效确保储备棉的数量真实、质量完好、存储安全，配套有铁路专用线和装卸的专业特种设备，有效保障储备棉的调运及时和畅通。

多年来，武汉公司在集团公司党组和中储棉公司党委的正确领导下，围绕国有资产“保值增值”中心工作，突出“安全发展、和谐建库”主题，强调以人为本，加强党建工作，注重反腐倡廉教育，强化企业内部控制，大胆探索，不断学习、吸收先进的管理理念和方法，逐渐形成了一套简洁实用、特色鲜明的管理方法，有力保证了各项工作的顺利进行。

联系电话：027-81946585

中储棉岳阳有限公司

中储棉岳阳有限公司（以下简称“岳阳公司”），于2004年建成并投入使用，主要从事国家储备棉储存业务。地处岳阳市城陵矶仓储物流区，北连通江达海的城陵矶新港码头，东靠京港澳高速、杭瑞高速、107国道和京广铁路，水陆交通十分便利。

公司总投资5668万元，库区占地212.3亩，货坪场地3万平方米，公司建有铁路专用线998米，可从事商品棉中转，日装卸能力达到1500余吨。

公司拥有一支专业的棉花管理团队和警消队伍。库区建有安防系统、消防报警系统，岳阳市应急管理局城陵矶救援站驻扎在公司内，全方位保障库存物资安全。

岳阳公司在做好储备棉管理的同时，也面向市场积极拓展棉花代储代运业务，将以高效、热情、周到的专业水准竭诚为您服务。

联系电话：0730-8571172

中储棉漯河有限公司

中储棉漯河有限公司，系中国储备棉管理有限公司全资子公司。主要职责是承担国家储备棉的储存保管，履行保护棉农利益，保障纺织供应及稳定棉花市场的“两保一稳”的宏观调控任务。

中储棉漯河有限公司具有区位优越、交通发达的地理优势。漯河市是国家二类交通枢纽城市，距郑州新郑国际机场不足一小时车程，京广高铁、京广、漯宝(丰)、漯阜(阳)4条铁路和京港澳高速、宁漯高速、107国道及5条省道贯穿全境，构成河南省重要的铁路和高速公路“双十字”交通枢纽。公司设有铁路专用线两条，距京广铁路孟庙车站2公里，是全国棉花重要集散地之一。其前身漯河直属库是国家计委于2001年3月批准立项，由国家财政预算内拨款4000多万元兴建的棉花专用储备库。仓库于2003年12月开工建设，2004年底完工，占地面积194.12亩，铁路专用线1200米，可同时装卸一个专列，高低货位站台面积近10000平方米，钢罩棚面积3100平方米，库区道路及停车场面积30000多平方米。

新时代里，漯河公司乘着改革的东风，大力践行“二次创业”发展宏图。在确保现储存量基础上，又在平顶山舞钢市购置一个新库区，2022年元月份已投入使用，新购置的库区占地面积328亩；2022年8月，另租赁仓库成立中昌存储专区。新购和租赁库区均位于舞钢市产业聚集区，地理位置优越，库区周边有纺织企业近20家，生产规模120万枚纱锭，年用棉量12万余吨。

中储粮 SINOGRAIN

中储棉广东有限责任公司

中储棉广东有限责任公司，是国家发改委2001年批准立项50万吨棉库建设项目之一。2010年8月项目建成并投入使用，2011年8月注册成立广东公司，是中国储备棉管理有限公司控股的独立法人单位，产权归属中央，公司占地面积150亩，库房15栋。经营范围为国家储备棉的储存、仓储、货物装卸、代办货物运输手续、批发和零售贸易、货物进出口、技术进出口。公司下设四个部门，安全部、业务部、综合财务部、党群纪检人事部，配备有装卸叉车、作业平台、汽车衡、电子磅秤及铁路站台等一系列仓储作业设备。利用自身成熟的仓储物流配套设备及报关报检网，开展以承接棉花、棉纱、化纤产品以及其他各类货物的仓储、保管。

公司地处广州市黄埔区，地理位置优越，是珠三角大湾区的核心地段，交通四通八达，拥有独立的铁路专用线与全国铁路网贯通，西距广深铁路下元站1.8公里，南距黄埔港码头5公里、新沙港10公里，西连开发大道，南临广深沿江高速开发大道出入口和107国道(广深公路)，并与沈海高速、京珠高速、广园快速路、广深高速路等主干道紧密相连，水路可由新沙港和黄埔集装箱码头走向世界各地。

地址：广东省广州市黄埔区宏达路33号　　联系方式：陈泽锋 020-82060252

中储棉德州有限责任公司

中储棉德州有限责任公司（以下简称“德州公司”）于2009年11月项目开工建设，2012年9月正式投入运营，2023年9月份完成项目扩建，整体占地面积13.5万平方米，建筑面积5.2万平方米。租赁库点河北恒通存储专区于2022年9月份正式设立。公司现设五个科室，分别为综合财务科、党群人事纪检科、安全科、业务科、监管科，现有正式员工41人（含班子成员），平均年龄41岁，其中党员15人。

自成立以来，德州公司始终将党建引领作为高质量发展的“红色引擎”，坚决扛起守护大国粮仓的政治责任与使命担当。通过持续深化“一优四强”红旗党支部创建工作，常态化开展“两带头五争先”模范党员实践活动，激励党员干部在业务一线主动亮身份、当先锋、打头阵，在急难险重任务中勇挑重担、攻坚克难，切实发挥先锋模范作用；公司积极探索党建与业务深度融合的实践路径，将党建工作贯穿业务发展全链条、各环节。

德州公司抢抓“二次创业”重大发展机遇，2023年，通过完成土地购置让历史遗留问题真正变成“历史”；完成租仓储棉和项目扩建，让自储规模真正达成“规模”，节省项目资金650万元，为企业创效2000余万元，企业抵御风险能力显著增强，储备保障和安全管理实力日渐提升，可持续发展之路越发宽广。连续荣获中储棉公司“安全管理工作先进”单位，2025年荣获集团公司“一优四强党支部”称号，企业核心功能与核心竞争力持续提升。公司以实干实绩坚决拥护“两个确立”、做到“两个维护”，切实筑牢人安、棉安、库安的安全防线，为保障国家粮食安全与战略物资储备安全作出积极贡献。

联系电话：0534-7062217

中储棉四川有限责任公司

中储棉四川有限责任公司（以下简称四川公司），成立于2013年，是中央预算在西南地区投资建设的唯一一家中央直属棉花储备库，是集储备、保管、中转、配送于一体的专业化、规范化和现代化的棉花现代仓储物流库。

公司经营范围是：谷物、棉花等农产品仓储；物流与采购管理咨询；物流代理服务；货物运输代理；交通运输咨询服务；仓储服务（不含危化品、易燃易爆物品）；贸易代理；机械设备租赁；房屋租赁；企业管理咨询服务；销售棉花、麻类；仓储代理服务等业务。

公司占地169亩，于2018年建成并投入运营。主要承担西南地区中央储备棉的保管任务， 2019年12月，正式轮入中央储备棉，填补了近年来西南地区无中央储备棉库存的空白，对提升西南地区纺织产业核心竞争力、增强国家对西南地区棉花市场的调控能力具有重要战略意义。

四川公司位于四川省什邡市经济开发区（北区），所在区域交通便利，辐射面广，距离成都市中心86公里，紧邻宝成铁路支线—广岳铁路灵杰火车站约2公里、什邡火车站12公里、川青铁路什邡西站约12公里，距离成绵高速复线什邡北入口约6公里，距离成都经济区环线高速（三绕）入口约4公里。

四川公司共配备各类作业车辆29台。其中夹包机12台，牵引车2台，平板车9节，高空作业车和高空作业平台各1台，移动式登车桥4台，消防车2台；配备消防监控室，23栋库房每库安装监控探头2个，共46个；建有火灾自动报警系统、温湿度自动监控系统、红外线防盗系统等完善的安全设施；消防水池1200立方米；消防泵2台一用一备，发电机1台。

自成立以来，在中储粮集团公司党组的正确领导，中储棉公司党委的严格管理，以及有关部门的大力支持下，公司坚持以党建为引领，聚焦党业融合要点，攻克管理提升难点，实现安全生产“双零目标”，做到了“两个确保”。在中央储备棉轮换工作中，坚决贯彻落实国家棉花宏观调控政策，主动担当、积极作为，切实发挥棉花宏观调控主力军作用。先后获得“中储粮集团公司‘一优四强’红旗党支部”“中储粮集团公司系统标杆库”“中储棉公司5年安全生产无事故‘先进单位’”“中储棉公司五四红旗团支部”等荣誉称号。

联系方式：麦文龙 13308209567

中储棉菏泽有限责任公司

菏泽公司于2013年11月8日成立，2016年3月正式运营，占地面积186.32亩，建有标准库房25栋，下辖曹县、金乡两个存储专区。

菏泽公司以党建为引领，不断提升精细化管理水平，近年来通过强化内控建设、全员安全生产责任制、“6S”管理、实施严格的过程考核和结果应用等一系列措施，广大干部员工的担当意识、责任意识不断增强。在历次中央储备棉大规模轮入或轮出工作中，菏泽公司坚定不移执行上级下达的各项任务，切实发挥棉花宏观调控主力军作用。

为落实中储粮集团公司决策部署及中储棉公司工作要求，更好做到“两个确保”，中储棉菏泽公司聚焦管控风险、预防事故、规范管理、降本增效，推动技术创新、设备创新深度融合，重点开展“一库两区”智慧消防、智能安防联动建设，为守好“大国棉仓”贡献力量。

五大“智慧触手”，安全管理更“聪明”

电气火灾“预警员”——电气火灾探测器

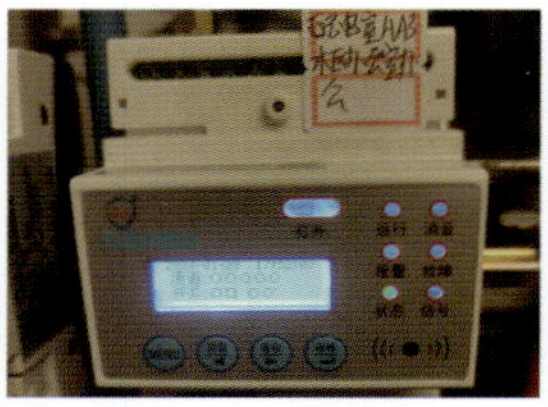

功能亮点：依据《火灾自动报警系统设计规范》，当线路泄漏电流>500mA时自动报警，监控室实时接收信息；仅预警不切断电源，保障供电安全，实现电气火灾“早发现、早处置”。

成效：设备运行稳定，有效预防电气火灾风险，隐患消灭在萌芽。

消防用水“监测官”——水位水压监测系统

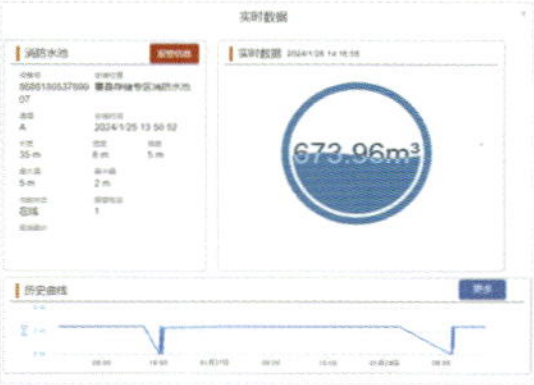

功能亮点：实时监测消防水池液位、管网压力，数据异常时平台预警。

成效：保障消防用水系统可靠性，为灭火救援提供数据支撑。

作业现场“千里眼”——智能安全帽

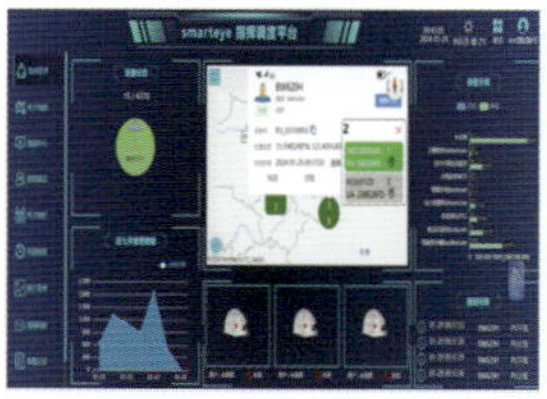

作业期间实时回传现场画面，监控室可远程语音沟通，监督保管员履职。

功能亮点：“现场－监控室”实时联动，提升作业安全监管效率。

适用场景：库区内（库房外）装卸作业监管效果更佳。

温湿环境“小管家”——温湿度探测器

功能升级：初期仅支持单库房周数据查询，现优化为单库房月数据趋势展示；温湿度超标时平台即时提醒。

成效：精准掌握库房环境变化，助力储棉品质保障。

巡检工作“保障师”——NFC巡检卡

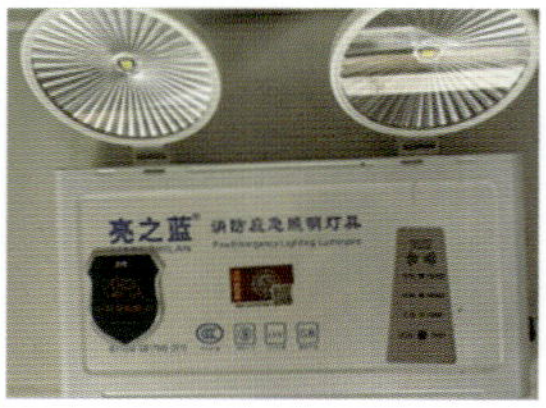

功能亮点：主要应用于消防设备、器材定期巡查，每月下发责任区巡查任务，确保巡检“按时、保质”。

成效：保障巡检流程，保质保量完成消防设备、器材巡查任务。

中储棉菏泽公司将持续深入贯彻落实中储粮集团公司党组、中储棉公司党委部署要求，忠诚履行服务保障国家粮棉安全的职责使命，继续深挖一线需求，推动系统功能升级，让智慧消防更智能、更可靠，让三小发明更实用、更落地，交出更优异的“菏泽答卷”，在助力中储粮“二次创业”目标任务落实落地中作出新贡献。

联系方式：0530--5889076

华远盈盛有限公司

华远盈盛有限公司是中国储备棉管理有限公司的全资子公司，于2013年10月16日正式成立。公司以执行国家棉花宏观调控任务为基础，坚持储备棉轮换经营服务，通过国际和国内两个市场、两种资源，拓展经营方式和渠道，围绕服务国家棉花宏观调控、服务储备棉轮换、服务集团管控，不断增强中储棉公司服务国家宏观调控的能力，保障纺织企业需求，促进棉花行业可持续发展。

新疆生产建设兵团
第一师棉麻有限责任公司

公司主要从事籽棉收购，棉花、棉纱、棉布、麻制品、棉花加工设备及零配件、棉花包装材料、打包机械、农副产品购销，仓储服务，搬运与装卸，铁路、公路货运代理等业务。

公司在第一师阿拉尔市党委的正确领导下，在师市国资委的关心和指导下，坚持稳中求进、改革创新、提质增效的工作主基调，以规范法人治理强化内部控制，以改革创新提质增效，以拓展市场寻求发展，主动迎接棉花目标价格改革新挑战，各项工作进展顺利，公司发展呈现出良好势头。依托地理、规模、种植和质量优势："新农"牌棉花以优异的产品质量不断占领市场，品牌竞争力在同行业中名列前茅，"新农"牌商标连续9年被授予"新疆著名商标"；"新农"皮棉连卖11年被新疆名牌战略推进委员会评为"新疆名牌"产品称号，连续9年入围中国服务业企业500强;连续7年被团农业产业化办公室授予兵团龙头企业。

公司拥有全国最优质的皮棉生产产地，皮棉质量全国领先，一师范围内皮棉年产能力26-30万元，资源丰富，皮棉生产加工拥有优良的生产经验及生产技术，公司销售团队强大，竞争力强，地区植棉历史悠久，植棉技术全国领先，棉花内在，外在品质高端，企业形成了成熟的集棉花生产加工、销售、售后服务，质量把控的一套体系。

目前，公司各项事业持续稳步发展，未来前景良好，我们将以诚信的态度，过硬的产品质量，良好的服务信誉，交四海朋友，竭诚为广大客户服务，用我们的真情换得客户的厚爱，愿与海内外的广大客户携手共进，共创美好明天。

铁门关永瑞供销有限公司

“孔雀河”商标
（目前为新疆著名商标）

铁门关永瑞供销有限公司（原：第二师供销合作社联合社、新疆生产建设兵团第二师永兴供销有限公司），注册地址位于新疆铁门关市和谐路一号，办公地址位于新疆库尔勒市人民西路86号，为兵团工交建商一类三级企业，成立于1992年2月。2003年改制后为国有控股企业，现注册资金26317.86万元，为二师新疆铁门关市供销合作联社有限公司全资子公司。

公司拥有4800平方米的办公楼、9800平方米的综合仓库、3座总仓储量12000吨的果品冷库、年加工皮棉能力9万吨的7个棉花加工厂、仓储量16万吨（占地267亩地）的皮棉库园和占地1041亩的农场。

公司按市场化运作方式承担着二师5个植棉团场、65万亩棉田、1.3万棉农的棉花收购、加工、销售。多年来，公司坚持以服务“三农”为宗旨，积极参与农业产业化经营，全力服务二师棉农，以殷实的服务促进棉花产业发展。并以地域性果品特色为导向，量力进行农产品冷链建设。

公司下属1个全资子公司及11个分公司。公司全资子公司为新疆永瑞恒兴物流有限公司（全国棉花交易市场监管库）。11个分公司分别为：铁门关永瑞供销有限公司双丰一厂、双丰二厂、铁门关永瑞供销有限公司尉犁县英库勒一厂、英库勒二厂、乌鲁克二厂、蒲昌一厂、铁门关永瑞供销有限公司巴州棉麻二分公司、铁门关永瑞供销有限公司巴州果蔬分公司托布力其冷库、北站冷库、24团冷库、永瑞农场。

公司主营范围为籽棉收购、加工，皮棉及棉副产品加工、销售、道路普通货物运输、仓储服务、果品贮藏保鲜、批发、零售及房屋租赁。公司于1999年为二师集团皮棉注册“孔雀河”商标（目前为新疆著名商标）。

2011年荣获全国文明单位，2014年蝉联此项荣誉，并先后获得全国供销系统先进集体、全国供销系统“百强企业”、兵团国有企业“四好领导班子”先进集体、自治区级“重合同守信用企业”及“AAA级信用企业”、平安建设单位等诸多荣誉称号；连续多年荣获师市经济建设创先争优、政治和精神文明、党风廉政建设等先进单位。

地址：新疆库尔勒市人民西路86号
联系人：孙亚军
联系电话：15199923279

新疆准噶尔棉麻有限公司

企业简介 Company Profile

新疆准噶尔棉麻有限公司（以下简称棉麻公司）属国有独资企业（2004年10月前隶属农六师供销合作公司，于2005年1月1日划归农六师国有资产经营管理公司，2007年5月划归师国资委监管，属于国有独资企业，2017年8月纳入新疆国兴农业发展集团有限公司，成为国兴集团的子公司），公司注册资本9535.04万元人民币。于1990年10月成立。目前，公司主要涉及农产品初加工两大经营板块，分别为棉花收购加工、皮棉及棉副产品销售。

联系人：张晓元 150 9955 2651

地　址：新疆五家渠市军垦路十二区三十八栋

企业主要经营范围 Business Scope

货物与技术进出口（国家禁止或涉及行政审批的货物和技术进出口除外）；普通货物运输；籽棉收购、加工；皮棉(含棉短绒)收购、调拨、销售；麻类购销；棉花机械、零配件；检测仪器；棉花包装品，农副产品，棉花副产品购销、加工(含短绒、回收棉、清弹棉）；金属材料，建材，办公用品销售；计算机及软件开发；仓储；房屋租赁；土地使用权租赁；棉花种植；农产品的生产、销售、加工、运输、贮藏及其他相关服务；农作物栽培服务；农业专业及辅助性活动。

机构设置情况 Organizational Institution

截至目前，公司共有员工148人。其中：本部43人，党委书记、董事长1人；总经理1人；党委委员、副总经理2人；副总经理2人。本部内设党群工作部、财务部、生产部、安环部、市场部。

公司设基层党组织5个，其中：党委1个，党支部4个，党员91名。董事会、监事会，经理层法人治理结构健全，设董事7名，其中职工董事1名，外部董事4名；监事5名，其中职工监事2名；经理层成员5名，其中总经理1名，副总经理4名。

公司下属子公司1个：芳草湖准噶尔棉业有限责任公司；分公司18个：新湖一场分公司、新湖二场分公司、新湖三场分公司、新湖四场分公司、新湖六场分公司、新湖七场分公司、芳草湖一场分公司、芳草湖二场分公司、芳草湖三场分公司、芳草湖四场分公司、芳草湖五场分公司、芳草湖六场分公司、105团分公司、106团分公司、枣园分公司、102团分公司、103团分公司、共青团分公司。

新疆锦棉棉业股份有限公司

企业简介

新疆锦棉棉业股份有限公司（以下简称“锦棉棉业公司”）是兵团农业产业化重点龙头企业，注册资本2.15亿元，公司成立于2002年12月27日，前身是农七师棉麻公司，主营业务为棉花的收购、加工、销售、储存及棉副产品的销售。法定代表人翟跃辉。公司位于新疆胡杨河市130团太行山东路1011号。作为新疆生产建设兵团第七师的一家棉花经营综合型企业，公司具有多年的棉花经营历史和经验。

锦棉棉业公司在棉花行业中具有一定的规模和影响力，公司产品商标“锦”牌于1999年注册成功，在国内外棉花市场上享有良好的声誉，经过无形资产评估，“锦”牌商标价值达6.18亿元。“锦”牌棉花2001年始先后荣获“全国十大知名品牌棉花第一名”“全国认知率最高的棉花品牌”“全国十大金奖品牌”“全国三大生态棉金奖”“全国三大优质棉金奖”“新疆著名商标”“新疆影响力品牌”“新疆顾客满意十大品牌”“中国企业四星品牌”等美誉。

锦棉棉业公司充分利用农发集团与供销公司整合重组后重塑棉业板块的有利时机，依托7个棉花加工厂15条加工线的规模优势，建立“种子农资+农事服务+籽棉加工+皮棉销售”的棉花全产业链经营模式，打造兵团第七师胡杨河市优质棉基地，重塑“锦”牌棉花形象，提升七师棉花品质，做优做强七师棉花产业。公司依托“锦”牌棉花的优良品质和完善的服务体系，建立了覆盖全国的销售网络，与中华棉花（集团）有限公司、中国纺织集团、厦门国贸、广州国投、天虹集团、华孚集团、魏桥纺织、德州恒丰集团、西安纺织集团、黑牡丹集团等国内大型棉花贸易企业及知名纺织企业建立了长期友好合作伙伴关系，并得到了一致赞誉。公司以打造七师优质棉基地，重塑“锦”牌棉花形象为企业使命，致力提升七师棉花产业水平和“锦”牌棉花竞争力，为国家棉花产业提质增效贡献力量。

公司在奎屯铁路沿线和七师胡杨河市分别建有占地面积212亩、275亩的棉花专业公检监管仓库（其中参股的新疆中锦胡杨河仓储物流有限公司仓储库为郑州商品交易所棉花期货交割库），设施齐全，交通便利，静态皮棉存储量30万吨左右。奎屯仓储库近年来与兵团棉麻银棉储运公司保持良好合作关系，双方利用各自优势于2021年完成皮棉仓储量60万吨，居全国第一。

锦棉棉业公司秉承“立足七师，服务纺织、面向新疆，走向世界”的经营理念，努力开拓区内外的棉花种植、加工、收购和经营市场，积极探索进出口业务，尝试棉花期现货结合贸易方式，实现规模经营，扩大产品市场占有率，不断规范企业管理，积极拓展棉花产业链延伸，与下游供应商合作打造“锦”牌棉花制品，产品包括网套、卫浴五件套、床上用品四件套以及纯棉服装，所有原料都选用新疆锦牌棉花，目前这些产品已在七师胡杨河市大部分地区进行展览和推广，通过开放式的经营体系把股份公司做大做强做优，实现规模效益。

地址：新疆第七师胡杨河市130团三十九路口农机大院　联系人：李杰　电话：15199952199

新疆西部银力棉业（集团）有限责任公司

新疆西部银力棉业（集团）有限责任公司（以下简称“银力集团”）注册资本1.23亿元，主营业务为棉花的加工、购、销、调、存等棉花相关产业。

1999年7月银力集团在全疆率先注册了“银力”牌棉花商标。2009年5月“银力”牌商标被国家工商总局认定为“中国驰名商标”，是全国棉花行业最早获此殊荣的商标。2015年9月，“银力”牌棉花荣膺“新疆维吾尔自治区成立60周年新疆影响力品牌”称号。2018年、2020年、2022年连续6年被评为农业产业化国家级重点龙头企业。

银力集团现有分支机构1户：林果技术服务分公司；控股公司2户：石河子银泉棉业有限公司（57%）、新疆银纱得智能仓储有限公司（60%）；参股公司16户：石河子天银物流有限公司（49%）、新疆万利联信息产业运营有限公司（35%）、师属14家棉花加工厂子公司（20%）。

“银力”牌棉花以其具备纤维长、量大质优、色泽洁白、成熟度好等优点深受国内外客商的青睐，棉花质量可靠,远销全国各地。提起新疆生产建设兵团第八师“银力”牌棉花,许多省市的新老客户都对其质量赞不绝口。

新疆利华(集团)股份有限公司
XIN JIANG LIHUA GROUP CO., LTD.

新疆利华（集团）股份有限公司(简称“公司”)是自治区国有骨干企业新疆中泰（集团）有限责任公司下属纺织服装集团板块子公司,主营棉花全产业链经营。公司是农业产业化国家重点龙头企业和国内棉花行业单体规模最大的企业，国有企业改革“双百企业”，也是自治区纺织服装产业集群棉花产业链长单位，位列2023年中国农业企业500强第82位。

公司成立于2004年，现注册资本11,050万元。近年来，在各级政府、纺织服装集团的大力支持下发展迅猛，纵向不断延伸产业链，横向不断扩大经营规模，现在国内控股30家子公司，形成棉花良种繁育、棉花规模化种植、籽棉收购加工、纺纱、织布和副产品加工全产业链经营模式，在国内拥有7万亩良种繁育基地、120万亩高标准棉花种植基地、经营115个棉花加工厂、186万锭规模的棉纺织工业园和2个大型油脂加工厂，年用工超过3万人。棉花种植、加工规模国内第一。

“十四五”期间，公司将继续坚定不移围绕成为“国际一流棉花全产业链企业集团”目标，继续加快推进“产业延伸”“并购整合”两大战略，不断延伸产业链，提升价值链，打通供应链，推动新疆棉花产业持续做大做强。计划到“十四五”末，实现棉花种植面积达到200万亩，皮棉产销量达到150万吨，销售收入达到400亿元。

呼图壁县云龙棉业集团有限公司

呼图壁县云龙棉业集团有限公司（以下简称“集团”）始创于2010年，集团从呼图壁县云龙棉业有限公司起步，经过15年发展，目前已经发展成为涵盖棉花种植、农资供应、农机服务、皮棉加工、纺织制造、棉产品贸易等多种产业的大型综合民营企业集团，集团年流转土地8万亩以上，年加工皮棉8万吨，年纺织包套超过400万套。拥有轧花厂、纺织厂、贸易公司等共8家独立子公司，年营业收入突破15亿元。2024年云龙棉业集团集办公、科研、培训、宾馆、餐饮等多种业态的综合办公大楼顺利竣工投入运营。

集团成立至今先后获得“呼图壁县守合同重信用企业”，“呼图壁县红十字会爱心单位”，“呼图壁县安全生产先进单位”，“昌吉州棉花质量保证能力优秀企业”，“昌吉州农业产业化龙头企业称号”，“新疆维吾尔自治区农业产业化龙头企业称号”，“自治区2020年千企帮千村精准扶贫行动先进民营企业称号”，中国技术监督管理中心授予“重质量、守诚信优秀示范单位”，2020年当选为昌吉州浙江商会会长至今。

未来，集团将在提升棉花种植、加工、纺织、贸易产业规模的基础上，拓展仓储物流和副产品加工板块，打通棉花产业上下游环节，通过构建专业化团队，将各个产业进行专业化运营管理，发展成为国内棉花行业最优秀的全产业链企业集团。

联系人：邹美玉　　13579643086

新疆三场丰收棉业有限责任公司

- 国家产业化重点龙头企业
- 全国诚信守法乡镇企业
- 全国创名牌重点乡镇企业

新疆三场丰收棉业有限责任公司（以下简称“公司”）成立于2003年6月，注册总资本25072万元，是一家集棉花育种、棉花种植、皮棉及棉副产品的生产、加工、销售及棉纱的生产销售为一体的农业产业化重点龙头企业。公司现有棉花种植面积10.5万亩，有1座种子加工厂，3座棉花加工厂和22.8万锭精梳纺纱厂，具有年产优质棉种3000吨，皮棉2万吨和高支纱1.2万吨的能力。

公司成立以来，引进先进的管理理念和优秀的企业文化，推动公司经济及各项事业协调、持续、稳步、健康发展。公司现已被评为“国家产业化重点龙头企业”“全国诚信守法乡镇企业”“全国创名牌重点乡镇企业”；被自治区确定为“自治区扶贫龙头企业”“自治区就业先进企业”，并被授予“自治区先进基层党组织”“开发建设新疆奖状”。2021年11月，公司被评为“自治区第五届政府质量奖”，是全疆三家获奖企业之一，也是历年来除乌鲁木齐市、昌吉市以外，全疆其他地州唯一一家被评为“自治区政府质量奖”的企业。

公司成立后，以工业化思维谋划农业发展。为充分利用当地棉花资源优势，拉长棉花产业链，向棉花深加工、精加工要效益，推动公司经济持续稳步发展。公司累计投资8.5亿元分三期建成了22.8万锭精梳棉纺项目。项目立足高起点、高标准，引进国外先进和国内一流纺织设备，自动化程度高，节能环保，主要生产80支以上高档精梳纱。项目建成后，吸纳安置就业岗位800余个，其中新疆本地员工占90%，少数民族员工占87%，通过就业实现脱贫人员占13%。目前，员工月平均工资4500元，加上年终奖，年工资收入5万元以上。通过吸纳更多少数民族员工实现就业，大量农村剩余劳动力进厂务工成为纺织产业工人，拥有了稳定的工作岗位和收入，为拉动县域经济发展，巩固脱贫攻坚成果，带动群众增收，促进乡村振兴，推动经济社会发展发挥了积极作用。

轮台县远江农工贸有限责任公司

轮台县远江农工贸有限责任公司于2001年3月成立,注册资本5200万元人民币；法定代表人：徐远江；企业住所：轮台县博斯坦路迪那宾馆12楼；经营范围：籽棉收购及加工，皮棉加工，销售：农作物种植，优质棉良种繁育：农副产品收购及销售。

远江公司有分支机构2个，即：良棉农场和塑料制品厂独立种业公司1个，联结农机合作社1个，主要从事棉花种植、收购、加工、销售等。

一、轮台县远江农工贸有限责任公司棉花加工厂

棉花加工厂位于轮台县哈尔巴克乡阿克肯农场，棉花加工厂现有2条棉花生产线，15台轧花机，籽棉清理设备10台，皮棉清理机30台等,拥有年加工13000-20000吨皮棉。其中所生产的絮棉畅销国内各地包括重庆、四川、湖南、贵州、河南。

二、良棉农场

公司下属的良棉农场于2003年9月成立，位于轮台县哈尔巴克乡开发区。现有可耕种土地近2万余亩，以优质棉种种子生产、繁育为主。目前已全部采用滴灌灌溉；农场拥有各种大型农机具80余套，农业生产全部实现了农田机械化作业，棉花年产量6500吨左右。

三、新疆科源种业

新疆科源种业有限公司2005年2月成立，注册资本1000万元人民币；位于轮台县哈尔巴克乡阿克肯;种业已由初期的棉花种植、良种繁育发展到现在的以农作物种子种植、研发、育繁、推广、检验、加工、包装、仓储、销售、服务为一体的产业化企业。新疆科源种业有限公司现有耕地面积1万亩。现有种子加工厂基本情况：棉花轧花车间2500平方米，种子脱绒车间747平方米，种子库房1716平方米，晒场5000平方米，检验室230平方米，棉种毛籽库430平方米。截止目前新疆科源种业种子加工设备、加工质量达到了同行业一流水平。

目前公司独家拥有巴43541以及授权品种庄稼汉5号和新陆中67号的品种使用权，目前这些品种是我公司主推品种。每年生产优质棉种1500-2000吨左右，并逐年扩大销售区域，主要在巴州、库尔勒、轮台、30团、33团、阿克苏地区、库车、沙雅、新和以及喀什地区、巴楚、图木舒克市、北疆的石河子、奎屯、博乐、五台等地销售，为棉农增产增收创造了良好的基础条件，同时也得到了种植户的认可。

四、塑料制品厂

轮台县远江农工贸有限责任公司塑料制品厂专业技术力量雄厚，在农业建设方面有很强的组织和管理能力，现有职工30人，其中高级职称3人，中级职称10人，初级职称13人。企业在哈尔巴克乡阿克肯建成的加工厂，已具备塑料颗粒的生产、检测设施和销售渠道。企业将在此基础上进行改扩建，建立回收、清洗点，并加大技改投入，引进高端生产设施，生产高精度塑料颗粒等高附加值产品，从而使成果最大化。近年来，随着地膜的大量使用，轮台县远江农工贸有限责任公司塑料制品厂一直开展政策宣传和试验示范，引导农户使用厚膜，提高残膜回收率。集中收集废膜，主动联系乡镇回收，初步形成了残膜回收、储存、运输、加工一条龙体系。

联系人：徐鹏飞　电话19999177100

年 度 报 告

第三部分

2023/2024 年度中国棉花生产形势分析

农业农村部农村经济研究中心　翟雪玲

【作者简介】翟雪玲，毕业于中国农业大学，现任农业农村部市场贸易研究室主任、研究员、国家棉花产业技术体系产业经济研究室主任、农业农村部棉花专家组专家、农业农村部农产品贸易棉花预警救济专家组成员。

2023/2024 年度，全国棉花面积、产量双下降。棉花生长期间，尽管遭遇低温多雨、高温干旱等自然灾害，但总体对棉花生产影响有限，病虫害轻度发生，棉花长势较好，棉花单产小幅提高。棉花生产成本稳中略增，其中人工成本继续下降，但物质费用和土地成本增加。由于籽棉收购价格同比提高、籽棉单产增加，农户植棉利润和现金收益同比大幅增加。

一、2023/2024 年度全国棉花生产情况

（一）棉花面积、产量双下降

植棉面积继续下降。据国家统计局数据，2023 年全国棉花播种面积 4 182.2 万亩，比上年减少 318.3 万亩，同比下降 7.1%。其中，新疆维吾尔自治区引导次宜棉区改种玉米、大豆等粮食作物，棉花面积继续下降。2023 年新疆维吾尔自治区棉花播种面积为 3 554 万亩，比上年减少 191.4 万亩，下降 5.1%，占全国棉花播种面积的 85.0%，比上年提高 1.8 个百分点；受种植效益下降和种植结构调整等因素影响，内地棉区棉花播种面积继续下降，2023 年除新疆维吾尔自治区以外棉区植棉面积为 628.2 万亩，比上年减少 126.9 万亩，同比下降 16.8%。

棉花单产小幅提升。2023 年全国棉花单产为每亩 134.3 千克，同比增长 1.1%。分地区看，新疆维吾尔自治区春季大部棉区低温多雨，棉花生育进程比上年推迟，夏季持续高温对棉花生长不利，但秋季气象条件利于棉花采收，加之低产棉田逐步调减，单产略有下降，为每亩 143.9 千克，同比下降 0.1%；长江流域棉区气象条件基本正常，实现恢复性增产，棉花单产为每亩 71.4 千克，同比增长 5.3%；黄河流域棉区总体天气条件与常年相当，单产稳中有增，为每亩 83.8 千克，同比增长 1.5%。

棉花产量同比下降。全国棉花总产量 561.8 万吨，比 2022 年减少 36.2 万吨，下降 6.1%。其中，新疆维吾尔自治区棉花总产量 511.2 万吨，比上年减少 27.9 万吨，下降 5.2%，占全国总产量的 91.0%，比上年提高 0.8 个百分点；其他地区棉花产量 50.6 万吨，比上年减少 8 万吨，下降 13.7%。

（二）全国棉花长势较好

一是全国棉花品种较多。从监测来看[①]，其中长江流域填报了 78 个品种，使用率排在前三位分别是创棉系列 15 个品种、鄂杂棉系列 12 个品种和中棉所系列 8 个品种。黄河流域填报了 51 个品种，使用率排在前二位的分别是鲁研棉系列 19 个品种和国欣棉系列 6 个品种，其余品种分布在不同的地区。新疆维吾尔自治区棉种相对集中，填报 42 个棉种品

① 指棉花种植品种居示范县前三位的种子。

种，66.7% 使用了新陆（新陆早、新陆中）系列棉种，共有 28 个，品种使用集中。

从棉种价格看，不同区域间棉种价格差异较大。长江流域每亩平均用种量为 0.4 千克，棉种平均价格为 161.9 元 / 千克；黄河流域每亩平均用种量为 2.2 千克，棉种平均价格为 37.3 元 / 千克；新疆维吾尔自治区棉区每亩平均用种量为 1.8 千克，棉种平均价格为 30.3 元 / 千克。

二是一类苗比重较高。根据监测县统计，截至 8 月 15 日，全国一类苗的比例为 62.0%，二类苗比例为 27.3%，三类苗比例为 10.7%，分别比上年同期提高 1.3 个百分点、下降 0.3 个百分点和下降 0.8 个百分点。区域之间苗情比例差异大，黄河流域和新疆维吾尔自治区棉花长势明显好于长江流域棉区。其中，黄河流域棉区一类苗占比 59.1%，新疆维吾尔自治区一类苗占比 57.1%，长江流域棉区一类苗占比为 34.8%。监测县棉花平均收获密度为 5 810.9 株 / 亩，同比增长 18.7%。其中长江流域为 1 723.3 株 / 亩，同比增长 1.9%；黄河流域为 4 389.5 株 / 亩，同比增长 4.7%；西北内陆为 13 631.9 株 / 亩，同比增长 19.8%。

三是 8 月成铃数多于上年。8 月 15 日前后，监测县棉花平均成铃数为 20.8 个 / 株，比上年同期多 1.4 个 / 株。其中长江流域平均成铃数为 28.8 个 / 株，比去年同期多 1.3 个 / 株；黄河流域平均成铃数为 18.9 个 / 株，比去年同期多 1.9 个 / 株；新疆维吾尔自治区平均成铃数为 7.1 个 / 株，比去年同期多 0.3 个 / 株。

3. 棉花生产区域气候整体正常，病、虫灾害发生较轻

棉区气候整体正常。2023/2024 年度，全国棉花主产区生长期内气候整体正常，但部分地区遭受自然灾害影响。5 月份，新疆维吾尔自治区发生了雨灾和冻灾（低温）。其中雨灾发生面积 182.3 万亩，占监测县面积的 7.6%，占发生面积的 100%，重度为主；冻灾（低温）发生面积 115.4 万亩，占监测县面积的 6.8%，发生程度为轻度。长江流域、黄河流域除少部分棉区遭受高温干旱、雨水偏多等气象灾害外，大部分棉区气候正常。

黄萎病和枯萎病点状发生，虫害轻度发生。2023/2024 年度监测县病害以黄萎病和枯萎病为主，其中黄萎病发生面积 52.5 万亩，占监测县面积的 2.7%，主要发生在新疆维吾尔自治区，占发生面积的 92.6%；枯萎病发生面积为 20.8 万亩，占监测县面积的 1.1%，主要发生在新疆维吾尔自治区，占发生面积的 89.4%；苗病发生面积为 0.1 万亩。虫害以棉蚜虫和棉铃虫为主。监测县虫害发生前三位的是棉蚜虫、棉铃虫和红蜘蛛。其中棉铃虫、棉蚜虫和红蜘蛛分别为 224.2 万亩、135.3 万亩和 100.6 万亩，分别占监测县面积 11.3%、6.8% 和 5.1%。其中，新疆维吾尔自治区发生面积分别占发生面积的 93.9%、91.6% 和 80.0%。此外，部分地区还发生了蓟马和盲蝽。但虫害以轻度为主。

二、棉花生产成本收益分析

1. 籽棉价格上涨，收购进度加快

11 月监测县籽棉（手摘棉）平均收购价格为 7.5 元 / 千克，同比涨 10.3%。分区域来看，长江流域、黄河流域和新疆维吾尔自治区分别为 7.1 元 / 千克、8.0 元 / 千克和 7.6 元 / 千克，同比分别涨 2.9%、12.7% 和 13.8%。11 月黄河流域和新疆维吾尔自治区棉区机采棉平均收购价格分别为 7.4 元 / 千克和 7.1 元 / 千克，同比分别涨 10.4% 和 24.6%。11 月棉籽价格平均为 2.7 元 / 千克，同比降 3.6%。分区域来看，长江流域、黄河流域和新疆维吾尔自治区棉区平均分别为 2.7 元 / 千克、2.4 元 / 千克和 2.9 元 / 千克。11 月监测县棉花平均收购比例为 92.7%，同比快 3.2 个百分点。分区域来看，长江流域、黄河流域和新疆维吾尔自治区棉区收购比例分别为 72.8%、51.5% 和 96.1%。

2. 农户植棉总成本增加

据《全国农产品成本收益资料摘要 2024》数据分析，2023 年全国棉花平均总成本增加，每亩 2 539.00 元，同比增长 1.16%。详见表 3–1。

表 3–1　2023 年全国棉花生产成本变化

项目	单位	全国平均	同比（%）
总成本	元	2 539.00	1.16
每亩物质与服务费用	元	1 116.97	1.70
每亩人工成本	元	801.49	–5.45
土地成本	元	620.54	10.03

数据来源：全国农产品成本收益资料汇编 2023、2024。

根据《全国农产品成本收益资料汇编》分类，棉花生产总成本划分为生产成本和土地成本两部分，生产成本又可以细分为物质与服务费用和人工成本。

（1）**物质与服务费用小幅增加。**2023 年全国棉花生产物质与服务费用每亩 1 116.97 元，同比增长 1.70%。物质与服务费用主要是指在棉花生产过程中投入的各类农业生产资料和固定资产折旧、保险费等服务费用。分类别看，2023 年修理维护费、种子费、排灌费、燃料动力费等增加较为明显，同比分别增长 13.12%、9.90%、9.73%、8.25%。间接费用每亩 116.45 元，同比增长 1.20%（详见表 3–2）。

表 3–2　2023 年全国棉花生产物质与服务费用变化

项目	单位	全国平均	同比（%）
每亩物质与服务费用	元	1 116.97	1.70
（一）直接费用	元	1 000.52	1.76
1. 种子费	元	64.97	9.90
2. 化肥费	元	340.54	4.12
3. 农家肥费	元	12.33	–1.75
4. 农药费	元	100.06	–0.72
5. 农膜费	元	46.59	4.4
6. 租赁作业费	元	337.63	–10.40
机械作业费	元	220.28	–5.62
排灌费	元	157.35	9.73
其中：水费	元	69.01	14.58
畜力费	元	—	—
7. 燃料动力费	元	9.05	8.25
8. 技术服务费	元	0.49	–10.91
9. 工具材料费	元	41.10	–11.59
10. 修理维护费	元	7.76	13.12
11. 其他直接费用	元	—	—
（二）间接费用	元	116.45	1.20
1. 固定资产折旧	元	28.84	5.29
2. 保险费	元	55.77	–3.84
3. 财务费	元	2.79	–46.96
4. 销售费	元	29.05	18.96

数据来源：全国农产品成本收益资料汇编 2023、2024、“管理费”为 0，已剔除。

（2）**人工成本继续下降。**2023 年，种植棉花人工成本全国平均为每亩 801.49 元，在上年的基础上继续下降 5.45%。雇工费用同比降 4.88%，雇工天数同比降 9.50%，雇工工价同比上涨 5.43%。详见表 3–3。

表 3–3　2023 年全国棉花生产人工成本变化

项目	单位	全国平均	同比（%）
每亩人工成本	元	801.49	–5.45
1. 家庭用工折价	元	573.36	–5.67
家庭用工天数	日	5.91	–7.37
劳动日工价	元	96.95	1.73
2. 雇工费用	元	228.13	–4.88
雇工天数	日	1.62	–9.50
雇工工价	元	141.26	5.43

数据来源：全国农产品成本收益资料汇编 2023、2024。

（3）**土地成本同比大幅上涨。**2023 年，种植棉花土地成本全国平均为每亩 620.54 元，同比增长

10.03%。流转地租金同比增长 34.43%，自营地折租同比增长 1.50%。详见表 3–4。

表 3–4　2022 年全国棉花生产土地成本变化

项目	单位	全国平均	同比（%）
土地成本	元	620.54	10.03
1. 流转地租金	元	196.24	34.43
2. 自营地折租	元	424.30	1.50

数据来源：全国农产品成本收益资料汇编 2023、2024。

3. 农户植棉收益同比大幅增加

2023 年棉花种植每亩主产品产量同比下降 1.27%，为 133.24 千克。但由于棉花价格上涨，亩均产值达到 2 735.45 元，同比增长 20.28%。棉花利润由负转正，全国平均每亩净利润为 196.45 元，较上年增加 432.16 元，成本利润率为 7.74%。不计家庭劳动成本，现金收益每亩 1 194.11 元，同比增长 51.13%。详见表 3–5。

表 3–5　2023 年全国平均棉花生产收益

项目	单位	全国平均	同比（%）
每亩主产品产量	千克	133.24	–1.27
产值合计	元	2 735.45	20.28
主产品产值	元	2 180.46	26.17
副产品产值	元	554.99	1.64
总成本	元	2 539.00	1.16
净利润	元	196.45	183.34
现金成本	元	1 541.34	3.86
现金收益	元	1 194.11	51.13
成本利润率	%	7.74	–182.43

数据来源：全国农产品成本收益资料汇编 2023、2024。

三、相关政策建议

（一）加大支持力度，提高棉花生产水平

我国棉花生产成本显著高于其他棉花主产国，亩均生产成本约为美国的 3 倍、澳大利亚的 2 倍。继续加大棉花产业链各环节支持力度，通过品种优化、农机农艺融合等方式节本增效。鼓励土地入股、土地托管、土地互换等多种形式的土地流转，发展适度规模经营，降低土地成本，提高集约化标准化生产水平。

（二）完善棉花流通体制机制

棉农通过“代加工”模式改卖籽棉为卖皮棉，棉农与轧花厂由博弈关系转为合作关系，能有效破除收购时间短、加工能力过剩、收购秩序混乱等问题，理顺棉花产业链主体利益分配。建议出台相关政策鼓励棉花流通由卖籽棉向卖皮棉转变，形成棉花种植、加工利益联结机制，同时要做好相应的风险应对措施，引导“代加工”棉农通过套期保值等手段防范市场风险，确保植棉农户收益稳定。

（三）优化储备和进出口调控

提前做好收储预案，根据国产棉花市场形势，适时补充国产棉储备数量，稳定棉花市场预期。合理安排棉花滑准税配额，综合考虑企业出口订单结构和数量，增强配额发放政策的灵活性，适度向出口欧美市场的企业倾斜。灵活实施棉花出口管控政策，引导企业抓住有利时机增加出口，带动新疆维吾尔自治区棉花消费。

（四）多措并举促进新疆维吾尔自治区棉花消费

讲好新疆维吾尔自治区棉花故事，宣传疆棉品牌，扩大疆棉品牌知名度和影响力。发挥新疆维吾尔自治区棉花产业上中游生产能力强的优势，推动建立“一带一路”国际棉花联盟，拓展疆棉国际市场。推动纺织产业转型升级，实现从产品输出向技术带动、设计引领的供应链输出转变。

2023/2024 年度中国棉花加工行业运行现状

中华全国供销合作总社郑州棉麻工程技术设计研究所　史书伟

【作者单位简介】中华全国供销合作总社郑州棉麻工程技术设计研究所是我国棉花加工行业唯一的国家级科研机构，于 1978 年经国务院批准成立，隶属中华全国供销合作总社，是集棉花加工新技术新工艺的研究开发和推广应用、棉机和棉检仪器研制生产、行业电子信息技术开发和系统集成、喷码标识产品和技术研制生产、开展信息技术交流、提供工艺设计和综合技术服务于一身的综合性科学事业单位。

一、2023/2024 年度棉花加工技术发展现状

（一）棉花目标价格补贴政策实现了兵地互交互认

2024 年，为加快新疆维吾尔自治区棉区棉花产业高质量发展，完善新疆维吾尔自治区棉花目标价格补贴政策，落实“优棉”要求，服务优质棉花、棉纱基地建设，推动棉花生产流通中突出“优质优补、优棉优价”的导向作用，新疆维吾尔自治区市场监督管理局、发展和改革委员会、财政厅、农业农村厅等多部门联合发布《新疆维吾尔自治区棉花目标价格补贴与质量挂钩政策实施方案（2024—2025 年）》，该方案在继承以往实施方案的基础上，具有以下三个方面鲜明的特点：一是首次统一兵地棉花质量补贴标准和质量追溯系统，实现兵地棉花互交互认，加快新疆维吾尔自治区棉花产业一体化协同发展；二是质量补贴标准在“达到‘双 29B2’级及以上（纤维长度大于等于 29mm，断裂比强度大于等于 29cN/tex，马克隆值 A 级或 B2 级）”的基础上，首次提出“长度整齐度指数大于等于 82% 的细绒棉”的要求，对进一步优化提升棉花加工质量发挥更好的导向作用；三是“籽棉采收应为机采一次成型的籽棉棉卷”优化为“采收时，应为成型的机采棉卷”，扩大补贴适用标准要求，政策要求更加科学合理；四是质量追溯单位由“南疆为 300 亩及以上，北疆为 500 亩及以上”优化为“以 500 亩为最小追溯单元组合参与质量补贴”，统一了追溯补贴单元，便于政策的执行。

（二）棉花加工质量在线检测与监测系统示范应用

依托“十四五”国家重点研发计划项目《棉花生产智慧农场关键技术装备创制与应用》，中华全国供销合作总社郑州棉麻工程技术设计研究所与石河子大学张若宇教授团队联合研发了棉花加工质量在线检测与检测系统，在中棉集团巴州棉业有限公司、沙湾棉业有限公司开展示范应用，为提升棉花加工数字化、信息化水平发挥重要作用。

棉花加工质量在线检测与监测系统通过安装在

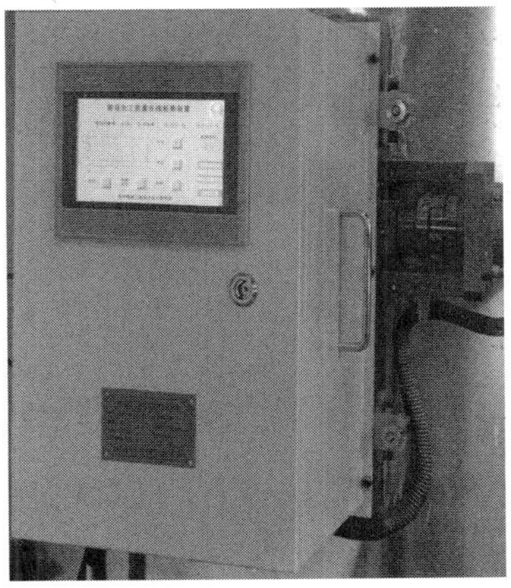

图 3-1　棉花加工质量在线检测与监测装置

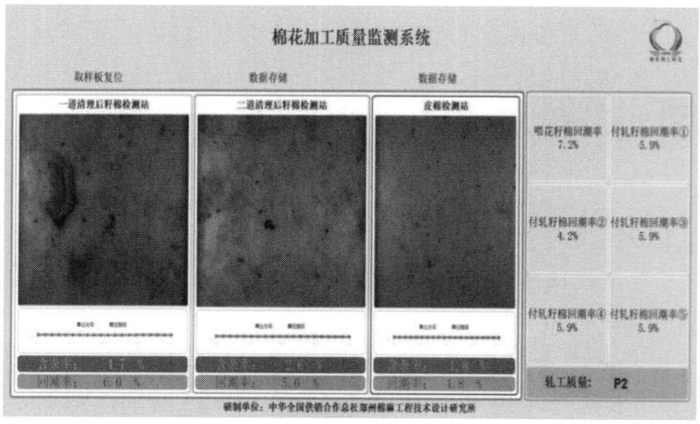

图 3–2　棉花加工质量在线检测与监测系统

生产线各个关键环节的棉花回潮率在线检测装置和棉花加工质量在线检测装置，实时监测棉花加工过程中回潮率、含杂率、轧工质量等级的变化；同时通过车间设备关键部件转速、电流、用电量、产量等检测装置，实时监测加工设备运行状态，实时生产状态，监测棉花生产投入产出比，提高棉花生产信息化技术水平。

棉花加工质量在线检测与监测系统的示范应用，实现了棉花加工生产线全过程加工质量、设备运行状态、用电量与产量等参数的在线监测与管理，为棉花加工企业提质增效提供了数据和技术支撑，对行业高质量发展意义重大。

（三）无人驾驶夹包车研发成功并开展示范应用

天津大学无人驾驶交叉研究中心团队为新疆维吾尔自治区棉花收获研发的“无人驾驶夹包车”成功部署作业，实现了全流程的自动化和智能化棉包搬运、码放作业，大幅提升了棉花运送和出入库的效率。

天津大学团队开发的“基于多信息融合检测的夹包车自学习规控算法”，使得棉包搬运和码放的智能化改造取得了显著成效。该算法使得棉包的识别准确率超过 99%，为精准夹取与码放提供了保障。同时，团队开发了路径规划与车辆控制的一体化算法，使货运效率提升 30% 以上。为了便于仓储管理与车辆调度，团队还开发了三维孪生云控平台与手机端 APP 应用程序，授权后的用户可以随时随地向无人驾驶夹包车下发取货点位与仓储区域指令，并通过云控平台做孪生监控。

无人驾驶夹包车的应用示范，为棉花加工棉包搬运、码垛提供了多样化实施方案，助推了人工智能技术在棉花加工领域的场景应用，随着技术的进一步升级优化，为棉花加工无人化、少人化目标的实现提供了技术支撑。

二、2023/2024 年度棉花加工企业经营效益情况及结构变化

综合 2022/2023 年度植棉收益，农户植棉积极性较高，2024 年新疆维吾尔自治区棉花种植面积同比大幅增加，全国棉花播种面积 2 838.3 千公顷（4 257.4 万亩），比 2023 年增加 50.1 千公顷（75.2 万亩），增长 1.8%。南疆区域增幅高于北疆，自治区增幅高于兵团。其中，南疆区域棉花种植面积同比增幅高达 14%，比如喀什、阿克苏、克州、和田等地区棉花种植面积同比增幅在 10%—30% 不等。然而，由于国内纺织业消费订单旺季不旺、淡季更淡，多数纺织企业棉纱销售疲软，部分库存积压；我国棉花进口量显著增长，致使我国棉花市场整体呈现震荡下行趋势，郑棉从 4 月份 16 300 元 / 吨左右高位持续降低至 13 200 元 / 吨低点，新棉入市时新疆维吾尔自治区棉花加工企业收购谨慎，籽棉价格保持低位。这对于棉花加工企业经营造成一定的影响。

（一）棉花种植面积变化与种植技术提升，棉花加工经营布局发生变化

随着棉花干播湿出种植技术的推广，以及水资源短缺和生态环保政策收紧等因素的影响，南疆棉区棉花种植面积逐步增加，北疆棉区例如昌吉州等地区开始缩减棉花种植面积，叠加喀什地区推出“棉纺产业振兴计划”和阿克苏地区推出“棉纺产业高质量发展行动计划”等政策引导作用，棉花加工经营逐渐向南疆棉区集聚。

目前，南疆棉区喀什、阿克苏地区，依托充足的棉花原料供应，形成了巴楚、库车两大棉纺

产业集群，集聚了规模以上棉花加工企业200余家。2020—2023年度喀什和阿克苏地区棉花加工企业变化趋势如图3–3所示。从图5中可以看出，自2020年以来，喀什和阿克苏地区棉花加工企业数量逐渐呈现上升趋势，每年度新增棉花加工企业数量大约为10%，2023/2024年度，南疆喀什和阿克苏两个地区棉花加工企业数量占新疆维吾尔自治区棉区地方棉花加工企业的69.8%，棉花加工

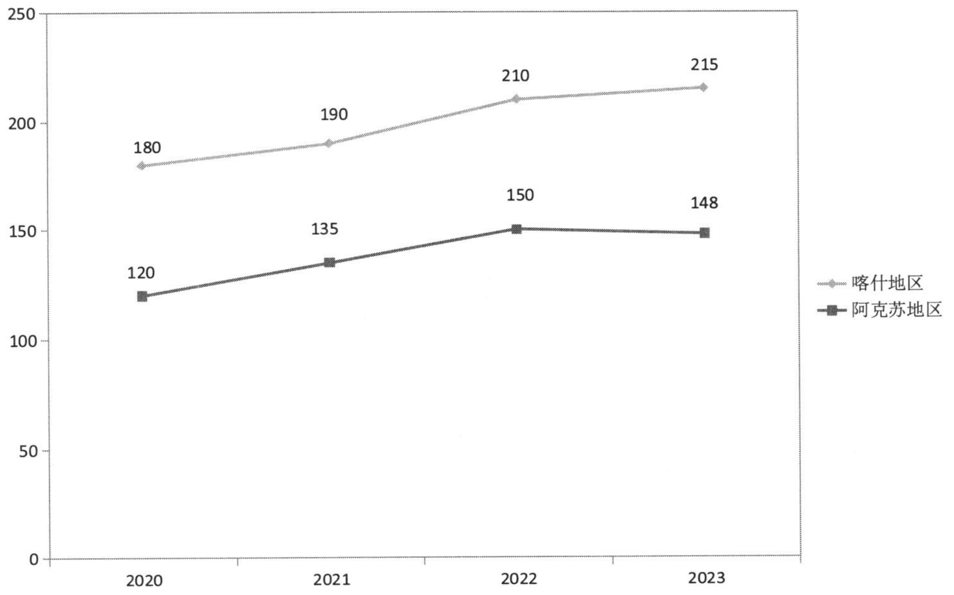

图3–3　2020—2023年度喀什和阿克苏地区棉花加工企业变化趋势

经营格局逐步发生变化。

（二）**棉花需求较弱、销售压力增大，经营风险没有大的改善**

2023/2024年度，新疆维吾尔自治区棉区现有规模以上棉花加工企业300余家，皮棉加工能力达650万吨，其中高品质棉（“双29”“双30”）占比提升至35%，中低等级棉占比65%。但是，对于加工皮棉销售而言，虽然在3—5月受纺织企业补库需求影响，棉花期货价格维持在17 200元/吨左右，4月新疆维吾尔自治区棉区受霜冻灾害因素影响，价格一度突破18 000元/吨，但总体而言，加工皮棉销售压力却持续增大。2024年前11个月我国累计进口棉花247万吨，同比增长46.6%。致使我国棉花市场整体呈现震荡下行趋势，郑棉从4月份16 300元/吨左右高位持续降低至13 200元/吨低点，新棉入市时新疆维吾尔自治区棉花加工企业收购谨慎，籽棉价格保持低位。因此，2023/2024年度棉花加工企业经营风险依然很大。

三、2023/2024年度棉花加工设备销售变化情况

（一）**棉花智能化加工集成应用初见成效**

随着农业现代化和“智能制造”政策的持续推进，2023/2024年度我国棉花智能化加工集成示范在技术应用、覆盖范围、经济效益和装备销售等方面取得显著进展。

2023/2024年度，我国棉花加工智能化装备包括大型智能轧花机、60包快速棉花打包机、全自动刷唛机等装备的集成应用得到广泛推广。

大型智能轧花生产线普遍采用150片以上的大型轧花机，轧花机数量一般配置5台以上，为确保棉花加工效率，生产线配置60包快速棉花打包机、

全自动棉包刷唛机，保障成包与刷唛效率，安装棉花加工质量在线监测系统，实时监测籽棉清理与皮棉清理环节棉花回潮率、含杂率、轧工质量等参数，监测信息实时反馈调控系统，实现棉花加工效率与质量平衡发展，目前，大型智能轧花生产线已经成为我国棉花加工新生产线新建或改建的方向。2023/2024 年度，大型智能轧花生产线已完成新建或改建 10 余条，设备销售达 3 亿元以上，新疆维吾尔自治区棉区通过智能化装备升级，推动加工效率提升 30%—50%，人工成本降低 40% 以上。

棉花智能化加工集成应用中，60 包快速棉花打包机起到确保棉花加工生产线大型化、高速化的重要作用。目前，山东天鹅棉花机械有限公司研发的 60 包全自动快速棉花液压打包机已经应用推广，新疆维吾尔自治区海迅智能制造有限公司研制的 60 包快速棉花打包机开展应用示范。

（二）棉花质量追溯政策推动技术与装备发展

随着近几年棉花目标价格补贴政策与棉花质量挂钩方案的组织实施，受棉花质量补贴红利影响，棉农质量意识和棉企质量管控意识得到极大提升，棉花质量追溯设备得到大量推广应用，2023/2024 年度，籽棉交售质量信息、加工过程质量数据、棉花公证检验信息追溯等技术进一步优化完善，参与质量追溯企业 638 家，同比提升 87.1%，参与质量追溯籽棉同比提升 268.9%，追溯优质棉同比提升 262.9%，达到 208.46 万吨，棉花质量追溯率达到 99.2%。

为确保棉花加工质量，提升棉花质量追溯效益，棉花加工企业注重棉花质量在线检测技术与装备的投入应用，棉花加工质量大幅提升，2023/2024 年度，棉花平均长度同比上升 0.44mm；马克隆值 A+B 占比同比上升 1.33 个百分点；棉花断裂比强度强档以上占比同比上升 16.71 个百分点，为近五年最好质量水平。

（三）棉花机械化采摘快速发展，机采率再创新高

棉花收获机是棉花种植全程机械化发展中尤为关键的一环，打包采棉机作业效率高、棉花洁净度高，受市场导向因素影响，已经成为市场主力机型。2020 年以来，国产品牌突破打包采棉机技术壁垒并实现快速产业化量产，打破了该领域被进口品牌高度垄断的市场格局，国内打包采棉机行业发展迅速。

根据中国农业机械工业协会统计分析，2023/2024 年度打包采棉机市场集中度及国产品牌市场覆盖率均进一步提升，新疆维吾尔自治区采棉机保有量约 8 800 台，其中箱式采棉机约 5 200 台，打包采棉机约 3 600 台，由于棉花收获机的更新替换周期通常为 8—10 年，我国新疆维吾尔自治区棉区市场棉花收获机保有量已经趋于峰值水平，未来棉花收获机市场将主要来自存量的升级替换与社会化服务需求。

2023/2024 年度，受新疆维吾尔自治区棉区机械化政策与市场需求的助推，新疆维吾尔自治区棉花生产的机械化进程快速推进，全疆棉花耕种收综合机械化率已经高达 97%，机采率更是突破 90%。

2023/2024 年度，受政策支持、经济因素、劳动力短缺等因素的影响，黄河流域棉区与长江流域棉区棉花机械化采摘技术与装备应用得到快速发展，黄河流域棉区以山东为例，2024 年山东省棉花种植面积约 600 万亩，主产区集中在鲁西南地区（菏泽、济宁、聊城）和胶东半岛（青岛、潍坊）等地区，其中，菏泽市种植面积 180 万亩，新增棉花收获机 380 台，机械化收获面积 135 万亩，占全市种植面积的 75%；长江流域棉区以湖北为例，2024 年度湖北省棉花种植面积约 450 万亩，主产区集中在江汉平原（荆州、荆门、孝感等地），其中，荆门市种植面积 80 万亩，新增棉花收获机 42 台，机械化收获面积 56 万亩，占全市种植面积的 70%。随着棉花收获机械的推广应用，黄河流域棉区与长江流域棉区棉花采收效率提升 2—3 倍，人工成本降低 40%—50%。

四、建议

当前，我国棉花产业面临全球竞争加剧、生产成本攀升及区域发展不均衡等挑战。为推动行业高质量发展，亟须通过加快装备更新换代、推动集约化生产、提升黄河与长江流域机械化水平三大路径，实现效率提升、成本优化和产业安全保障。

（一）加快装备更新换代，推动棉花加工集约化生产

目前，我国棉花加工行业已经开展棉花规模化、智能化生产应用与示范，棉花加工自动化、信息化、智能化水平有了大幅提升，但是，受棉花产业国际竞争加剧、棉花加工经营持续低迷等因素的影响，棉花加工技术升级改造装备更新替换相对缓慢，加工产能低、质量差的棉花加工生产线依然存在且不算少数。因此，建议加快装备更新换代速度，布局棉花加工、纺织“智能棉纺示范园”建设，构建工业互联网平台，整合设备运行、质量检测、物流调度等数据，降低生产成本，提高加工收益，加快数字孪生技术场景应用，优化加工工艺与加工参数，提高棉花加工质量，整体提升棉花加工集约化水平，确保棉花加工高质量发展。

（二）加大应用示范，提高黄河与长江流域棉花机械化水平

目前，我国新疆维吾尔自治区棉区棉花产量在全国棉花产量中的占比已经突破92%，处于绝对领先地位，但是，近年来随着黄河流域棉区与长江流域棉区机采棉育种、植保技术的发展，湖北、山东、河北等省份机采棉生产加工规模逐步扩大，种植面积与棉花单产有了较大提升，土地流转加快了机采棉规模化种植，因此，建议加大黄河流域棉区与长江流域棉区机采棉种植生产应用示范力度，加快提升棉花机械化水平，稳步提高两大棉区棉花种植面积与产量，实现我国棉花种植生产均衡发展，确保我国棉花产业安全。

2023/2024 年中国棉纺织行业经济运行状况分析

中国棉纺织行业协会　郭占军

【作者简介】郭占军，中国棉纺织行业协会会长助理兼副秘书长，正高级工程师，自2010年至今就职于中国棉纺织行业协会，主要从事棉纺织市场经济运行分析工作。

2024年，国际环境依然严峻复杂，贸易保护主义、产业安全等问题持续影响企业经营，受原料供应端冲击和终端有效需求不足双向挤压，在整个纺织产业链体系中，棉纺织行业恢复力度偏弱。行业淡旺季周期性减弱，旺季不旺、淡季持续局面长时间维持，规模以上企业利润率和亏损面两项关键比率指标均达到十余年来最低水平，行业承受的压力极其明显。在压力面前，我国棉纺织行业深入贯彻落实党中央、国务院决策部署，围绕建设棉纺织现代化产业体系目标，迎难而上、积极作为，沉着应对各种风险和挑战，努力实现行业经济运行平稳发展。在正视困难的同时，一些积极因素也在累积。从行业经济数据来看，在存量和增量政策叠加作用下，多项经济数据出现边际改善和指标修复。接下来，棉纺织行业亟须进一步把握与棉纺织相关的国家宏观政策，通过在行业内发展新质生产力，提高全要素生产率，深化产业转型升级，着力推动高质量发展。棉纺织行业要继续稳定市场预期，提振信心，加速闯过新旧动能转换阵痛期，同时要强化行业自律，防止“内卷式”恶性竞争。

2024年我国棉纺织行业经济运行概况

一、主要经济指标承压明显，利润率创十余年新低

据国家统计局数据显示，2024年，棉纺织业主

要经济指标承压明显，与规模以上工业企业、制造业和纺织行业相比，棉纺织业营业收入、利润总额、营收利润率、每百元营业收入中的成本、资产负债率、产成品存货周转天数等主要指标偏弱，每百元资产实现的营业收入和应收账款平均回收期等个别指标稍好。2024 年，规上棉纺织营业收入同比增长 1.4%，但利润总额减幅明显，达到 11.7%，拖累行业营业收入利润率较 2023 年下降 0.5 个百分点，仅为 2.41%，但从年内趋势看，利润率整体呈现持续修复趋势，前 11 个月逐月累计利润率均在 2% 以下。继 2022 年和 2023 年分别创下新低后，2024 年营收利润率继续向下寻底，为 2011 年规模以上工业企业起点标准从年营收 500 万元提高到 2 000 万元以来最低点。规上棉纺织业 22.5% 的亏损面仅低于 2020 年和 2022 年（图 3–4、图 3–5）。2024 年，棉纺织业继“金三银四”未达预期之后，“金九银十”旺季周期几乎落空，行业淡旺季周期性明显减弱，淡季特点长时间持续，行业承压持续加大。2024 年末，棉纺织产成品库存周转天数为 37.8 天，较 2023 年同期增加 1.3 天，产品库存压力持续，应收账款平均回收期为 44.9 天，较 2023 年同期增加 2.9 天，现金流更加紧张（表 3–6、表 3–7）。

棉纺织行业中，棉纺纱和棉织造经济运行走势有所分化。其中棉纺纱经济运行压力更大。2024 年，规上棉纺纱业营收和利润双降，利润总额减幅达到 12.1%，拖累营收利润率仅为 2.05%。与棉纺纱相比，规上棉织造主要经济指标较好，营收累计同比增长 4.8%，利润总额同比下降 11.1%，营收利润率为 3.08%，虽不及 2023 年同期的 3.75%，但较棉纺纱仍高出 1.03 个百分点（表 3–6、表 3–7）。

表 3–6　2024 年规模以上工业企业主要财务指标

类别	亏损面	营业收入	营业成本	利润总额
	（%）	同比（%）	同比（%）	同比（%）
工业企业	—	2.1	2.5	–3.3
制造业	—	2.4	2.7	–3.9
纺织行业	20.8	4.0	3.7	7.5
棉纺织业	22.5	1.4	1.2	–11.7
其中：棉纺纱	24.4	–0.4	–0.6	–12.1
棉织造	19.5	4.8	4.8	–11.1

数据来源：国家统计局。

表 3–7　2024 年规模以上工业企业经济效益指标

类别	营业收入利润率	每百元营业收入中的成本	每百元资产实现的营业收入	资产负债率	产成品存货周转天数	应收账款平均回收期
	（%）	（元）	（元）	2024 年末	2024 年末（天）	2024 年末（天）
工业企业	5.39	85.16	79.5	57.5	19.2	64.1

续表

类别	营业收入利润率	每百元营业收入中的成本	每百元资产实现的营业收入	资产负债率	产成品存货周转天数	应收账款平均回收期
	（%）	（元）	（元）	2024 年末	2024 年末（天）	2024 年末（天）
制造业	4.63	85.60	92.3	56.9	21.5	65.6
纺织行业	3.91	87.98	101.5	59.5	33.0	47.6
棉纺纱加工业	2.41	90.50	93.7	62.5	37.8	44.9
其中：棉纺纱	2.05	91.32	90.4	66.3	36.4	36.9
棉织造	3.08	89.02	100.3	54.9	40.3	59.5

数据来源：国家统计局。

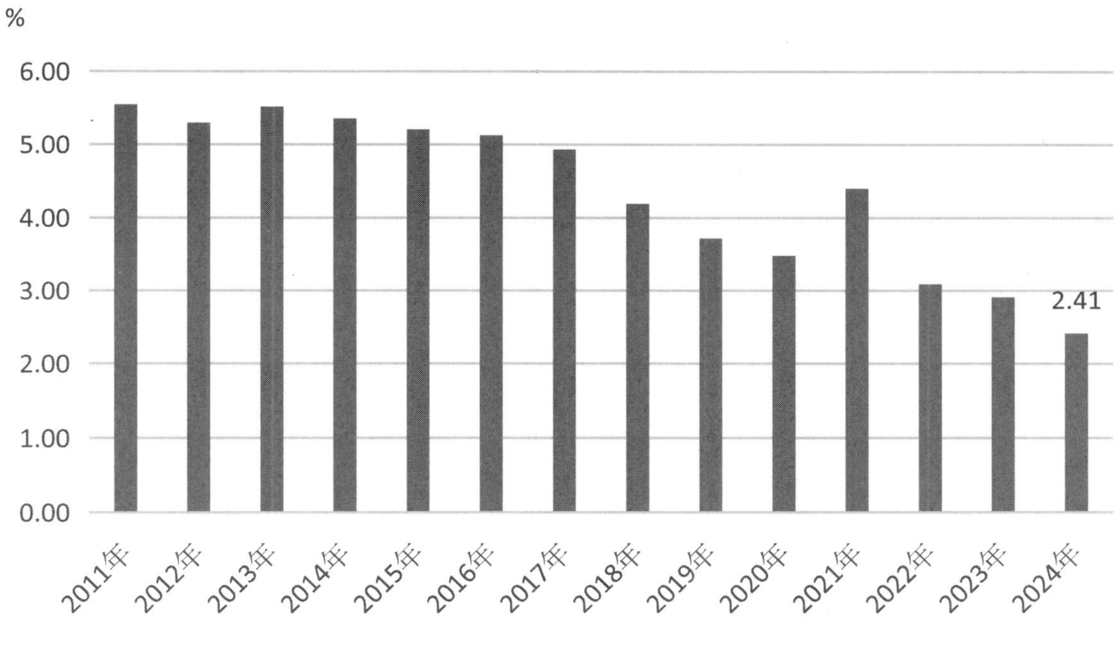

图 3–4　2011—2024 年规模以上棉纺织营业收入利润率

数据来源：国家统计局。

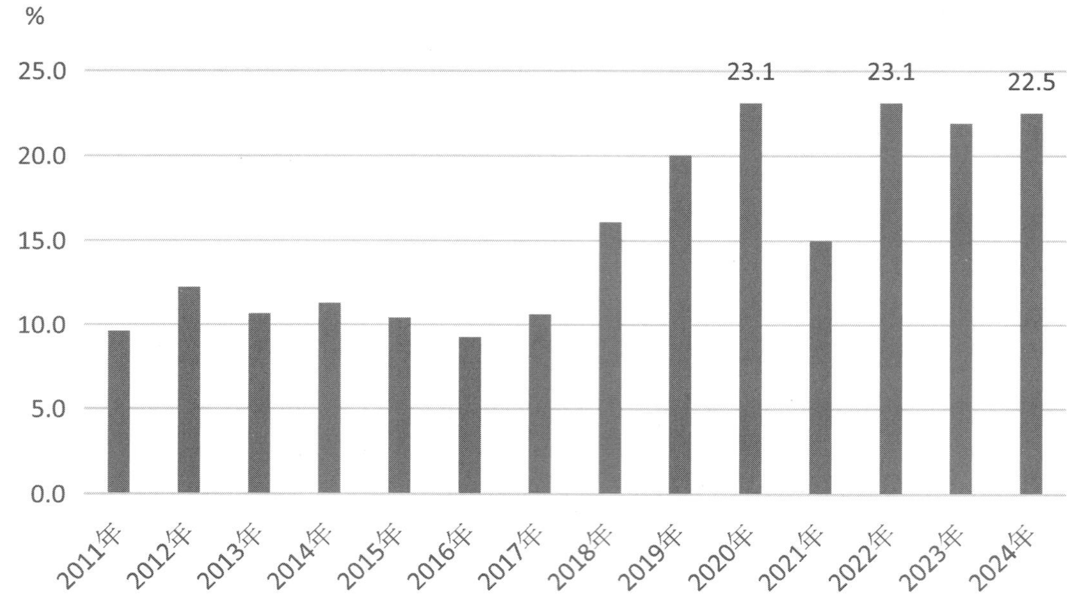

图 3–5　2011—2024 年规模以上棉纺织亏损面

数据来源：国家统计局。

二、中国棉纺织景气指数收缩多于扩张，信心指数亟待提振

2024 年，中国制造业 PMI 指数半数以上时间位于荣枯线下，制造业指数前三季度表现偏弱，仅 3 月份和 4 月份位于荣枯线上，四季度回升力度明显，连续三个月站稳荣枯线上。中国棉纺织景气指数整体走势和制造业 PMI 指数较为接近，整体呈现前弱后强趋势，前 8 个月仅 1 月份和 3 月份位于荣枯线上，随后在国家宏观政策及对传统旺季有所期待的共同推动下，后 4 个月仅有 11 月份落于荣枯线下方（表 3–8、图 3–6）。

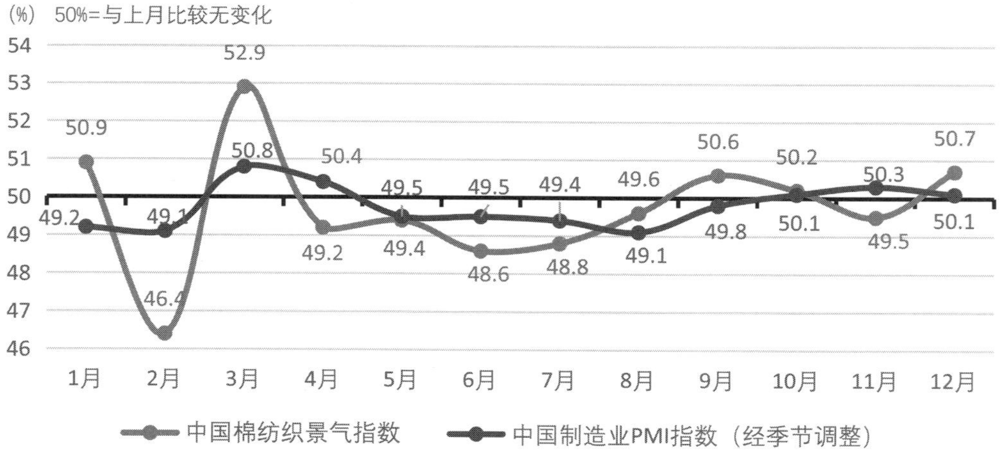

图 3–6　2024 年中国棉纺织景气指数和中国制造业 PMI 指数

数据来源：国家统计局、中国棉纺织行业协会。

表 3–8　2024 年中国棉纺织景气指数及各分项指数

单位：%

月份	中国棉纺织景气指数	各分项指数						
		原料采购指数	原料库存指数	生产指数	产品销售指数	产品库存指数	企业经营指数	企业信心指数
1 月	50.9	52.9	52.5	50.9	50.7	49.7	49.8	50.4
2 月	46.4	48.0	48.1	45.0	47.5	48.0	44.2	48.2
3 月	52.9	52.7	49.4	54.8	52.9	49.4	55.8	48.6
4 月	49.2	49.8	49.6	49.4	49.4	50.8	49.9	44.7
5 月	49.4	49.3	50.8	50.2	48.1	48.0	49.9	47.6
6 月	48.6	48.6	49.1	49.0	48.5	48.4	49.4	46.0
7 月	48.8	48.5	49.2	49.3	48.7	48.2	49.1	47.3
8 月	49.6	48.5	49.9	50.3	49.8	48.7	49.1	50.6
9 月	50.6	50.4	48.9	50.4	51.1	51.1	50.5	52.5
10 月	50.2	50.9	48.5	49.7	51.0	50.9	50.6	50.0
11 月	49.5	50.1	50.5	50.7	48.6	49.4	49.7	45.0
12 月	50.7	48.8	50.3	51.2	50.1	53.0	51.9	47.5

三、纱和布产量增长，原料中化纤替代棉花趋势明显

据国家统计局数据，2024 年 1—12 月份，规模以上纱产量为 2 277.9 万吨，同比增长 1.32%，其中含棉类纱线和化纤纱产量走势分化明显，棉纱和棉混纺纱产量分别下降 0.76% 和 3.59%，化学纤维纱产量同比增长 8.16%，棉纺纱原料中化纤对棉花替代趋势持续加大。规模以上布产量为 306.3 亿米，同比增长 2.23%（图 3–7）。

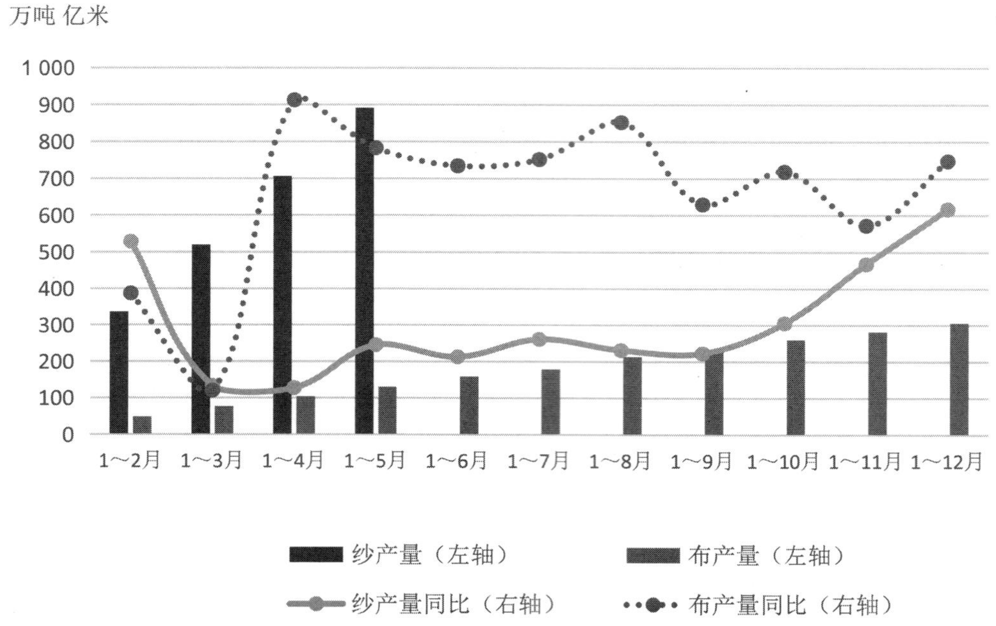

图 3–7　2024 年规模以上棉纺织行业纱和布产量及同比变化趋势

数据来源：国家统计局。

2024 年我国棉纺织原料及产品价格走势分析

一、多数时间国内棉价高于国外，滑准税配额数量为发放年份最低

2024 年 2—3 月份期间，在国外棉花价格短期加剧波动的情况下，国内棉花价格相对平稳，内外棉花价格出现倒挂。4 月份之后，内外棉价同频下降，国内棉价高于国外的情况恢复常态，2024 年，国内较国外棉价平均高出约 424 元 / 吨（图 3–8）。7 月 21 日，国家发展改革委发布棉花进口滑准税配额公告：发放棉花进口滑准税配额数量为 20 万吨，全部为非国营贸易配额，限定用于加工贸易方式进口。除 2015—2017 年为配合抛储没有发放滑准税配额的年份外，20 万吨为我国加入 WTO 以来发放滑准税配额最少的一年，而且限定为加工贸易配额，目的或为保障新疆维吾尔自治区棉花的销售。在国家目标价格政策支持下，新疆维吾尔自治区棉农的利益已经得到了充分的保障。新疆维吾尔自治区棉花消化进度偏缓，一方面是由于部分加工企业收购时未完全进行套保，希望市场给出更好的价格以顺价销售，另一方面是产业链下游需求低迷。作为棉花产业发展的基础，棉纺织产业面临更大的困难，应在政策层面给予支持。限制配额的数量并限定加工贸易，对缓解国内棉花销售压力效果并不明显。配额政策公布后，棉花价格仍在下行反映了市场内在规律。

二、棉花与棉纱即期价差大幅收缩，化纤短纤价格走势更为平稳

2024 年，标准级棉花最高价为 16 980 元 / 吨，最低价为 13 975 元 / 吨，平均价格为 15 548 元 / 吨，最低到最高价波动幅度为 21.5%；涤纶短纤最高价为 7 935 元 / 吨，最低价为 6 960 元 / 吨，平均价格为 7 396 元 / 吨，最低到最高价波动幅度为 14.0%；粘胶短纤最高价为 13 820 元 / 吨，最低价为 12 600 元 / 吨，平均价格为 13 395 元 / 吨，最低到最高价波动幅度为 9.7%。32 支纯棉纱与标准级棉花平均

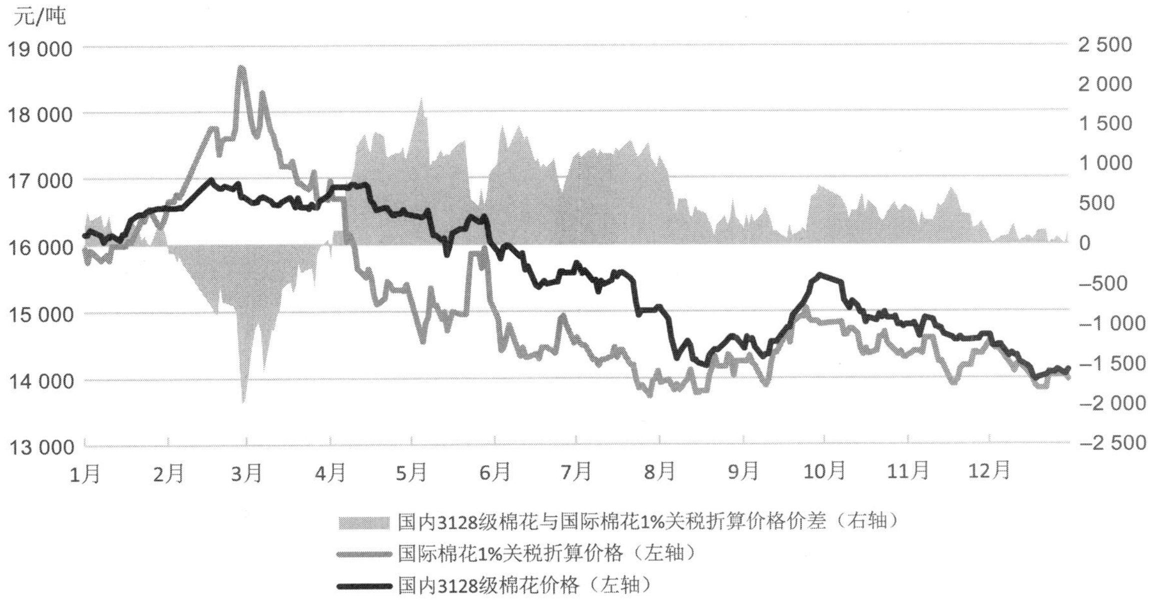

图 3–8　2024 年国内外棉花价格及价差走势图

数据来源：棉纺织信息网。

即期差价为 6 371 元 / 吨，较 2023 年平均价差缩小 453 元 / 吨，花纱即期价差大幅收缩反映了纯棉纱产品的利润被严重压缩或亏损加大；32S 涤纶短纤纱与涤纶短纤平均即期差价为 4 080 元 / 吨，较 2023 年平均价差扩大 72 元 / 吨，30S 粘胶短纤纱与粘胶短纤平均即期差价为 3973 元 / 吨，较 2023 年平均价差扩大 97 元 / 吨。与棉花相比，化纤短纤价格走势更为平稳，且加工费更加稳定，单位价格更低，在棉花价格波动且趋势向下时，企业更倾向于以化纤短纤为加工原料（图 3–9、图 3–10、图 3–11）。

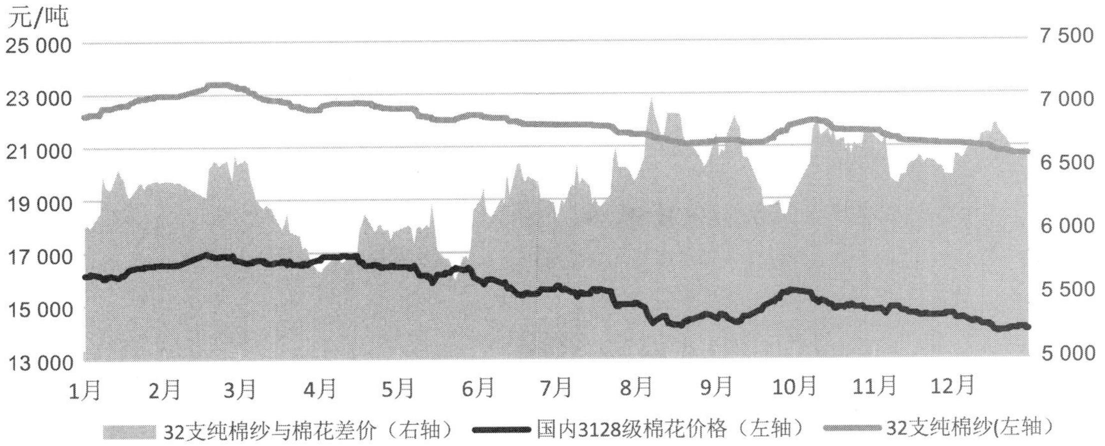

图 3–9　2024 年棉花和 32 支纯棉纱价格及即期价差走势图

数据来源：棉纺织信息网。

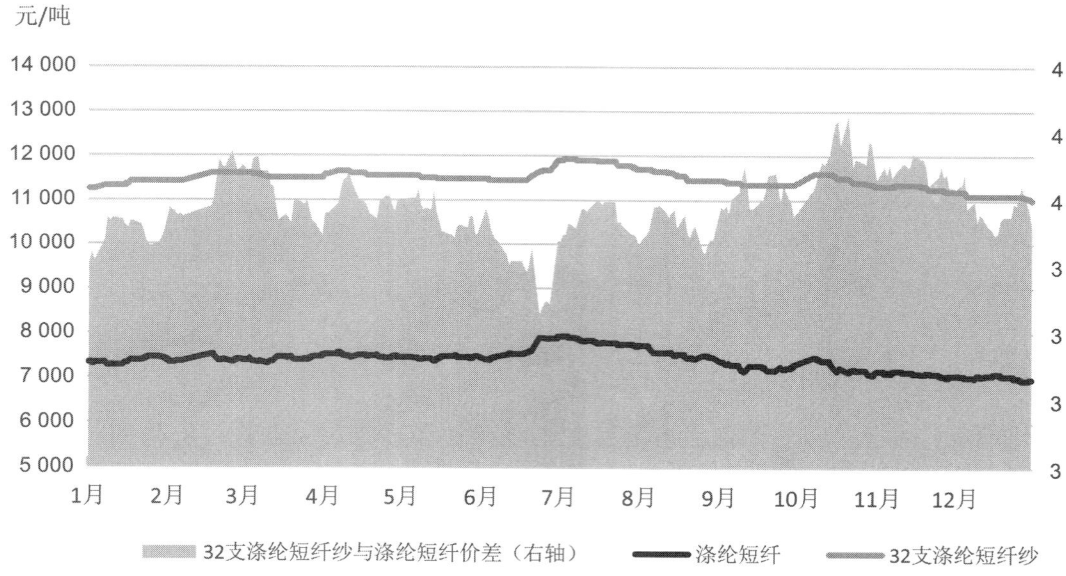

图 3–10　2024 年涤纶短纤和 32 支涤纶纱价格及即期价差走势图

数据来源：棉纺织信息网。

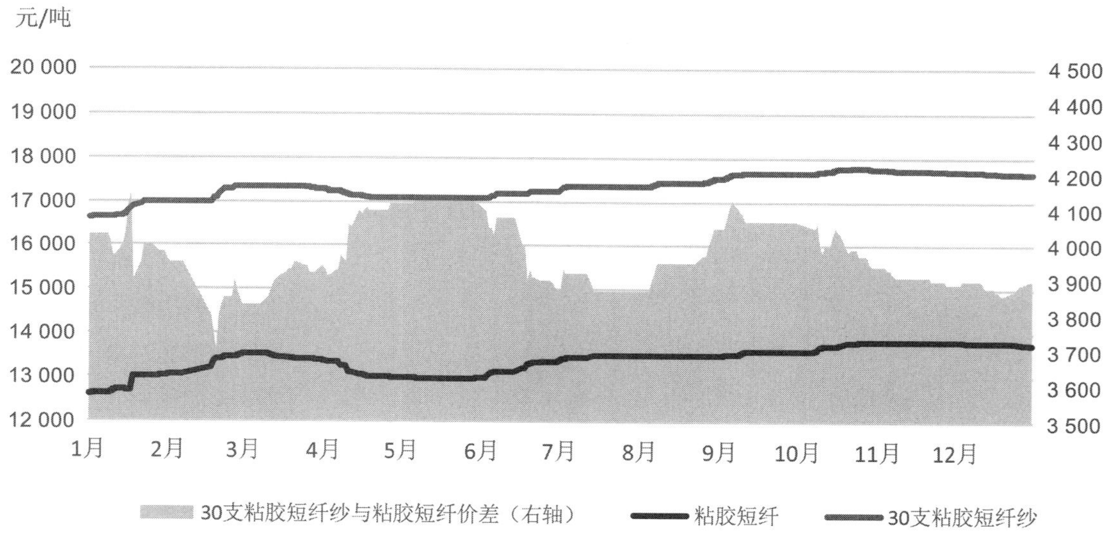

图 3–11　2024 年粘胶短纤和 30 支粘胶纱价格及即期价差走势图

数据来源：棉纺织信息网。

2024 年我国棉纺织进出口市场分析

一、海关数据显示棉花进口量大增，加工领域用量受配额限制

2024 年，据海关数据，我国进口棉花量为 260.9 万吨，同比增长 33.8%，国内棉价较国外棉价平均高出约 424 元 / 吨，较 2023 年内外棉价差扩大了 346 元 / 吨，内外棉价差的扩大提升了外棉价格的竞争优势。从贸易方式看，除海关特殊监管区域物流货物量有所降低外，以一般贸易、进料加工和保税监管场所

进出境货物方式进口的棉花量均有大幅增加。2024年发放的限定加工贸易的棉花进口滑准税配额数量为20万吨，与2023年棉花滑准税进口配额75万吨，不限定贸易方式相比，不仅数量大幅下降，且由于限定贸易方式，迫使企业若要使用滑准税配额，只能采取加工贸易方式进口，这也是进料加工进口量同比增长51.0%的直接原因。在2024年内外棉价差仍然较大、进口棉资源相对稀缺的背景下，直接以加工贸易进口的棉花量为11.4万吨，占滑准税配额数量的比重仅为57%，很大程度上反映了棉纺织企业普遍认为当前棉花加工贸易制度不符合企业生产要求和市场发展规律，棉花进口加工贸易制度亟待进一步改革完善。

从海关统计数据原则分析，我国海关棉花进口数据依据的是“跨境”原则，从境外运进海关特殊监管区域和保税监管场所的棉花即使没有通关也列入海关统计数据。仅通过海关统计数据分析我国棉纺织行业使用外棉情况与实际不符。更贴近棉纺织应用外棉实际的数据是配额发放数量，实际进入棉纺织生产环节的棉花除少量上年配额展期至今年，整体应不超过配额发放的数量。2024年发放的配额数量为89.4万吨关税内配额和20万吨限定加工贸易配额，合计进入棉纺织加工环节的进口棉花理论上不超过110万吨，较2023年发放的配额总量减少55万吨。从储备棉有关外棉收放储分析，2023年储备棉投放的外棉成交了约62万吨，而2024年没有投放储备棉，海关进口数据统计的棉花进口量大幅增加，不排除有部分海关统计中的外棉进入储备棉。

从进口来源国来看，2024年，进口数量达到1万吨以上的来源国有10个，排在前三位的分别是巴西、美国和澳大利亚。我国从巴西进口棉花110.2万吨，同比增长了92.8%，占进口份额的比重达到42.2%，再次超越美国。来自美国和澳大利亚的棉花进口量分别为87.6万吨和32.9万吨，同比分别增长了16.5%和21.2%，同比均有较大幅度增长（表3–9）。

二、纯棉纱进口量同比下降，越南纱线市场份额增加

2024年，据海关数据，我国进口纯棉纱为137.0万吨，同比下降11.9%。从进口来源国份额来看，越南仍居首位，份额为48.9%，较2023年全年提升了6.0个百分点。巴基斯坦市场份额为14.2%，较2023年下降3.2个百分点。印度纯棉纱的市场份额从2023年的第三位下滑至第四位，被乌兹别克斯坦超越，且市场份额也从15.9%下降到了8.6%。在主要纯棉纱来源国中，越南凭借区位优势及东盟零关税优势，纱线的市场竞争力仍在增强（表3–10）。

表3–9　2024年我国棉花进口量

类别		数量（万吨）	同比（%）	占比（%）
贸易方式	总计	260.9	33.8	100
	一般贸易	130.6	60.8	50.1
	进料加工	11.4	51.0	4.4
贸易方式	保税监管场所进出境货物	65.3	31.6	25
	海关特殊监管区域物流货物	53.6	-4.5	20.5

续表

类别		数量（万吨）	同比（%）	占比（%）
主要国别	巴西	110.2	92.8	42.2
	美国	87.6	16.5	33.6
	澳大利亚	32.9	21.2	12.6
	印度	7.4	105.5	2.8
	土耳其	6.5	31.4	2.5
	哈萨克斯坦	4.3	37.7	1.7
	苏丹	2.2	-57.9	0.8
	阿根廷	2.1	-11.3	0.8
	布基纳法索	1.6	50.3	0.6
	塔吉克斯坦	1.0	-52.7	0.4

资料来源：中华人民共和国海关总署。

表 3–10　2024 年我国纯棉纱进口量

国别	数量（万吨）	2024 份额（%）	2023 份额（%）
总计	137	100	100
越南	67	48.9	42.9
巴基斯坦	19.5	14.2	17.4
乌兹别克斯坦	14.4	10.5	8.4
印度	11.8	8.6	15.9
马来西亚	8.1	5.9	4.3
孟加拉国	7.4	5.4	3.7
印度尼西亚	2.7	2	2.7
其他	6.1	4.5	4.7

资料来源：中华人民共和国海关总署。

三、棉制纺织品服装出口下降趋势缓解，在美市场份额回升

据中国海关数据，2022 年，我国纺织品服装出口创出历史新高，达到 3 233.4 亿美元。2023 年，海外主要经济体持续高通胀，纺织品服装出口规模同比降幅较为明显。受“涉疆问题”等因素影响，2021—2023 年，棉制纺服出口金额连续下降，占纺织品服装整体出口比重持续下降。对美出口棉制纺服占全球出口棉制纺服的比重持续下降，我国棉制纺服在美市场份额也在持续下降，且降幅更加明显。2024 年，我国棉制纺服出口同比增长 0.8%，涨幅虽不及全部纺服，但连续下降的趋势有所缓解，棉制纺服对美出口同比增长 11.2%，对美出口占该品类对全球出口比重回升至 17.4%，较 2023 年回升了 2.5 个百分点（表 3–11）。

2024 年，美国自全球进口纺服同比增长 2.7%，

表 3–11　2024 年我国棉制纺织品服装出口金额

年份	纺织品服装出口		其中：棉制纺服出口		棉制纺服出口额占行业出口额比重（%）	棉制纺服对美出口		棉制纺服对美出口占该品类对全球出口比重（%）
	金额（亿美元）	同比（%）	金额（亿美元）	同比（%）		金额（亿美元）	同比（%）	
2021 年	3 154.7	8.4	1 051.7	-15.7	33.8	177.9	28.6	16.9
2022 年	3 233.4	2.6	1 013.2	-3.7	31.7	166.5	-6.4	16.4
2023 年	2 936.4	-8.1	871.1	-14.0	29.7	138.3	-17.0	15.9
2024 年	3 011.0	2.8	874.5	0.8	29.0	152.0	11.2	17.4

注：表中棉制指棉花制品，不包括棉型化纤制品。

其中棉制品同比增长 2.6%，进口的棉花制品占纺织品服装的比重为 41.3%，和 2023 年持平。美国自我国进口的纺织品服装和棉制品纺服同比增幅分别为 3.5% 和 4.8%，其中棉制品比重为 23.6%，较 2018 年比重下降了近 10 个百分点，较 2023 年比重稍有回升。2024 年，我国纺服和棉制品在美市场份额分别为 24.2% 和 13.9%，较 2018 年分别下降了 12.4 和 14.3 个百分点，较 2023 年市场份额分别回升了 0.2 和 0.3 个百分点，“涉疆问题”等因素对我国纺织品服装在美国市场份额的影响在 2024 年未有进一步加剧（表 3–12）。

2025 年我国棉纺织行业发展形势展望

一、面临的挑战

终端有效需求不足。2024 年，全国居民消费价格同比上涨 0.2%，与年初政府工作报告提出的 3% 左右的增长目标有较大差距。全国工业生产者出厂价格当月同比自 2022 年 10 月份以来至 2024 年 12 月持续为负值。2024 年，服装、鞋帽、针纺织品类零售额同比增长 0.3%，落后于社会消费品零售总额增幅 3.2 个百分点。部分宏观经济指标显示和棉纺织相关的终端有效消费需求仍然不足，棉纺织回升向好的基础仍不稳固。2025 年，若消费端宏观数据未能有明显改善，自终端传导至棉纺织业的压力或仍将制约行业经济运行。

国际形势复杂严峻。当前，贸易保护主义、单边主义和地缘政治冲突交织，世界经济运行的不确定性仍然很大。美国总统特朗普上台后即对我国所有商品额外加征关税，美方单边加征关税的做法严重违反世贸组织规则，不仅无益于解决自身问题，也对中美正

表 3–12　2024 年美国自全球及我国进口纺织品服装情况

年份	自全球进口纺服					自中国进口纺服					中国纺服在美国市场份额	
	合计		其中棉制品			合计		其中棉制品				
	进口额（亿美元）	同比（%）	进口额（亿美元）	同比（%）	棉制品比重（%）	进口额（亿美元）	同比（%）	进口额（亿美元）	同比（%）	棉制品比重（%）	全部纺服份额（%）	棉制品份额（%）
2018 年	1 106.8	4.6	473.3	3.5	42.8	404.8	3.5	133.4	1.1	33.0	36.6	28.2
2019 年	1 110.0	0.3	470.0	–0.7	42.3	364.1	–10.1	110.9	–16.9	30.5	32.8	23.6
2020 年	896.0	–19.3	374.3	–20.4	41.8	252.6	–30.6	67.2	–39.4	26.6	28.2	18.0
2021 年	1 137.0	26.9	491.9	31.4	43.3	315.5	24.9	84.1	25.1	26.7	27.7	17.1
2022 年	1 320.1	16.1	568.5	15.6	43.1	326.7	103.5	82.3	–2.1	25.2	24.7	14.5
2023 年	1 049.8	–20.5	433.5	–23.7	41.3	251.8	–22.9	58.8	–28.6	23.4	24.0	13.6
2024 年	1 077.2	2.7	444.7	2.6	41.3	260.7	3.5	61.6	4.8	23.6	24.2	13.9

注：表中棉制指棉花制品，不包括棉型化纤制品。

资料来源：中华人民共和国海关总署。

常经贸合作造成破坏。特别是我国棉纺织终端产品对美国出口占有较大比重，受关税直接冲击影响可能较大。

新旧动能转换阵痛。作为传统制造业的代表，当前我国棉纺织业正处在结构调整转型的关键期，行业发展信心和预期尚未明显改善，增长动力机制尚不健全，旧动能乏力而新动能尚未充分形成竞争优势，在整个棉纺织产业链体系中，棉纺织行业核心竞争力不显著，话语权偏弱，受原料供应端冲击和终端有效需求不足双向挤压，全要素生产率还有较大提升空间。2025 年新旧动能转换给行业带来的阵痛或将持续。

二、发展机遇

宏观政策环境带来发展机遇。中共中央政治局在 2024 年 12 月 9 日召开会议，分析研究 2025 年经济工作，会议指出，实施更加积极的财政政策和适度宽松的货币政策，充实完善政策工具箱，加强超常规逆周期调节，打好政策“组合拳”，提高宏观调控的前瞻性、针对性、有效性。要大力提振消费、提高投资效益，全方位扩大国内需求。2024 年 12 月召开的中央经济工作会议将大力提振消费、提高投资效益，全方位扩大国内需求列为 2025 年九大重点任务之首。更加积极有为的宏观政策，将有利于扩大国内需求，推动科技创新和产业创新融合发展，有利于棉纺织行业稳定预期、激发活力，推动经济持续回升向好。

新兴增长动能接续转换机遇。总书记指出，发展新质生产力不是忽视、放弃传统产业。2024 年 4 月，工信部等七部门联合印发《推动工业领域设备更新实施方案》，明确指出将“纺织行业更新转杯纺纱机等短流程纺织设备，细纱机、自动络筒机等棉纺设备”列入实施先进设备更新行动，加快落后低效设备替代的重点任务。棉纺织产业作为传统产业的代表，通过在棉纺织行业内发展新质生产力推动科技创新和产业创新融合发展，促进棉纺织产业高端化、智能化、绿色化，将有效提升棉纺织全要素生产率。棉纺织业正处于传统增长动能和新兴增长动能接续转换加速演进的时期，应把握住新质生产力加快发展，数字化、智能化赋能产业“数实融合”的机遇，把握住科技创新赋予产业全要素生产率提升的机遇。

2023/2024 年度郑州棉花期货市场运行情况

江苏南京弘一期货公司　王晓蓓

2023/2024 年度是郑州商品交易所棉花期货（以下简称“棉花期货”）上市的第 19 个年度。新冠疫情过后，市场预期下游消费好转。从全球以及中国棉花消费量变化来看，消费量同比均有不同程度的增加。从产需数据上来看，全球棉花产量预估同比下降 332 万包，其中中国、美国以及印度贡献度最大，分别下降 340 万包、240 万包和 90 万包；而巴基斯坦和巴西棉花产量则同比显著增加。全球棉花消费量方面，2023/2024 年度同比增加 169 万包，其中贡献最大的为印度、巴基斯坦和中国，分别同比增加 100 万包、100 万包和 80 万包。不过，全球以及中国宏观面表现引发市场担忧，加之供给充足，美棉在 2024 年年初因旧作库存炒作拉升后呈震荡回落走势；郑棉整个年度则呈震荡回落走势。

2023/2024 年度，郑州棉花期货市场共计实物交割 87 824 手，共计期转现 27 040 手；日均持仓量和成交量分别为 84.1 万手和 46.1 万手，较上一年度显著下降。整体而言，持仓量和成交量依然能够为郑棉市场提供良好的流动性。相关性方面，郑棉期货价格成为现货参考，期现货价格走势相关度继续维持高位。2023/2024 年度，全年度棉花期现货价格相关性为 0.98；本年度，国内外棉花期货价格的相关性再次升高，为 0.81。

规则制度上，为进一步促进近月合约连续活跃，提升期货市场服务实体经济质量，郑州商品交易所多次公布期货品种做市合约和重点合约；同时还减免了自 2024 年 1 月 8 日当晚夜盘交易时起至 2024 年 12 月 31 日的全部期货品种套保开仓、交割、仓单转让（含期转现中仓单转让）及标准仓单作为保证金的手续费，以便降低实体企业参与期货市场的成本。另外，结合市场情况，对棉花交割仓库进行了部分调整；多次调整保证金、手续费等，为保供稳价护航。

一、2023/2024 年度棉花期货市场运行情况

1. 价格震荡走跌

2023/2024 年度初期，棉花期现货价格呈震荡走跌趋势，近月合约在 11 月底达到阶段性低点，为 14 950 元 / 吨；328 棉花价格指数在 12 月初达到 16 180 元 / 吨的阶段性低点。12 月份开始，两者震荡上扬，这一趋势仅仅持续到 4 月中旬，随后开启了长达近 5 个月的震荡回落走势，并分别在年度末达到 13 245 元 / 吨和 14 692 元 / 吨。2022/2023 年度，棉花期货市场近月合约结算价累计下跌 4 380 元 / 吨，跌幅 14.8%，波幅 4 710 元 / 吨，波动性与上个年度相当。2023/2024 年度棉花现货价格跌幅小于期货市场，全年度整体下跌 3 368 元 / 吨，跌幅 18.4%，波

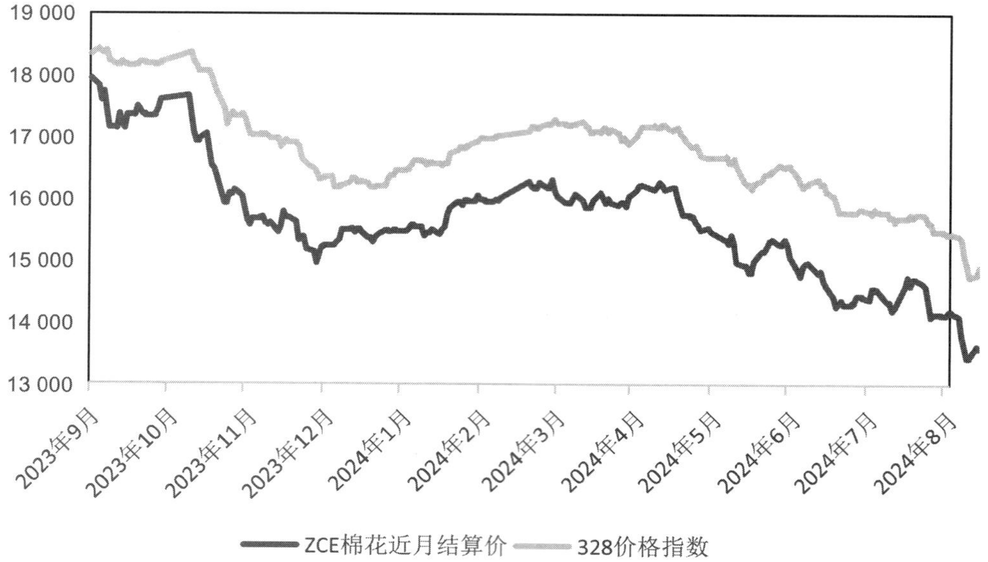

图 3–12　2023/2024 年度棉花期现价格走势

数据来源：金融数据和分析工具服务商（WIND），弘业期货金融研究院。

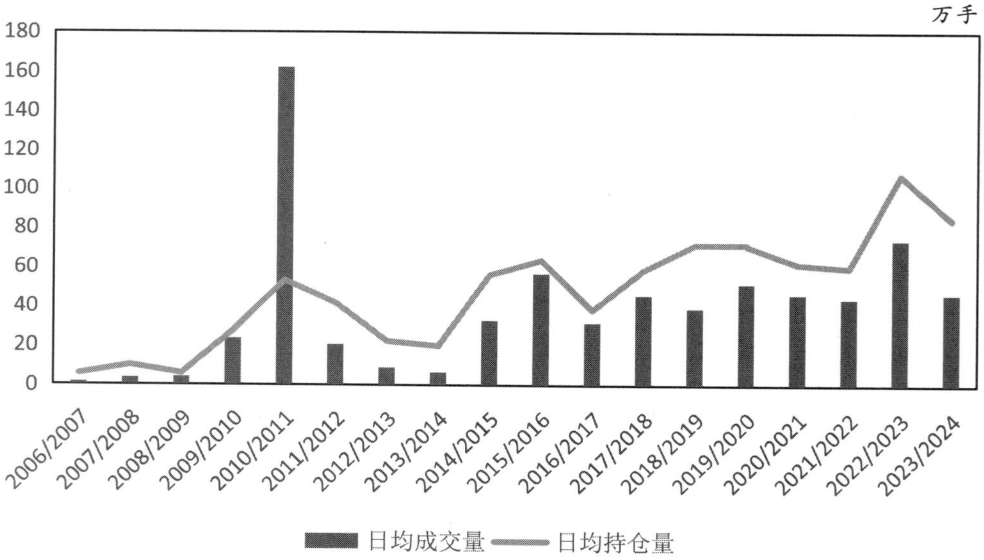

图 3–13　郑棉期货成交量和持仓量情况（日均）

数据来源：WIND，弘业期货金融研究院。

幅 3 658 元 / 吨，较上个年度持平略高。两者相关性为 0.98，略高于上个年度。

2. 持仓、成交双回落，流动性整体良好

2023/2024 年度，整体经济形势不如预期，郑

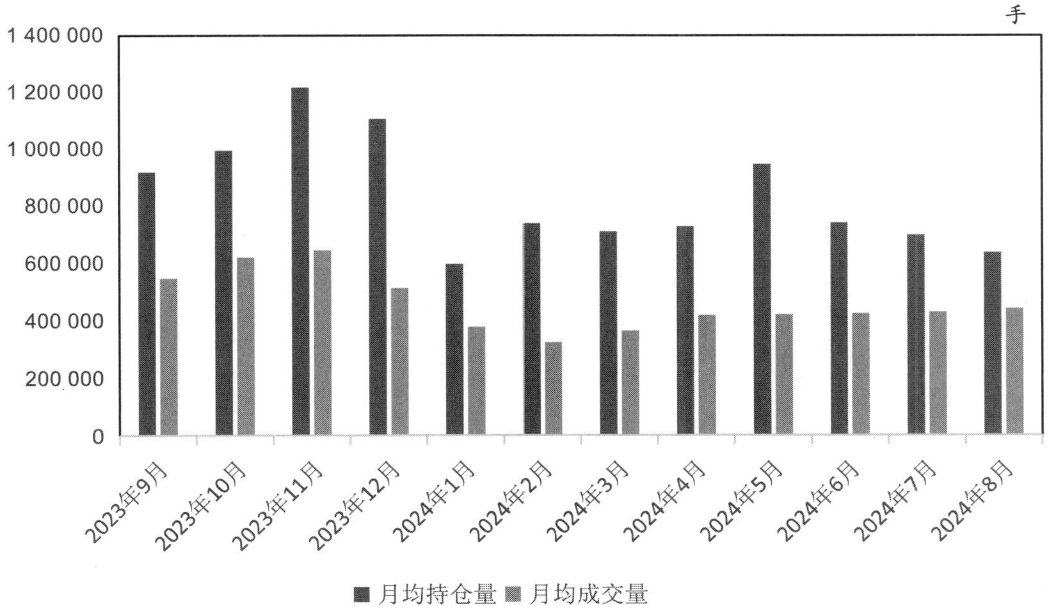

图 3–14　郑棉期货成交量和持仓量情况（月均）

数据来源：WIND，弘业期货金融研究院。

棉期价呈震荡下跌走势，期货市场活跃度较上年度有所收敛，不过依然较为活跃。2023/2024 年度，棉花期货的日均持仓量与日均成交量分别为 84.1 万手和 46.1 万手，分别同比下降 21.4% 和 37.5%。不过，日均持仓量依然为棉花上市以来的次高位，仅次于上个年度。

从 2023/2024 年度各个月度情况来看，新棉上市初期，郑棉价格处于相对高位，同时 9—12 月价格走势呈大幅下跌趋势。在此阶段，月均持仓量和成交量均处于本年度高位。月均持仓量在 11 月份达到年度内最高 121.7 万手，月均成交量亦在 11 月份达到年度内最高 64.5 万手。随着套保需求的下降以及价格的小幅反弹，月均持仓量和成交量在 2024 年年初维持低位，并分别于 1 月份和 2 月份达到年度内低点。年度内，月均持仓量最大波幅为 62 万手，月均成交量最大波幅为 32.1 万手。

3. 仓单量维持高位

2023/2024 年度，棉花交割数量继续保持高位，期货市场辅助棉花现货销售的平台作用继续发挥良好。全年度棉花期货仓单峰值为 14 859 张，折合棉花 59.4 万吨；棉花实物交割和期转现量共计 57.4 万吨，较上一年度持平略增。从基差情况来看，与上个年度相比，2023/2024 年度日均基差持平，同比低 22 元 / 吨，为 1 108 元 / 吨。2022 年 10 月 31 日，年度内基差最高值出现在 11 月 21 日，为 1 760 元 / 吨，较上个年度正向市场极值收敛 1 261 元 / 吨；全年度基差最低值出现在 9 月 28 日，为 545 元 / 吨，较上个年度最低值高 555 元 / 吨。全年度基差值未出现负数。

二、2023/2024 年度国内外棉花市场影响因素分析

1. 国内棉花市场

2023/2024 全年度棉花期货价格走势整体上可分为三个阶段：2023 年 9 月至 2023 年 11 月，震荡走跌；2023 年 12 月至 2024 年 2 月，震荡走高；2024 年 3 月至 2024 年 8 月，再次回落。

2023 年 9 月初，储备棉轮出日挂牌量由 1.2 万吨增至 2 万吨，市场供给增加。不过储备棉日挂牌量的增加对市场的利空有限，此时市场仍聚焦新年度棉花减产、抢收预期和国内旧作棉花商业库存不

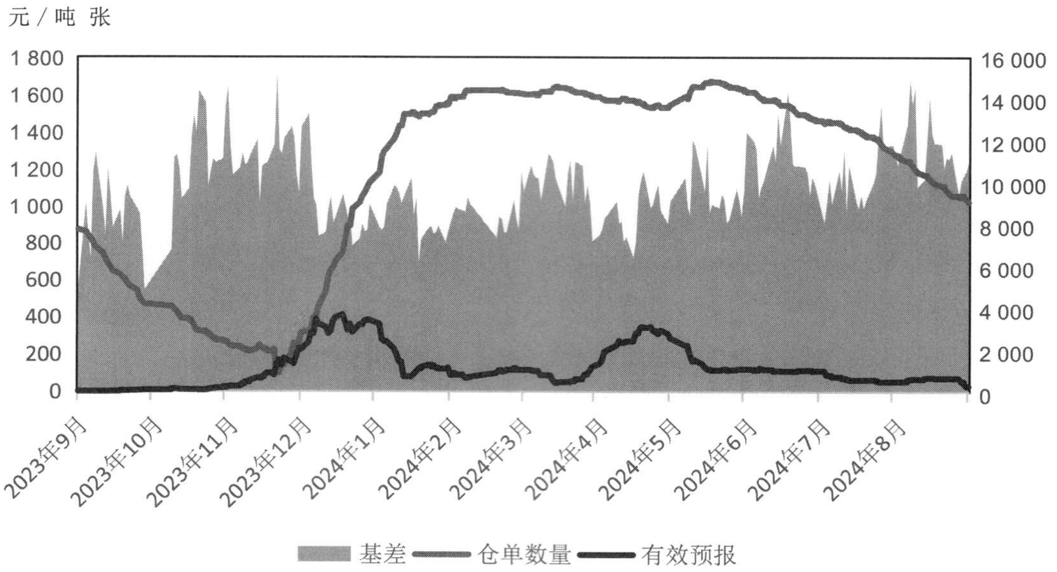

图 3–15　郑棉仓单注册与基差走势

数据来源：WIND，弘业期货金融研究院。

充足上。整个 9 月份，郑棉呈高位震荡走势。随着滑准税配额的下发以及储备棉强有力的持续轮出，再加上银行“限贷”传言等，2023 年产籽棉抢收局面未有发生。叠加金九银十消费旺季被证伪，供给端缺乏实质性利多，需求端利空的负反馈到来后郑棉快速回落。主力合约 10—11 月份最大跌幅超 2 500 元 / 吨。

第二阶段，震荡走高。储备棉于 11 月 15 日停止轮出；国家发展改革委就中央储备棉管理办法公开征求意见，意见截止日期为 11 月份最后一个日历日。市场对储备棉轮入预期支撑棉价，郑棉期价在 12 月初止跌。2024 年初，国内恰逢下游订单回暖、纺企节前原材料补库，叠加美棉大幅上涨，郑棉跟涨，主力合约在 2 月底录得 16 450 元 / 吨阶段性高点。

第三阶段，震荡走高。供给端暂无变化，需求端旺季不及预期，整体上缺乏有利的因素，多空僵持，郑棉价格在3月份表现为震荡偏弱走势。4 月初，下游需求结构性回暖但持续时间不长；同时，ICE 期棉价格大幅走跌，郑棉期货跟跌。进入 5 月份，国内下游开机持续回落、产成品累库，至 6 月中旬，纱厂纱线库存压力渐显。进入 7 月份，新棉丰产预期以及市场担忧美国关税、宏观等多方面利空发酵下，郑棉主力 7 月底破位、增仓下跌，并在 8 月中旬跌至 13 200 元 / 吨阶段性低点。

2. 国际棉花市场

美棉期货价格走势在 2023/2024 年度分四个阶段。

2023 年 9 月呈震荡走势。8 月初，惠誉率先下调美国政府信用评级，接着穆迪下调十家美国银行信用评级，8 月下旬，标普下调五家地区银行评级等一系列宏观面利空因素引发市场对下游需求的担忧，美棉出口表现也不佳。不过，8、9 月份美棉主产区天气干旱不断加剧、美棉生长优良率不断下降，市场担忧美棉产量预估对美棉价格有较强的支撑。多空交织下，ICE 美棉在 8、9 月份呈震荡走势。

第二阶段，2023 年 10—11 月中旬价格快速下跌。进入 10 月份，新棉产量的担忧基本已在盘面上反映完毕，北半球新棉集中上市，供给量不断增加。需求方面，宏观面引发的市场对需求面的担忧开始凸显，美棉连续合约在 11 月上旬创近 1 年新低。

第三阶段，1—2 月大幅走高。年初，美棉旧作库存偏低引发市场担忧，在多头资金推动、意图逼仓的背景下，ICE 期棉价格呈快速上涨走势，连续合约在 2 月底创 103.8 美分 / 磅的新高。

第四阶段，3 月至年度末，美棉回落并破位。随着交割棉仓单的不断增加，美棉逼仓失败，投资资金撤离期价高位回落。尤其是仓单创五年新高后叠加美棉新作生长状况良好、远期供给承压后，ICE 连续合约接连破位，于 8 月中旬创近三年半新低 66.26 美分 / 磅。

三、2023/2024 年度棉花期货市场政策调整情况

2023 年 9 月 4 日，根据《郑州商品交易所期货交易风险控制管理办法》第九条规定，经研究决定，自 2023 年 9 月 7 日结算时起，棉花期货 2401 合约的交易保证金标准调整为 9%，涨跌停板幅度调整为 8%。

按规则规定执行的交易保证金标准和涨跌停板幅度高于上述标准的，仍按原规定执行。

2023 年 9 月 19 日，根据《郑州商品交易所期货交易风险控制管理办法》第九条规定，经研究决定，自 2023 年 9 月 22 日结算时起，棉花期货 2311、2401 合约的交易保证金标准调整为 12%，涨跌停板幅度调整为 10%；棉花期货 2403、2405 合约的交易保证金标准调整为 9%，涨跌停板幅度调整为 8%。

按规则规定执行的交易保证金标准和涨跌停板幅度高于上述标准的，仍按原规定执行。

2023 年 9 月 22 日，根据《郑州商品交易所期货交易风险控制管理办法》第八条规定，经研究决定，对 2023 年中秋节、国庆节期间部分期货合约交易保证金标准和涨跌停板幅度做出如下调整：

一、自 2023 年 9 月 27 日结算时起，棉花期货 2311 及 2401 合约的交易保证金标准仍为 12%，涨跌停板幅度仍为 10%。

二、2023 年 10 月 9 日恢复交易后，自品种持仓量最大的合约未出现涨跌停板单边市的第一个交易日结算时起，棉花期货合约的交易保证金标准和涨跌停板幅度恢复至调整前水平。

按规则规定执行的交易保证金标准和涨跌停板幅度高于上述标准的，仍按原规定执行。

2023 年 9 月 25 日，为进一步促进近月合约连续活跃，提升期货市场服务实体经济质量，现将 2023 年 10 月各期货品种做市合约和重点合约予以公布。

表 3–13　2023 年 10 月各期货品种做市合约和重点合约

品种	做市合约	重点合约
白糖	SR403	—
棉花	CF403、CF407	—
菜油	OI403、OI407	OI403
菜粕	RM403、RM407	RM403
花生	PK403	—
甲醇	MA312	—
PTA	TA312	TA312
短纤	PF312、PF402	—
锰硅	SM312、SM402、SM403	SM312、SM402
硅铁	SF312、SF402、SF403	SF312、SF402
玻璃	FG312	—
尿素	UR402、UR403	—

特此公告。

2023 年 10 月 26 日，为进一步促进近月合约连续活跃，提升期货市场服务实体经济质量，现将 2023 年 11 月各期货品种做市合约和重点合约予以公布。

表 3–14　2023 年 11 月各期货品种做市合约和重点合约

品种	做市合约	重点合约
白糖	SR403	—
棉花	CF403	—
菜油	OI403	OI403
菜粕	RM403	RM403
花生	PK403	—
甲醇	MA402	—
PTA	TA402	TA402
短纤	PF402、PF403	—
锰硅	SM402、SM403、SM404	SM402、SM403
硅铁	SF402、SF403、SF404	SF402、SF403
玻璃	FG402	—
尿素	UR404	—

特此公告。

2023 年 11 月 1 日，经研究决定，增设阿克苏银星物流有限公司为郑州商品交易所指定棉花交割仓库，自公告之日起开展棉花期货交割业务。具体信息如下。

仓库名称：阿克苏银星物流有限公司

仓库简称：阿克苏银星

仓库编号：0340

联系地址：新疆维吾尔自治区阿克苏地区阿克苏市实验林场管委会兴林社区 5 组 2 巷 022 号

升 贴 水：–50 元 / 吨

特此公告。

2023 年 11 月 6 日，经研究决定，现对棉花期货替代交割品升贴水调整公告如下（见下表），自 2024/25 年度生产的棉花开始实施。

仓单注销出库时，在复议期内，因自然变异造成棉花颜色级超出上述替代品范围并同时超出《郑州商品交易所棉花期货业务细则》规定允许自然变异范围的，其升贴水参照中国棉花协会发布的“2023 年 11 月《中国棉花协会国产棉质量差价表》”中“2023 年 11 月锯齿加工细绒棉质量差价表”执行。

2023 年 11 月 8 日，经研究决定，同意企业申请，取消石河子天银物流有限公司指定棉花交割仓库资格，自公告之日起实施。

2023 年 11 月 23 日，根据《郑州商品交易所期货交易风险控制管理办法》第二十八条和第三十条规定，经研究决定，自 2023 年 11 月 24 日当晚夜盘交易时起，非期货公司会员或者客户在棉花期货各合约上单日开仓交易的最大数量为 10 000 手。单日开仓交易数量是指非期货公司会员或者客户当日在单个期货合约上的买开仓数量与卖开仓数量之和。实际控制关系账户组单日开仓交易的最大数量按照单个客户执行。套期保值交易和做市交易的开仓数量不受交易限额限制。

对于第一次超过交易限额的非期货公司会员或者客户，郑州商品交易所（以下简称郑商所）将采取暂停开仓不低于 5 个交易日的监管措施。累计两次超过交易限额的，将采取暂停开仓不低于 1 个月的监管措施。情节严重的，按照《郑州商品交易所违规处理办法》有关规定处理。

郑商所可根据市场情况对交易限额进行调整。

2024 年 1 月 5 日，经研究决定，自 2024 年 1 月 8 日当晚夜盘交易时起至 2024 年 12 月 31 日，免收全部期货品种套保开仓、交割、仓单转让（含期转现中仓单转让）及标准仓单作为保证金手续费。

2024 年 3 月 29 日，根据《郑州商品交易所期货交易风险控制管理办法》第八条规定，经研究决定，对 2024 年清明节期间部分期货合约交易保证金标准和涨跌停板幅度作出如下调整：

一、自 2024 年 4 月 2 日结算时起，棉花期货合约的交易保证金标准为 8%，涨跌停板幅度为 7%，其中棉花期货 2405 合约的交易保证金标准仍为 9%，涨跌停板幅度仍为 8%。

表 3–15 棉花期货替代交割品升贴水调整公告

序号	指标	升水替代品（元/吨）		基准品	贴水替代品（元/吨）		
1	颜色级	11	21	31	41	12	22
	升贴水	300	150	0	–350	–300	–500
2	长度 mm	≥30	29	28	27		
	升贴水	400	200	0	–300		
3	马克隆值	A		B (B1、B2)	C2		
	升贴水	100		0	–100		
4	断裂比强度	S1	S2	S3	S4		
	升贴水	300	150	0	–250		
5	长度整齐度	U1	U2	U3	U4		
	升贴水	300	200	0	–200		
6	轧工质量	P1		P2	P3		
	升贴水	100		0	–300		
7	异性纤维	/		发现未超过 1 包的	发现超过 1 包的，每多发现 1 包增加贴水		
	升贴水			0	–200		

二、2024 年 4 月 8 日恢复交易后，自品种持仓量最大的合约未出现涨跌停板单边市的第一个交易日结算时起，棉花期货合约的交易保证金标准和涨跌停板幅度恢复至调整前水平。

按规则规定执行的交易保证金标准和涨跌停板幅度高于上述标准的，仍按原规定执行。

2024 年 4 月 25 日，根据《郑州商品交易所期货交易风险控制管理办法》第八条规定，经研究决定，对 2024 年劳动节期间部分期货合约的交易保证金标准和涨跌停板幅度作出如下调整：

一、自 2024 年 4 月 29 日结算时起，棉花期货合约的交易保证金标准为 9%，涨跌停板幅度为 8%。

二、2024 年 5 月 6 日恢复交易后，自品种持仓量最大的合约未出现涨跌停板单边市的第一个交易日结算时起，合约的交易保证金标准和涨跌停板幅度恢复至调整前水平。

按规则规定执行的交易保证金标准和涨跌停板幅度高于上述标准的，仍按原规定执行。

2024 年 5 月 14 日，接新疆维吾尔自治区棉花产业发展领导小组办公室函告，自 2024 年 9 月 1 日起，棉花出疆运费补贴标准调整为 200 元/吨，根据《关于调整指定棉花交割仓库升贴水的通告》（通告〔2016〕18 号）的调整原则，现公告调整内地指定棉花交割仓库升贴水标准，自 2024 年 9 月 23 日开始执行。具体升贴水标准如下：

交割仓库名称	升贴水（元 / 吨）
国家粮食和物资储备局河南局四三二处	900 减去“运费补贴”
河南豫棉物流有限公司	
中储棉漯河有限公司	
衡水市棉麻总公司储备库	950 减去“运费补贴”
菏泽市棉麻公司巨野棉麻站	
菏泽市棉麻公司菏泽转运站	
芜湖市棉麻有限责任公司	
滨州中纺银泰实业有限公司	
中棉集团山东物流园有限公司	
国家粮食和物资储备局湖北局三三八处	
江阴市协丰棉麻有限公司	1000 减去“运费补贴”
中国供销集团南通供销产业发展有限公司	
江苏银隆仓储物流有限公司	
张家港保税区外商投资服务有限公司	

注：“运费补贴”指新疆维吾尔自治区人民政府办公厅发布执行的出疆棉花运费补贴标准。当运费补贴政策到期、新政策公布前，升贴水计算时运费补贴标准沿用上期政策规定，郑州商品交易所另行公告的除外；新的运费补贴标准公布后，升贴水按照新标准计算，自政策执行之日起（不含该日）第十个交易日开始执行，如果该日在交割月份第一至第十三个交易日之中，则执行日期顺延至该交割月份第十四个交易日。

2024 年 7 月 19 日，根据《郑州商品交易所期货结算管理办法》第二十七条规定，经研究决定，自 2024 年 10 月 24 日当晚夜盘交易时起，对部分品种交易收取申报费，具体如下：

品　种	信息量	OTR<2	OTR>2
棉花期货、玻璃期货、纯碱期货、硅铁期货、锰硅期货、红枣期货、苹果期货、对二甲苯期货、烧碱期货、尿素期货	信息量 <4000 笔	0 元 / 笔	0 元 / 笔
	4000 笔 < 信息量 <8000 笔	0 元 / 笔	3 元 / 笔
	信息量 >8000 笔	7.5 元 / 笔	15 元 / 笔

续表

普通小麦期货、优质强筋小麦期货、早籼稻期货、晚籼稻期货、粳稻期货、动力煤期货、棉纱期货、油菜籽期货	信息量 <4000 笔	0 元 / 笔	0 元 / 笔
	4000 笔 < 信息量 <8000 笔	0 元 / 笔	1 元 / 笔
	信息量 >8000 笔	2.5 元 / 笔	5 元笔
白糖期权、棉花期权、PTA 期权、甲醇期权、菜粕期权、菜籽油期权、动力煤期权、花生期权、烧碱期权、对二甲苯期权、短纤期权、纯碱期权、硅铁期权、锰硅期权、尿素期权、苹果期权、红枣期权、玻璃期权	信息量 <4000 笔	0 元 / 笔	0 元笔
	4000 笔 < 信息量 <8000 笔	0 元 / 笔	1 元 / 笔
	信息量 >8000 笔	2.5 元 / 笔	5 元 / 笔

其中，期货品种申报费根据客户或非期货公司会员在期货合约上的报单成交比（Order to Trade Ratio，OTR）所在区间以及信息量分梯度计算；期权品种申报费根据客户或非期货公司会员在期权合约月份上的报单成交比所在区间以及信息量分梯度计算（详见附件）。

期货公司会员应当切实加强客户交易行为管理，采取实际有效措施，防范客户出现因申报费透支导致资金不足的情形。

2023/2024 年度中国棉花市场报告

中储棉信息中心研究室主任　郗　今

一、2023/2024 年度棉花市场回顾

（一）宏观经济形势

2023 年中央经济工作会议指出，进一步推动经济回升向好需要克服一些困难和挑战，主要是有效需求不足、部分行业产能过剩、社会预期偏弱、风险隐患仍然较多，国内大循环存在堵点，外部环境的复杂性、严峻性、不确定性上升。要增强忧患意识，有效应对和解决这些问题。综合起来看，我国发展面临的有利条件强于不利因素，经济回升向好、长期向好的基本趋势没有改变。

（二）棉花供需形势

国家棉花市场监测系统公布的我国棉花产销存预测报告显示，2023/2024 年度我国棉花产量为 590 万吨，同比减少 82 万吨；消费量为 790 万吨，同比增加 20 万吨；产需缺口为 200 万吨，较上个年度缩小 98 万吨。

（三）价格走势与价差变化

1. 国外棉价走势大致分为三个阶段：

2023 年 9 月 1 日至 11 月 8 日为下跌阶段。2023 年 9 月 1 日至 11 月 8 日，郑州棉花期货主力合约结算价从 17 785 元 / 吨下跌至 15 735 元 / 吨，跌幅 11.5%，国家棉花价格 B 指数从 18 206 元 / 吨下跌至 16 974 元 / 吨，跌幅 6.8%。

2023 年 11 月 8 日至 2024 年 2 月 28 日为上涨阶段。

表 3-16-1　全球棉花产需预测（2024 年 3 月）

单位：万吨

项目	2022/2023 年度	2023/2024 年度	变化	幅度（%）
期初库存	529	571	42	7.9
产量	672	590	–82	–12.2
消费量	770	790	20	2.6
进口量	142	323	181	127.5
出口量	1.8	1.3	–0.5	–27.8
期末库存	571	693	122	21.4

数据来源：国家棉花市场监测系统。

截至 2024 年 2 月 28 日，郑州棉花期货主力合约结算价上涨至 16 375 元 / 吨，涨幅 4.1%；国家棉花价格 B 指数上涨至 17 175 元 / 吨，涨幅 1.2%。

2024 年 2 月 28 日至 2024 年 8 月 30 日下跌阶段。截至 2024 年 8 月 30 日，郑州棉花期货主力合约结算价下跌至 13 805 元 / 吨，跌幅 15.7%，国家棉花价格 B 指数下跌至 14 953 元 / 吨，跌幅 12.9%。

2. 内外棉价差①扩大。截至 2024 年 8 月 30 日，国家棉花价格 B 指数为 14 953 元 / 吨，较 2023 年 9 月 1 日下跌 3 253 元 / 吨，跌幅 17.9%；国际棉花 M 指数折人民币价格为 13 557 元 / 吨（含关税 1%、增值税 9%，不含港杂费），较 2023 年 9 月 1 日下跌 3 689 元/吨，跌幅 21.4%；内外棉价差为 1396 元 / 吨，较 2023 年 9 月 1 日扩大 436 元 / 吨，幅度为 45.4%。

3. 纱棉价差②扩大。截至 2024 年 8 月 30 日，国内 32 支棉纱指数价格为 21 505 元 / 吨，较 2023 年 9 月 1 日下跌 3 045 元 / 吨，跌幅 12.4%；纱棉价差由 6 344 元 / 吨扩大 208 元 / 吨至 6 552 元 / 吨，幅度为 3.3%。

4. 棉涤价差③缩小。截至 2024 年 8 月 30 日，国内涤纶短纤价格为 7 405 元 / 吨，较 2023 年 9 月 1 日下跌 187 元 / 吨，跌幅 2.5%；棉涤价差由 10 614 元 / 吨缩小 3 066 元 / 吨至 7 548 元 / 吨，幅度为 28.9%。

（四）纺织品服装内销与出口情况

国家统计局数据显示，2023/2024 年度，我国纺织品服装国内零售额 14 381 亿元，同比增长 804 亿元，增幅 5.9%；中华人民共和国海关总署数据显示，2023/2024 年度，我国纺织品服装出口额 2 962 亿美元，同比增幅 0.09%。

（五）棉花、棉纱进口情况

中华人民共和国海关总署数据显示，2023/2024 年度，我国进口棉花 324 万吨，同比增幅 127.2%；进口棉纱 167 万吨，同比增幅 25.3%。

（六）纺纱产量情况

根据国家统计局数据，2023/2024 年度，我国纱产量 2 216 万吨，同比减幅 9.6%。

二、2024/2025 年度棉花市场展望

（一）宏观经济形势

2024 年中央经济工作会议指出，当前外部环境

① 内外棉价差 = 国家棉花价格 B 指数 – 国际棉花价格 M 指数折人民币港口提货价格。
② 纱棉价差 = 国内纯棉普梳 32 支纱价格指数 – 国内棉花现货价格 B 指数。
③ 棉涤价差 = 国家棉花价格 B 指数 – 涤纶短纤指数价格。

图 3–16　国内棉价走势

变化带来的不利影响加深，我国经济运行仍面临不少困难和挑战，主要是国际环境恶化，国内需求不足，部分企业生产经营困难，群众就业增收面临压力，风险隐患仍然较多。在宏观政策方面，我国要实施更加积极的财政政策与适度宽松的货币政策，适时降准降息，保持流动性充裕，要打好政策“组合拳”，使社会融资规模、货币供应量增长同经济增长、价格总水平预期目标相匹配，为经济稳定发展提供充足的政策支撑，为构建新发展格局提供有利环境。

（二）棉花供需形势

国家棉花市场监测系统公布的我国棉花产销存预测报告显示，2024/2025 年度我国棉花产量 668 万吨，同比减少 78 万吨；消费量 800 万吨，同比增加 78 万吨。2023/2024 年度我国棉花产需缺口 132 万吨，较 2023/2024 年度 200 万吨的产需缺口相比明显缩小。

表 3–16–2　中国棉花产需预测（2024 年 3 月）

单位：万吨

项目	2023/2024 年度	2024/2025 年度	变化	幅度（%）
期初库存	571	693	122	21.4
产量	590	668	78	13.2
消费量	790	800	10	1.3
进口量	323	160	–163	–50.5
出口量	1.3	2	1	53.8
期末库存	693	719	26	3.8

数据来源：国家棉花市场监测系统。

（三）**棉花价格走势**

预计纺织品服装出口受阻将增加内销压力。中储棉信息中心2月份所做市场调查显示，71.43%的受访企业打算将产品由出口转为内销。近期中央有关会议再次强调，面对高关税持续压缩对美贸易空间，要把扩大内需作为长期战略，努力把消费打造成经济增长的主动力和压舱石。国家正加快打通“出口转内销”政策堵点、卡点，扩内需各项政策也在加力扩围，下一步将以超常规力度提振国内消费；各级政府将“一行一案”“一企一策”精准帮扶受冲击较大的行业和企业，支持企业调整经营策略，指导帮助企业在尽可能维持对美贸易的同时，开拓国内市场和非美市场。目前实施的消费提振专项行动中对纺织业的支持措施有限，效果还不明显，下一步纺织品服装的国内消费提振情况是决定国内棉价走向的主要因素，需密切关注。

（四）**有关建议**

当前世界百年未有之大变局加速演进，中美贸易战具有必然性，预计短期内难以得到缓解。我国棉花消费六成左右用于纺织品服装出口，美国作为我国纺织品服装主要出口市场之一，对我国发动贸易战将引发我国纺织品服装出口额下滑、棉花需求萎缩，棉花价格下行风险增加。建议针对棉花市场面临的风险，加强棉花市场调控，稳定纺织原料价格。一是若国内棉价继续下行，市场出现明显供应过剩时，应提前做好收储预案，及时采取调控措施稳定价格。二是当前国际棉价处于历史低位期，有利于在棉价偏低位置择机补库或用于本年度轮换，以降低储备库存总成本。

2023/2024 年度全球棉花与纺织市场报告

中储棉信息中心研究室主任　郗　今

一、2023/2024 年度回顾

（一）**宏观经济形势**

2023/2024 年度，国际贸易摩擦仍然没有缓和迹象，尤其是中美贸易摩擦。美国仍然对中国部分商品实施高额关税和制裁措施，限制了中美贸易往来。同时，其他国家也有类似情况，对中国部分商品采取一些制裁措施，影响了中国进入一些市场，如欧盟对中国电动汽车发起反补贴调查等。美国维持高利率引发市场对银行业流动性风险的担忧进一步增强。此外，在俄乌冲突持续不断的情况下，巴以冲突、印巴冲突和缅甸内部军事冲突相继爆发导致地缘政治局势愈发复杂。受以上因素影响，全球经济增速放缓。国际货币基金组织（IMF）预测2024 年全球经济将增长率为 2.9%，同比下降 0.1 个百分点。

（二）**棉花供需形势**

2023/2024 年度全球棉花产量同比略有减少，消费量小幅增加，产需形势由产大于需变为产不足需。

国际棉花咨询委员会（ICAC）数据显示，全球棉花产量 2 412 万吨，同比减少 35 万吨，减幅 1.4%。在主要产棉国中，中国棉花产量 560 万吨，同比减少 38 万吨，减幅 6.4%；印度棉花产量 549 万吨，同比减少 23 万吨，减幅 4.0%；美国棉花产量 263 万吨，同比减少 52 万吨，减幅 16.5%；巴西棉花产量 320 万吨，同比增加 65 万吨，增幅 25.5%；巴基斯坦棉花产量 142 万吨，同比增加 58 万吨，增幅

表 3–17　全球棉花产需预测（2024 年 3 月）

单位：万吨

项目	2022/2023 年度	2023/2024 年度	变化	幅度（%）
期初库存	1 874	1 952	78	4.2
产量	2 447	2 412	–35	–1.4
消费量	2 364	2 496	132	5.6
出口量	830	988	158	19.0
进口量	824	982	158	19.2
期末库存	1 952	1 861	–91	–4.7

数据来源：国际棉花咨询委员会（ICAC）。

69%；澳大利亚棉花产量 102 万吨，同比增加 23 万吨，增幅 29%。

全球棉花消费量 2 498 万吨，同比增加 132 万吨，增幅 5.6%。在主要消费国中，中国棉花消费量 830 万吨，同比增加 80 万吨，增幅 10.7%；印度棉花消费量 539 万吨，同比增加 19 万吨，增幅 3.7%；巴基斯坦棉花消费量 230 万吨，同比增加 40 万吨，增幅 21.1%；孟加拉国棉花消费量 160 万吨，同比无变化；土耳其棉花消费量 150 万吨，同比减少 20 万吨，减幅 11.8%；越南棉花消费量 142 万吨，同比增加 12 万吨，增幅 9.2%。

全球棉花出口量 988 万吨，同比增加 158 万吨，增幅 19.0%。在主要出口国中，美国棉花出口量 256 万吨，同比减少 15 万吨，减幅 5.5%；巴西棉花出口量 270 万吨，同比增加 125 万吨，增幅 86.2%；印度棉花出口量 46 万吨，同比增加 21 万吨，增幅 84%；澳大利亚棉花出口量 119 万吨，同比减少 17 万吨，减幅 12.5%。

（三）纺织品服装贸易形势

2023/2024 年度，全球纺织品服装消费需求同比有所减少。

海关数据显示，在主要纺织品服装进口国中，美国的进口额为 1 135 亿美元，同比减少 80 亿美元，减幅 6.6%；欧盟的进口额为 1 218 亿美元，同比减少 134 亿美元，减幅 9.2%；日本的进口额为 310 亿美元，同比减少 26 亿美元，减幅 7.7%；英国的进口额为 262 亿美元，同比减少 37 亿美元，减幅 12.4%。

在主要纺织品服装出口国中，2023/2024 年度，中国出口额为 2 962 亿美元，同比增幅 0.09%；孟加拉国的出口额为 493 亿美元，同比基本持平；越南的出口额为 438 亿美元，同比增加 29 亿美元，增幅 7.1%；印度的出口额为 343 亿美元，同比增加 10 亿美元，增幅 3.0%；土耳其的出口额为 315 亿美元，同比减少 16 亿美元，减幅 4.8%；巴基斯坦的出口额为 167 亿美元，同比增加 5 亿美元，增幅 3.1%；印度尼西亚的出口额为 115 亿美元，同比减少 5 亿美元，减幅 4.2%；柬埔寨的出口额为 153 亿美元，同比减少 4 亿美元，减幅 2.5%。

（四）棉花价格走势

1. 国际棉价走势大致分为三个阶段：

2023 年 9 月 1 日至 11 月 8 日为下跌阶段。俄乌冲突、巴以冲突持续升级导致全球经济下行压力增大，纺织品服装消费需求低迷，叠加全球丰产预期的兑现，国际棉价持续下跌。2023 年 9 月 1 日至 11 月 8 日，ICE 棉花期货主力合约结算价从 89.95 美分 / 磅下跌至 74.89 美分 / 磅，跌幅 16.7%，国际棉花价格 M 指数从 98.71 美分 / 磅下跌至 89.23 美分 / 磅，跌幅 9.6%。

2023 年 11 月 8 日至 2024 年 2 月 28 日**为上涨阶段**。联合国《2024 年世界经济形势与展望》预测 2024 年全球通胀水平或缓慢下降，市场对美联储降息的预期升温，叠加纺织市场即将进入传统旺季，国际棉价持续上涨。截至 2024 年 2 月 28 日，ICE 棉花期货主力合约结算价上涨至 101.08 美分 / 磅，涨幅 35.0%，国际棉花价格 M 指数涨至 108.49 美分 / 磅，涨幅 21.6%。

2024 年 2 月 28 日至 2024 年 8 月 30 日**为下跌阶段**。纺织市场旺季不旺，叠加美联储迟迟不肯降息，导致市场信心受挫，国际棉价持续下跌。截至 2024 年 8 月 30 日，ICE 棉花期货主力合约结算价下跌至 69.99 美分 / 磅，跌幅 30.8%；国际棉花价格 M 指数下跌至 78.32 美分 / 磅，跌幅 27.9%。

图 3–17　国际棉价走势

二、2024/2025 年度展望

（一）宏观经济形势

2024/2025 年度，全球经济缓慢恢复，各主要经济体通胀问题略有缓解，货币政策出现由紧缩转向宽松的迹象。但是，自特朗普于 11 月就任总统后，美国贸易保护政策频出，国际贸易摩擦不断升级。据世界银行（World Bank）、国际货币基金组织（IMF）、经济合作与发展组织（OECD）、联合国贸易和发展会议（UNCTAD）等权威机构预测，虽然全球经济正在从疫情所造成的冲击中逐步恢复，通胀问题已有所缓解，诸多发达经济体的货币政策已显现由紧缩转向宽松迹象，但考虑到俄乌冲突、巴以冲突等地缘政治局势日趋复杂化、扩大化，以及新一届美国政府的单边主义和贸易保护政策等因素，预计全球通胀压力可能再度增大，消费需求的恢复将是一个缓慢、曲折的过程，其中发达经济体增长乏力，新兴经济体将成为推动全球经济增长的主要动力。

（二）棉花供需形势

2024/2025 年度全球棉花产量和消费量同比均有所增加，产量增幅显著超过消费量增幅，产需形势由

表 3–18　全球棉花产需预测（2024 年 3 月）

单位：万吨

项目	2023/2024 年度	2024/2025 年度	变化	幅度（%）
期初库存	1 952	1 861	–91	–4.7
产量	2 412	2 569	157	6.5
消费量	2 496	2 553	57	2.3
出口量	988	986	–2	–0.2
进口量	982	986	4	0.4
期末库存	1 861	1 878	17	0.9

数据来源：国际棉花咨询委员会（ICAC）。

产不足需变为产大于需。

国际棉花咨询委员会（ICAC）数据显示，全球棉花产量 2 569 万吨，同比增加 157 万吨，增幅 6.5%。在主要产棉国中，中国棉花产量 615 万吨，同比减少 55 万吨，增幅 9.8%；印度棉花产量 550 万吨，同比增加 11 万吨，增幅 2.0%；美国棉花产量 414 万吨，同比增加 51 万吨，增幅 19.4%；巴西棉花产量 370 万吨，同比增加 50 万吨，增幅 15.6%；巴基斯坦棉花产量 120 万吨，同比减少 22 万吨，减幅 15.5%；澳大利亚棉花产量 110 万吨，同比增加 8 万吨，增幅 7.8%。

全球棉花消费量 2 553 万吨，同比增加 57 万吨，增幅 2.3%。在主要消费国中，中国棉花消费量 830 万吨，同比无变化；印度棉花消费量 550 万吨，同比增加 11 万吨，增幅 2.0%；巴基斯坦棉花消费量 210 万吨，同比减少 20 万吨，减幅 8.7%；孟加拉国棉花消费量 185 万吨，同比增加 25 万吨，增幅 15.6%；土耳其棉花消费量 165 万吨，同比增加 15 万吨，增幅 10.0%；越南棉花消费量 150 万吨，同比增加 8 万吨。

全球棉花出口量 986 万吨，同比减少 2 万吨，减幅 0.02%。在主要出口国中，美国棉花出口量 239 万吨，同比减少 17 万吨，减幅 6.6%；巴西棉花出口量 280 万吨，同比增加 10 万吨，增幅 3.7%；印度棉花出口量 30 万吨，同比增加 16 万吨，减幅 34.8%；澳大利亚棉花出口量 120 万吨，同比增加 1 万吨，增幅 0.8%。

考虑到由美国发起的全球贸易战仍在持续，预计全球纺织品服装消费需求存在进一步萎缩的可能。棉花作为纺织制品服装的主要生产原料，实际消费量有可能低于当前预测。

（三）纺织品服装贸易形势

2024/2025 年度，特朗普在美国总统大选期间表示要对多国商品大幅加征关税。在正式就任美国总统后，特朗普的贸易保护主义政策日益强化，开始对多国加征关税。在关税政策未正式实施的情况下，美欧采购商加紧囤货，各主要国家的纺织品服装生产企业纷纷争抢出口订单。

海关数据显示，2024 年 9 月至 2025 年 2 月，美国纺织品服装进口额 615 亿美元，同比增加 67 亿美元，增幅 10.9%；欧盟纺织品服装进口额 669 亿美元，同比增加 85 亿美元，增幅 14.6%；日本纺织品服装进口额 161 亿美元，同比基本持平；英国纺织品服装进口额 141 亿美元，同比增加 10 亿美元，增幅 7.6%。

在主要纺织品服装出口国中，2024 年 9 月至 2025 年 2 月，中国出口额 1 464 亿美元，同比增长 2.9%；孟加拉国出口额 225 亿美元，同比减少 4 亿美元，同比减幅 1.7%；土耳其出口额 155 亿美元，同比减少 2 亿美元，减幅 1.3%；柬埔寨出口额 81 亿美元，同比增加 4 亿美元，增幅 5.2%。

2024 年 9 月至 2025 年 1 月，越南出口额 202 亿美元，同比增加 27 亿美元，增幅 15.4%；印度出口额 150 亿美元，同比增加 17 亿美元，增幅 12.8%；印度尼西亚出口额 50 亿美元，同比增加 4 亿美元，增幅 8.7%。

2024 年 9 月至 12 月，巴基斯坦出口额 62 亿美元，同比增加 7 亿美元，增幅 12.7%。

（四）棉花价格走势

2024/2025 年度以来，地缘政治冲突持续不断，并存在进一步扩大的风险。在俄乌冲突、巴以冲突尚未得到解决的情况下，近期印控克什米尔地区发生针对游客的枪击事件，印度与巴基斯坦都采取强硬措施，引发局势升级。地缘政治冲突范围扩大叠加国际贸易摩擦升级，将给全球经济带来更多的不确定因素，纺织品服装消费可能面临巨大阻力，预计国际棉价仍将承压运行。美国给多国商品加征关税后，与各国的贸易谈判将陆续展开。根据特朗普上个任期时的情况，预计通过贸易谈判达成协议至少需要 1 年时间。但考虑到美国给多国商品加征关税将导致美国通胀问题加剧，居民消费能力萎缩，生活质量下降，社会矛盾激化，也不能排除美国与部分国家在短时间内达成协议的可能性。总之，地缘政治冲突变化以及美国与各国开展贸易谈判的动向将是影响国际棉价变化的主要因素，需保持密切关注。

监测报告

第四部分

中国棉花意向种植面积调查报告

——2023 年中国植棉意向同比减少 4.9%

为进一步掌握 2023 年中国棉花种植意向，国家棉花市场监测系统于 2023 年 3 月中下旬展开全国范围棉花种植意向调查。样本涉及 14 个省（自治区）、46 个植棉县（市、团场）、1 700 个定点植棉信息联系户。调查结果显示，2023 年中国棉花意向种植面积 4 389.1 万亩，同比减少 227.9 万亩，减幅 4.9%，其中，新疆维吾尔自治区意向植棉面积为 3 842.5 万亩，同比小幅减少 89.3 万亩，减幅 2.3%。具体情况如下。

一、2023 年各主产棉区植棉意向

西北内陆棉区意向植棉面积 3 869.4 万亩，同比减少 2.3%。其中，新疆维吾尔自治区意向植棉面积为 3 842.5 万亩，同比减少 2.3%。

河流域棉区意向植棉面积 296.4 万亩，同比减少 22.8%。各省（市）植棉意向一致同比减少，河南省、河北省、山东省、天津市、山西省和陕西省的同比减幅分别为 37.1%、29.1%、18.4%、7.0%、5.9% 和 4.7%。

长江流域棉区意向植棉面积 205.7 万亩，同比减少 18.0%。各省（市）植棉意向一致同比减少，安徽省、江苏省、湖北省、江西省和湖南省的同比减幅分别为 31.2%、20.5%、20.3%、6.2% 和 5.8%。

二、植棉意向变化原因

新疆维吾尔自治区植棉意向下降的主要原因是：一是 2022 年度籽棉收购价格较低，影响植棉积极性；二是 2022 年春季水费、棉种、农资普遍涨价，植棉成本明显增加，主要靠目标价格补贴支撑收回成本；三是为保证粮食安全，部分地区计划今年增加粮食种植面积。

内地植棉意向下降主要原因有：一是 2022 年受天气影响，产量和质量都有所下降；二是籽棉收购价格下跌、植棉成本上升，导致种植收益较低。

国家棉花市场监测系统将继续跟踪棉花种植和生长情况，将在 2023 年 6 月份发布《中国棉花实播面积调查报告》。

附件：2023 年中国棉花意向种植面积调查表

附件：2023 年中国棉花意向种植面积调查表

单位：万亩、千克／亩、万吨

地区	面积		单产		总产量	
	意向面积	同比 ±%	单产预计	同比 ±%	产量预计	同比 ±%
全国	4 389.1	–4.9	140.6	–3.4	617.0	–8.2
黄河流域	296.4	–22.8	77.0	–0.5	22.8	–23.3
山东省	132.2	–18.4	76.8	–1.5	10.2	–19.6
河南省	26.3	–37.1	64.7	6.5	1.7	–33.0

续表

河北省	96.9	–29.1	80.4	–3.9	7.8	–31.9
陕西省	12.7	–4.7	75.6	12.5	1.0	7.2
山西省	11.1	–5.9	75.4	9.0	0.8	2.6
天津市	17.1	–7.0	79.9	4.6	1.4	–2.7
长江流域	205.7	–18.0	65.0	9.0	13.4	–10.6
湖北省	79.4	–20.3	64.0	–0.9	5.1	–21.0
安徽省	37.7	–31.2	61.8	13.3	2.3	–22.0
江苏省	12.0	–20.5	67.9	6.5	0.8	–15.3
湖南省	47.9	–5.8	67.8	10.0	3.2	3.6
江西省	28.8	–6.2	65.9	39.8	1.9	31.1
西北内陆	3 869.4	–2.3	149.8	–5.2	579.7	–7.4
甘肃省	26.9	–6.3	111.0	–1.4	3.0	–7.6
新疆维吾尔自治区	3 842.5	–2.3	150.1	–5.2	576.7	–7.4
其他	17.7	–18.1	62.4	10.5	1.1	–9.5

备注：1. 数据来源：国家棉花市场监测系统。
2. 表中预计单产根据近五年单产均值测算。
3. 调查时间：2023 年 3 月 11 日—20 日。
4. 制表日期：2023 年 3 月 22 日。

中国棉花实播面积调查报告

——2023 年中国棉花实播面积同比减少 10.3%

2023 年 5 月下旬，国家棉花市场监测系统就棉花实播面积展开全国范围专项调查，样本涉及 14 个省（自治区）、46 个植棉县（市、团场）、1700 个定点植棉信息联系户。调查结果显示，2023 年全国棉花实播面积 4140.2 万亩，同比减少 476.8 万亩，减幅 10.3%。具体情况如下：

一、新疆维吾尔自治区棉花实播面积有所减少

2023 年，西北内陆棉花实播面积为 3 639.0 万亩，同比减少 321.5 万亩，减幅 8.1%。其中，新疆

维吾尔自治区棉花实播面积为 3 616.3 万亩，同比减少 315.5 万亩，减幅 8.0%。

二、内地棉花实播面积继续减少

2023 年，黄河流域棉花实播面积为 290.1 万亩，同比减少 94.0 万亩，减幅 24.5%，较上年扩大 18.1 个百分点。整体看，各省份实播面积下降明显，其中，河南省、河北省和山东省实播面积减幅分别为 35.1%、29.9%、22.0%, 其他省份的减幅均在 10% 以下。

2023 年，长江中下游棉花实播面积为 196.4 万亩，同比减少 54.5 万亩，减幅 21.7%，较上年扩大 21.5 个百分点。各省份实播面积均出现不同程度的下降，安徽省、湖北省、湖南省、江苏省和江西省的实播面积减幅分别为 30.3%、23.0%、20.3%、18.9% 和 6.2%。

三、棉花实播面积变化的主要原因

1. 新疆维吾尔自治区

一是 2023 年新疆维吾尔自治区增加了粮食种植面积。根据新疆维吾尔自治区农业农村厅长会议精神，2023 年新疆维吾尔自治区将按照“区内结余、供给国家”的粮食工作新方针要求，增加粮食种植面积 480 万亩，具体粮食种植面积、产量指标任务已下达新疆维吾尔自治区各地。

二是天气灾害导致棉花种植面积减少。今年春播期间，天气灾害使播种期延长，部分多次遭灾地区被迫改种其他生育期较短的作物。

三是国家下调了新疆维吾尔自治区棉花目标价格补贴产量上限。2023 年 4 月 10 日，国家发展改革委、财政部印发的《关于完善棉花目标价格政策实施措施的通知》规定，2023—2025 年对新疆维吾尔自治区棉花以固定产量 510 万吨进行补贴，较此前的补贴产量上限减少了 34 万吨。2017 年棉花目标价格政策规定，新疆维吾尔自治区棉花目标价格补贴数量上限为 2012/2013—2014/2015 年度全国棉花平均产量（640 万吨）的 85%，即 544 万吨。

2. 内地

一是上年度籽棉收购价格较低，农资价格持续上涨，种植成本收益下降；二是内地棉花机械化率较低，难以形成规模化种植；三是内地棉花补贴水平远低于新疆维吾尔自治区，棉农种植意愿相对较低，使内地播种面积呈下滑趋势。

附件：2023 年中国棉花实播面积调查表

附件　2023 年中国棉花实播面积调查表

表位：万亩、千克 / 亩、万吨

地区	实播面积		单产		总产量	
	预计（万亩）	同比（±%）	预计（千克 / 亩）	同比（±%）	预计（万吨）	同比（±%）
全国	4 140.2	–10.3	140.4	–3.5	581.3	–13.5
黄河流域	290.1	–24.5	77.0	–0.6	22.3	–24.9
山东省	126.4	–22.0	76.8	–1.5	9.7	–23.2
河南省	27.2	–35.1	64.7	6.5	1.8	–30.8
河北省	95.8	–29.9	80.4	–3.9	7.7	–32.6
陕西省	12.6	–5.7	75.6	12.5	1.0	6.1
山西省	11.0	–7.1	75.4	9.0	0.8	1.3

续表

天津市	17.1	–7.0	79.9	4.6	1.4	–2.7
长江流域	196.4	–21.7	64.9	8.8	12.7	–14.8
湖北省	76.7	–23.0	64.0	–0.9	4.9	–23.7
安徽省	38.2	–30.3	61.8	13.3	2.4	–21.0
江苏省	12.2	–18.9	67.9	6.5	0.8	–13.6
湖南省	40.5	–20.3	67.8	10.0	2.7	–12.3
江西省	28.8	–6.2	65.9	39.8	1.9	31.1
西北内陆	3 639.0	–8.1	149.8	–5.2	545.3	–12.9
甘肃省	22.7	–20.7	111.0	–1.4	2.5	–21.9
新疆维吾尔自治区	3 616.3	–8.0	150.1	–5.2	542.8	–12.8
其他	14.7	–31.7	62.4	0.0	0.9	–24.5

备注：1. 数据来源：国家棉花市场监测系统。
2. 表中预计单产根据近年单产综合测算。
3. 调查时间：2023 年 5 月 15 日—31 日。
4. 制表日期：2023 年 6 月。

2023 年中国棉花长势调查报告（6 月）

——预计全国新棉总产 592 万吨

2023 年 6 月中下旬，国家棉花市场监测系统就棉花长势展开全国范围专项调查，样本涉及 14 个省（自治区）、46 个植棉县（市、团场）、1700 个定点植棉信息联系户。调查结果显示，截至 6 月底，各主产棉区天气整体利于棉花成铃、吐絮，预计 2023 年新棉单产 143 千克 / 亩，同比下降 1.7%，总产量 592 万吨，同比下降 11.9%。具体情况如下：

一、预计棉花平均单产、总产量均低于上年

预计 2023 年全国棉花平均单产为 143 千克 / 亩，同比下降 1.7%，较近三年均值增长 4.6%。按照国家棉花市场监测系统 6 月份实播面积调查结果 4 140.2 万亩测算，2023 年棉花总产量预计为 592 万吨，同比减少 11.9%，较近三年均值减少 3.8%。

分区域看，黄河流域棉区平均单产 78.9 千克/ 亩，同比增长 1.9%，产量预计为 22.9 万吨，同比下降 23.0%；长江流域棉区平均单产 66.6 千克 / 亩，同比增长 11.7%，产量预计为 13.1 万吨，同比下降 12.6%；西北内陆棉区平均单产 152.5 千克 / 亩，同比下降 3.5%，产量预计为 555.1 万吨，同比下降 11.3%，其

中，新疆维吾尔自治区平均单产152.8千克/亩，同比下降3.5%，产量预计为552.7万吨，同比下降11.2%。

二、超半数农户反映规模采摘时间或延迟

全国有43.4%的受访农户预计规模采摘时间正常，同比下降44.2个百分点，3.0%的受访农户预计规模采摘时间提前，同比下降6.5个百分点，53.6%的受访农户预计规模采摘时间延迟，同比上升50.6个百分点；新疆维吾尔自治区和长江流域棉区规模采摘时间预计较去年延迟，黄河流域棉区规模采摘时间基本正常。

分区域看，黄河流域有96.4%的农户预计采摘时间正常，同比下降0.8个百分点，2.9%的农户预计采摘时间提前，同比上升0.4个百分点，0.7%的农户预计采摘时间延迟，同比上升0.3个百分点；长江流域有44.0%的农户预计采摘时间正常，同比下降49.8个百分点，0.5%的农户预计采摘时间提前，同比下降5.7个百分点，55.5%的农户预计采摘时间延迟，同比上升55.5个百分点；西北内陆棉区有34.4%的农户预计采摘时间正常，同比下降50.9个百分点，3.3%的农户预计采摘时间提前，同比下降7.7个百分点，62.3%的农户预计采摘时间延迟，同比上升58.6个百分点，其中，新疆维吾尔自治区有34.0%的农户预计采摘时间正常，同比减少51.2个百分点，3.3%的农户预计采摘时间提前，同比下降7.8个百分点，62.7%的农户预计采摘时间延迟，同比上升59个百分点。

三、黄河、长江流域天气总体有利，棉花长势良好；西北内陆棉区极端气候多于往年，单产预计降低

天气：全国有87.3%的受访农户反映天气较好和一般，同比下降7.1个百分点，较近三年均值下降6.4个百分点。分区域看，黄河流域棉区有99.7%的农户反映天气较好和一般，同比上升2.5个百分点，较近三年均值上升1.5个百分点；长江流域棉区有100%的农户反映天气较好和一般，同比上升2.4个百分点，较近三年均值上升6个百分点；西北内陆棉区有85.6%的农户反映天气较好和一般，同比下降8.2个百分点，较近三年均值下降7.6个百分点，其中，新疆维吾尔自治区有85.5%的农户反映天气较好和一般，同比下降8.2个百分点，较近三年均值下降7.6个百分点。

灾害：全国有86.9%的农户反映灾害轻度或未发生，同比下降7.1个百分点，较近三年均值下降7.4个百分点。分区域看，黄河流域有56.9%的农户反映灾害轻度或未发生，同比下降26.5个百分点，较近三年均值下降31.2个百分点；长江流域棉区有100%的农户反映灾害轻度或未发生，同比上升14.7个百分点，较近三年均值上升16.4个百分点；西北内陆棉区有90.6%的农户反映灾害轻度或未发生，同比下降6个百分点，较近三年均值下降5.4个百分点，其中，新疆维吾尔自治区有90.5%的农户反映灾害轻度或未发生，同比下降6.1个百分点，较近三年均值下降5.4个百分点。

四、主产棉区病害情况同比改善，虫害情况稍有增加

全国有98.3%的受访农户反映病害轻度或未发生，同比上升1个百分点，较近三年均值下降0.2个百分点。有96.5%的受访农户反映虫害轻度或未发生，同比下降1个百分点，较近三年均值上升0.3个百分点。

分区域看，黄河流域棉区有94.9%的农户反映病害轻度或未发生，98.4%的农户反映虫害轻度或未发生；长江流域棉区有100%的农户反映病害轻度或未发生，100%农户反映虫害轻度或未发生；西北内陆棉区有98.7%的农户反映病害轻度或未发生，有95.8%的农户反映虫害轻度或未发生，其中，新疆维吾尔自治区有98.6%的农户反映病害轻度或未发生，有95.8%的农户反映虫害轻度或未发生。

国家棉花市场监测系统将继续跟踪监测棉花生产、交售情况，并于后期展开棉花产量调查和种植成本调查，敬请关注。

附件：

1. 2023年中国棉花产量预测表
2. 2023年6月棉花采摘时间预测表
3. 2023年6月棉花生长期天气评价表
4. 2023年6月棉花生长期天气灾害评价表
5. 2023年6月棉花生长期病害评价表
6. 2023年6月棉花生长期虫害评价表

附表 1　2023 年中国棉花产量预测表

单位：万亩、千克 / 亩、万吨

地区	面积		单产预测		总产量预测	
	今年	同比（%）	今年	同比（%）	今年	同比（%）
全国	4 140.2	–10.3	143.0	–1.7	592.0	–11.9
黄河流域	290.1	–24.5	78.9	1.9	22.9	–23.0
山东省	126.4	–22.0	83.6	7.2	10.6	–16.4
河南省	27.2	–35.1	69.0	13.6	1.9	–26.2
河北省	95.8	–29.9	76.9	–8.1	7.4	–35.6
陕西省	12.6	–5.7	75.6	12.5	1.0	6.1
山西省	11.0	–7.1	76.8	11.0	0.8	3.2
天津市	17.1	–7.0	75.3	–1.5	1.3	–8.3
长江流域	196.4	–21.7	66.6	11.7	13.1	–12.6
湖北省	76.7	–23.0	65.7	1.7	5.0	–21.6
安徽省	38.2	–30.3	62.9	15.4	2.4	–19.5
江苏省	12.2	–18.9	69.6	9.0	0.9	–11.5
湖南省	40.5	–20.3	69.5	12.8	2.8	–10.1
江西省	28.8	–6.2	68.4	45.2	2.0	36.2
西北内陆	3 639.0	–8.1	152.5	–3.5	555.1	–11.3
甘肃省	22.7	–20.7	105.6	–6.3	2.4	–25.7
新疆维吾尔自治区	3 616.3	–8.0	152.8	–3.5	552.7	–11.2
其他	14.7	–31.7	58.1	2.9	0.9	–29.7

备注：1. 数据来源：国家棉花市场监测系统。

2. 调查时间：2022 年 6 月 15—30 日。

3. 表中面积数据来自国家棉花市场监测系统的《2023 年中国棉花实播面积调查报告》。

4. 表中预计单产、产量同比变动幅度根据《2022 年中国棉花产量调查报告》测算。

5. 制表日期：2023 年 7 月 21 日。

附表 2　2023 年 6 月棉花采摘时间预测表

地区	提前（%）	正常（%）	延迟（%）
全国	3.0	43.4	53.6
黄河流域	2.9	96.4	0.7
山东	4.8	94.3	1.0
河南	0.0	100.0	0.0
河北	0.0	100.0	0.0
陕西	20.0	73.3	6.7
山西	0.0	100.0	0.0
天津	0.0	100.0	0.0
长江中下游	0.5	44.0	55.5
湖北	0.0	0.0	100.0
安徽	0.0	40.0	60.0
江苏	0.0	100.0	0.0
湖南	0.0	76.7	23.3
江西	3.3	96.7	0.0
西北内陆	3.3	34.4	62.3
甘肃	0.0	100.0	0.0
新疆维吾尔自治区	3.3	34.0	62.7

备注：1. 本表据国家棉花市场监测系统调查涉及的 1700 户植棉信息联系户情况统计。

2. 调查时间自 2023 年 6 月 15—30 日。

附表 3　2023 年 6 月棉花生长期天气评价表

地区	好（%）	一般（%）	差（%）
全国	26.5	60.8	12.7
黄河流域	17.4	82.3	0.3
山东	17.4	82.6	0.0
河南	100.0	0.0	0.0
河北	0.0	99.0	1.0
陕西	0.0	100.0	0.0
山西	0.0	100.0	0.0
天津	6.9	93.1	0.0
长江中下游	31.9	68.1	0.0
湖北	0.0	100.0	0.0
安徽	60.0	40.0	0.0
江苏	100.0	0.0	0.0
湖南	56.7	43.3	0.0
江西	16.1	83.9	0.0
西北内陆	26.9	58.7	14.4
甘肃	80.0	20.0	0.0
新疆维吾尔自治区	26.6	58.9	14.5

备注：1. 本表据国家棉花市场监测系统调查涉及的 1700 户植棉信息联系户情况统计。
2. 调查时间自 2023 年 6 月 15—30 日。

附表 4 2023 年 6 月棉花生长期天气灾害评价表

地区	主要灾害			灾害程度		
	涝灾（%）	旱灾（%）	其他（%）	重度（%）	中度（%）	轻度（%）
全国	6.4	18.6	75.1	1.6	11.5	86.9
黄河流域	1.3	68.8	29.9	1.6	41.5	56.9
山东	0.0	68.9	31.1	0.0	54.5	45.5
河南	13.8	0.0	86.2	0.0	0.0	100.0
河北	0.0	86.4	13.6	4.9	40.8	54.4
陕西	0.0	100.0	0.0	0.0	0.0	100.0
山西	0.0	0.0	100.0	0.0	0.0	100.0
天津	0.0	100.0	0.0	0.0	72.4	27.6
长江中下游	4.3	13.7	82.0	0.0	0.0	100.0
湖北	0.0	0.0	100.0	0.0	0.0	100.0
安徽	0.0	18.0	82.0	0.0	0.0	100.0
江苏	0.0	19.5	80.5	0.0	0.0	100.0
湖南	20.7	0.0	79.3	0.0	0.0	100.0
江西	0.0	61.3	38.7	0.0	0.0	100.0
西北内陆	7.5	10.6	81.9	1.8	7.6	90.6
甘肃	0.0	0.0	100.0	0.0	0.0	100.0
新疆维吾尔自治区	7.5	10.7	81.8	1.8	7.7	90.5

备注：1. 本表据国家棉花市场监测系统调查涉及的 1700 户植棉信息联系户情况统计。
2. 调查时间自 2023 年 6 月 15—30 日。

附表 5　2023 年 6 月棉花生长期病害评价表

地区	主要病害			病害程度		
	黄萎病（%）	枯萎病（%）	其他（%）	重度（%）	中度（%）	轻度（%）
全国	9.3	20.0	70.7	0.0	1.7	98.3
黄河流域	4.7	38.4	57.0	0.0	5.1	94.9
山东	0.0	64.6	35.4	0.0	0.0	100.0
河南	3.3	20.0	76.7	0.0	0.0	100.0
河北	0.0	25.2	74.8	0.0	15.5	84.5
陕西	100.0	0.0	0.0	0.0	0.0	100.0
山西	0.0	0.0	100.0	0.0	0.0	100.0
天津	0.0	0.0	100.0	0.0	0.0	100.0
长江中下游	21.0	8.8	70.3	0.0	0.0	100.0
湖北	50.0	0.0	50.0	0.0	0.0	100.0
安徽	0.0	0.0	100.0	0.0	0.0	100.0
江苏	0.0	26.8	73.2	0.0	0.0	100.0
湖南	6.9	34.5	58.6	0.0	0.0	100.0
江西	0.0	0.0	100.0	0.0	0.0	100.0
西北内陆	8.9	18.0	73.1	0.0	1.3	98.7
甘肃	0.0	0.0	100.0	0.0	0.0	100.0
新疆维吾尔自治区	8.9	18.2	72.9	0.0	1.4	98.6

备注：1. 本表据国家棉花市场监测系统调查涉及的 1700 户植棉信息联系户情况统计。
　　2. 调查时间自 2023 年 6 月 15—30 日。

附表 6 2023 年 6 月棉花生长期虫害评价表

地区	主要虫害			虫害程度		
	棉铃虫（%）	蚜虫（%）	其他（%）	重度（%）	中度（%）	轻度（%）
全国	9.3	42.1	48.6	0.0	3.5	96.5
黄河流域	0.0	70.6	29.4	0.0	1.6	98.4
山东	0.0	68.4	31.6	0.0	0.0	100.0
河南	0.0	26.7	73.3	0.0	0.0	100.0
河北	0.0	84.5	15.5	0.0	4.9	95.1
陕西	0.0	100.0	0.0	0.0	0.0	100.0
山西	0.0	100.0	0.0	0.0	0.0	100.0
天津	0.0	37.9	62.1	0.0	0.0	100.0
长江中下游	0.0	50.3	49.7	0.0	0.0	100.0
湖北	0.0	66.7	33.3	0.0	0.0	100.0
安徽	0.0	30.6	69.4	0.0	0.0	100.0
江苏	0.0	73.2	26.8	0.0	0.0	100.0
湖南	0.0	66.7	33.3	0.0	0.0	100.0
江西	0.0	0.0	100.0	0.0	0.0	100.0
西北内陆	11.8	36.5	51.7	0.0	4.2	95.8
甘肃	0.0	0.0	100.0	0.0	0.0	100.0
新疆维吾尔自治区	11.9	36.7	51.4	0.0	4.2	95.8

备注：1. 本表据国家棉花市场监测系统调查涉及的 1700 户植棉信息联系户情况统计。
2. 调查时间自 2023 年 6 月 15—30 日。

2023 年中国棉花长势调查报告（8 月）

——预计 2023 年度全国新棉总产 605 万吨

2023 年 8 月中下旬，国家棉花市场监测系统就棉花长势展开全国范围专项调查，样本涉及 14 个省（自治区）、46 个植棉县（市、团场）、1700 个定点植棉信息联系户。调查结果显示，截至 8 月底，各主产棉区天气整体利于棉花成铃、吐絮，预计 2023 年新棉单产 146.1 千克 / 亩，同比增长 0.4%，总产量 605 万吨，同比下降 10.0%。具体情况如下：

一、预计棉花平均单产稳中有升，总产量低于上年

预计2023年全国棉花平均单产为146.1千克/亩，同比增长 0.4%。按照国家棉花市场监测系统 6 月份实播面积调查结果 4140.2 万亩测算，2023 年棉花总产量预计为 605 万吨，同比减少 10.0%。

分区域看，黄河流域棉区平均单产 78.9 千克 / 亩，同比增长 1.9%，产量预计为 22.9 万吨，同比下降 23.0%；长江流域棉区平均单产 71.4 千克 / 亩，同比增长 19.7%，产量预计为 14.0 万吨，同比下降 6.3%；西北内陆棉区平均单产 155.9 千克 / 亩，同比下降 1.4%，产量预计为 567.2 万吨，同比下降 9.4%，其中，新疆维吾尔自治区平均单产 156.2 千克 / 亩，同比下降 1.4%，产量预计为 564.7 万吨，同比下降 9.3%。

二、部分农户反映规模采摘时间延迟

全国有 55.1% 的受访农户预计规模采摘时间正常，同比上升 4.5 个百分点，2.1% 的受访农户预计规模采摘时间提前，同比下降 31.0 个百分点，42.8% 的受访农户预计规模采摘时间延迟，同比上升 26.5 个百分点；新疆维吾尔自治区和长江流域棉区规模采摘时间预计较去年延迟，黄河流域棉区规模采摘时间基本正常。

分区域看，黄河流域有 95.2% 的农户预计采摘时间正常，同比上升 22.5 个百分点，1.4% 的农户预计采摘时间提前，同比下降 11.6 个百分点，3.4% 的农户预计采摘时间延迟，同比下降 10.9 个百分点；长江流域有 44.1% 的农户预计采摘时间正常，同比上升 14.8 个百分点，1.0% 的农户预计采摘时间提前，同比下降 68.7 个百分点，54.9% 的农户预计采摘时间延迟，同比上升 54.0 个百分点；西北内陆棉区有 49.5% 的农户预计采摘时间正常，同比上升 0.3 个百分点，2.3% 的农户预计采摘时间提前，同比下降 30.3 个百分点，48.2% 的农户预计采摘时间延迟，同比上升 30.0 个百分点，其中，新疆维吾尔自治区有 49.2% 的农户预计采摘时间正常，同比上升 0.1 个百分点，2.3% 的农户预计采摘时间提前，同比下降 30.3 个百分点，48.5% 的农户预计采摘时间延迟，同比上升 30.1 个百分点。

三、黄河、长江流域天气状况同比显著改善，西北内陆棉区天气不及往年同期

天气：全国有 81.9% 的受访农户反映天气较好和一般，同比下降 6.3 个百分点，较近三年均值下降 7.4 个百分点。分区域看，黄河流域棉区有 94.6% 的农户反映天气较好和一般，同比上升 18.0 个百分点，较近三年均值上升 15.5 个百分点；长江流域棉区调查样本中所有农户都反映天气较好和一般；西北内陆棉区有 79.9% 的农户反映天气较好和一般，同比下降 14.3 个百分点，较近三年均值下降 13.6 个百分点，其中，新疆维吾尔自治区有 79.8% 的农户反映天气较好和一般，同比下降 14.3 个百分点，较近三年均值下降 13.7 个百分点。

灾害：全国有 97.1% 的农户反映灾害轻度或未

发生，同比上升 48.0 个百分点，较近三年均值上升 38.2 个百分点。分区域看，黄河流域有 96.4% 的农户反映灾害轻度或未发生，同比上升 58.0 个百分点，较近三年均值上升 66.0 个百分点；长江流域棉区被调查样本中所有农户都反映灾害轻度或未发生；西北内陆棉区有 96.9% 的农户反映灾害轻度或未发生，同比上升 41.1 个百分点，较近三年均值上升 30.3 个百分点，其中，新疆维吾尔自治区有 96.9% 的农户反映灾害轻度或未发生，同比上升 41.4 个百分点，较近三年均值上升 30.2 个百分点。

四、主产棉区病虫害情况同比显著改善

全国有 98.8% 的受访农户反映病害轻度或未发生，同比上升 39.8 个百分点，较近三年均值上升 34.2 个百分点。有 96.4% 的受访农户反映虫害轻度或未发生，同比上升 39.0 个百分点，较近三年均值上升 41.0 个百分点。

分区域看，黄河流域棉区有 99.1% 的农户反映病害轻度或未发生，所有农户都反映虫害轻度或未发生；长江流域棉区被调查样本中所有农户都反映病害轻度或未发生，99.5% 农户反映虫害轻度或未发生；西北内陆棉区有 98.7% 的农户反映病害轻度或未发生，有 95.4% 的农户反映虫害轻度或未发生，其中，新疆维吾尔自治区有 98.7% 的农户反映病害轻度或未发生，有 95.4% 的农户反映虫害轻度或未发生。

国家棉花市场监测系统将继续跟踪监测棉花生产、交售情况，并于后期展开棉花产量调查和种植成本调查，敬请关注。

附件：

1. 2023 年中国棉花产量预测表
2. 2023 年 8 月棉花采摘时间预测表
3. 2023 年 8 月棉花生长期天气评价表
4. 2023 年 8 月棉花生长期天气灾害评价表
5. 2023 年 8 月棉花生长期病害评价表
6. 2023 年 8 月棉花生长期虫害评价表

附表 1　2023 年中国棉花产量预测表

单位：万亩、千克 / 亩、万吨

地区	面积		单产预测		总产量预测	
	今年	同比（%）	今年	环比（%）	今年	同比（%）
全国	4 140.2	–10.3	146.1	0.4	605.0	–10.0
黄河流域	290.1	–24.5	78.9	1.9	22.9	–23.0
山东省	126.4	–22.0	81.0	3.8	10.2	–19.1
河南省	27.2	–35.1	69.5	14.3	1.9	–25.7
河北省	95.8	–29.9	82.5	–1.4	7.9	–30.8
陕西省	12.6	–5.7	71.5	6.4	0.9	0.4
山西省	11.0	–7.1	70.3	1.6	0.8	–5.6
天津市	17.1	–7.0	69.4	–9.2	1.2	–15.5
长江流域	196.4	–21.7	71.4	19.7	14.0	–6.3

续表

湖北省	76.7	–23.0	70.0	8.5	5.4	–16.4
安徽省	38.2	–30.3	64.8	18.8	2.5	–17.1
江苏省	12.2	–18.9	73.7	15.6	0.9	–6.2
湖南省	40.5	–20.3	77.9	26.4	3.2	0.7
江西省	28.8	–6.2	73.3	55.6	2.1	45.9
西北内陆	3 639.0	–8.1	155.9	–1.4	567.2	–9.4
甘肃省	22.7	–20.7	109.9	–2.4	2.5	–22.6
新疆维吾尔自治区	3 616.3	–8.0	156.2	–1.4	564.7	–9.3
其他	14.7	–31.7	59.0	4.6	0.9	–28.6

备注：1. 数据来源：国家棉花市场监测系统。
2. 调查时间：2023 年 8 月 15—30 日。
3. 表中面积数据来自国家棉花市场监测系统的《2023 年中国棉花实播面积调查报告》。
4. 表中预计单产、产量同比变动幅度根据《2022 年中国棉花产量调查报告》测算。
5. 制表日期：2023 年 9 月 20 日。

附表 2　2023 年 8 月棉花采摘时间预测表

地区	提前（%）	正常（%）	延迟（%）
全国	2.1	55.1	42.8
黄河流域	1.4	95.2	3.4
山东	0.9	95.6	3.5
河南	0.0	100.0	0.0
河北	0.0	100.0	0.0
陕西	23.3	73.3	3.3
山西	0.0	100.0	0.0
天津	0.0	71.4	28.6

续表

长江中下游	1.0	44.1	54.9
湖北	0.0	0.0	100.0
安徽	0.0	39.6	60.4
江苏	0.0	100.0	0.0
湖南	0.0	80.0	20.0
江西	6.7	93.3	0.0
西北内陆	2.3	49.5	48.2
甘肃	0.0	100.0	0.0
新疆维吾尔自治区	2.3	49.2	48.5

备注：1. 本表据国家棉花市场监测系统调查涉及的 1 700 户植棉信息联系户情况统计。
2. 调查时间自 2023 年 8 月 15—30 日。

附表 3　2023 年 8 月棉花生长期天气评价表

地区	好（%）	一般（%）	差（%）
全国	19.4	62.6	18.1
黄河流域	9.9	84.8	5.4
山东	3.7	96.3	0.0
河南	0.0	100.0	0.0
河北	24.3	59.5	16.2
陕西	0.0	100.0	0.0
山西	0.0	100.0	0.0
天津	3.6	96.4	0.0
长江中下游	45.1	54.9	0.0
湖北	0.0	100.0	0.0

续表

安徽	100.0	0.0	0.0
江苏	100.0	0.0	0.0
湖南	80.0	20.0	0.0
江西	20.0	80.0	0.0
西北内陆	18.7	61.2	20.1
甘肃	100.0	0.0	0.0
新疆维吾尔自治区	18.2	61.6	20.2

备注：1. 本表据国家棉花市场监测系统调查涉及的 1 700 户植棉信息联系户情况统计。
2. 调查时间自 2023 年 8 月 15—30 日。

附表 4　2023 年 8 月棉花生长期天气灾害评价表

地区	主要灾害			灾害程度		
	涝灾（%）	旱灾（%）	其他（%）	重度（%）	中度（%）	轻度（%）
全国	5.9	18.0	76.1	0.3	2.6	97.1
黄河流域	23.0	40.6	36.4	0.0	3.6	96.4
山东	1.3	63.3	35.4	0.0	0.0	100.0
河南	100.0	0.0	0.0	0.0	10.0	90.0
河北	21.6	14.9	63.5	0.0	6.8	93.2
陕西	0.0	100.0	0.0	0.0	0.0	100.0
山西	0.0	100.0	0.0	0.0	0.0	100.0
天津	100.0	0.0	0.0	0.0	7.1	92.9
长江中下游	22.3	16.2	61.4	0.0	0.0	100.0
湖北	57.1	0.0	42.9	0.0	0.0	100.0
安徽	0.0	0.0	100.0	0.0	0.0	100.0

续表

江苏	0.0	0.0	100.0	0.0	0.0	100.0
湖南	0.0	26.7	73.3	0.0	0.0	100.0
江西	0.0	73.3	26.7	0.0	0.0	100.0
西北内陆	1.3	14.3	84.3	0.3	2.8	96.9
甘肃	0.0	0.0	100.0	0.0	0.0	100.0
新疆维吾尔自治区	1.4	14.4	84.2	0.3	2.8	96.9

备注：1. 本表据国家棉花市场监测系统调查涉及的 1 700 户植棉信息联系户情况统计。

2. 调查时间自 2023 年 8 月 15—30 日。

附表 5　2023 年 8 月棉花生长期病害评价表

地区	主要病害			病害程度		
	黄萎病（%）	枯萎病（%）	其他（%）	重度	枯萎病（%）	其他（%）
全国	13.9	28.1	58.0	0.0	1.2	98.8
黄河流域	24.0	46.0	30.0	0.0	0.9	99.1
山东	0.0	74.5	25.5	0.0	0.9	99.1
河南	0.0	36.7	63.3	0.0	0.0	100.0
河北	48.0	30.7	21.3	0.0	1.4	98.6
陕西	100.0	0.0	0.0	0.0	0.0	100.0
山西	100.0	0.0	0.0	0.0	0.0	100.0
天津	0.0	0.0	100.0	0.0	0.0	100.0
长江中下游	9.6	8.3	82.1	0.0	0.0	100.0
湖北	0.0	0.0	100.0	0.0	0.0	100.0
安徽	0.0	0.0	100.0	0.0	0.0	100.0
江苏	0.0	26.8	73.2	0.0	0.0	100.0

续表

湖南	46.4	32.1	21.4	0.0	0.0	100.0
江西	0.0	0.0	100.0	0.0	0.0	100.0
西北内陆	12.7	27.1	60.2	0.0	1.3	98.7
甘肃	0.0	0.0	100.0	0.0	0.0	100.0
新疆维吾尔自治区	12.8	27.3	59.9	0.0	1.3	98.7

备注：1. 本表据国家棉花市场监测系统调查涉及的 1 700 户植棉信息联系户情况统计。
2. 调查时间自 2023 年 8 月 15—30 日。

附表 6　2023 年 8 月棉花生长期虫害评价表

地区	主要虫害			虫害程度		
	棉铃虫（%）	蚜虫（%）	其他（%）	重度	蚜虫（%）	其他（%）
全国	19.8	22.5	57.6	0.0	3.6	96.4
黄河流域	25.1	44.4	30.5	0.0	0.0	100.0
山东	0.0	76.7	23.3	0.0	0.0	100.0
河南	0.0	30.0	70.0	0.0	0.0	100.0
河北	76.0	0.0	24.0	0.0	0.0	100.0
陕西	0.0	100.0	0.0	0.0	0.0	100.0
山西	0.0	100.0	0.0	0.0	0.0	100.0
天津	0.0	0.0	100.0	0.0	0.0	100.0
长江中下游	11.7	10.5	77.8	0.0	0.5	99.5
湖北	0.0	14.3	85.7	0.0	0.0	100.0
安徽	0.0	2.1	97.9	0.0	0.0	100.0
江苏	0.0	73.2	26.8	0.0	7.3	92.7
湖南	56.7	0.0	43.3	0.0	0.0	100.0

续表

江西	0.0	0.0	100.0	0.0	0.0	100.0
西北内陆	19.8	20.1	60.1	0.0	4.6	95.4
甘肃	0.0	0.0	100.0	0.0	0.0	100.0
新疆维吾尔自治区	19.9	20.2	59.9	0.0	4.6	95.4

备注：1. 本表据国家棉花市场监测系统调查涉及的 1 700 户植棉信息联系户情况统计。

2. 调查时间自 2022 年 8 月 15—30 日。

2023 年中国棉花产量调查报告

——2023 年全国新棉总产预计 565.7 万吨

国家棉花市场监测系统于 10 月底至 11 月初在全国范围内展开 2023 年棉花产量调查，样本涉及 14 个省（自治区）、46 个植棉县、1700 个定点植棉信息联系户。调查结果显示，2023 年中国棉花平均单产 136.6 千克 / 亩，同比下降 6.1%①；按监测系统调查实播面积 4140.2 万亩测算，预计全国总产量 565.7 万吨，同比下降 15.8%；其中新疆维吾尔自治区产量预计 524.9 万吨，同比下降 15.7%。具体情况如下：

2023 年新疆维吾尔自治区部分地区采摘期连续降雨对棉花裂铃吐絮和喷洒脱叶剂带来不利影响，棉桃单铃重偏轻，导致产量减幅高于前期预测。预计 2023 年新疆维吾尔自治区棉花平均单产 145.2 千克 / 亩，同比下降 8.3%，较 2023 年 8 月份预测下降 7.0%；预计产量 524.9 万吨，同比下降 15.7%，较 2023 年 8 月份预测下降 7.0%。

2023 年黄河流域采摘期天气情况总体利于棉花吐絮，单产较去年改善，但由于面积同比减少，产量总体有所下降。预计黄河流域棉花平均单产 80.3 千克 / 亩，同比上升 3.7%，较 2023 年 8 月份预测上升 1.7%；预计总产量 23.3 万吨，同比下降 21.7%，较 2023 年 8 月份预测上升 1.7%。

2023 年长江流域地区天气总体利于棉花生长，单产较去年明显提高。预计长江流域棉花平均单产 71.9 千克 / 亩，同比上升 20.6%，较 2023 年 8 月份预测上升 0.7%；预计总产量 14.1 万吨，同比下降 5.6%，较 2023 年 8 月份预测上升 0.7%。

① 本报告中 2022 年度棉花平均单产、产量同比变动幅度根据国家棉花市场监测系统 2022 年 11 月发布的《中国棉花产量调查报告》数据测算。

附表 7　2023 年中国棉花产量预测表

单位：万亩、千克／亩、万吨

地区	面积预测		单产预测		总产量预测	
	2023 年	同比（%）	2023 年	同比（%）	2023 年	同比（%）
全　国	4 140.2	–10.3	136.6	–6.1	565.7	–15.8
黄河流域	290.1	–24.5	80.3	3.7	23.3	–21.7
山东省	126.4	–22.0	83.0	6.4	10.5	–17.0
河南省	27.2	–35.1	64.7	6.4	1.8	–30.9
河北省	95.8	–29.9	84.3	0.7	8.1	–29.4
陕西省	12.6	–5.7	70.6	5.0	0.9	–1.0
山西省	11.0	–7.1	71.8	3.7	0.8	–3.6
天津市	17.1	–7.0	75.7	–1.0	1.3	–7.9
长江流域	196.4	–21.7	71.9	20.6	14.1	–5.6
湖北省	76.7	–23.0	70.3	8.9	5.4	–16.1
安徽省	38.2	–30.3	65.5	20.2	2.5	–16.2
江苏省	12.2	–18.9	69.0	8.1	0.8	–12.3
湖南省	40.5	–20.3	78.6	27.4	3.2	1.6
江西省	28.8	–6.2	76.4	62.0	2.2	52.0
西北内陆	3 639.0	–8.1	144.9	–8.3	527.4	–15.7
甘肃省	22.7	–20.7	109.1	–3.1	2.5	–23.2
新疆维吾尔自治区	3616.3	–8.0	145.2	–8.3	524.9	–15.7
其　他	14.7	–31.7	60.9	7.8	0.9	–26.4

备注：1. 数据来源：国家棉花市场监测系统。
　　2. 调查时间：2023 年 10 月底—11 月初。
　　3. 表中面积数据来自国家棉花市场监测系统的《2023 年中国棉花实播面积调查报告》。

统 计 资 料

第五部分

棉花生产

表 5-1 1978—2023 年中国棉花生产情况表

单位：千公顷、万吨、千克 / 公顷

年份	农作物总播种面积	棉花播种面积	棉花产量	单位面积产量
1978	150 104	4 866	217.0	455
1980	146 380	4 920	271.0	550
1985	143 626	5 140	415.0	807
1989	146 554	5 203	379.0	728
1990	148 362	5 588	451.0	807
1991	149 586	6 538	568.0	868
1992	149 007	6 835	451.0	660
1993	147 741	4 985	374.0	750
1994	148 241	5 528	434.0	785
1995	149 879	5 422	477.0	879
1996	152 381	4 722	420.0	890
1997	153 969	4 491	460.0	1 025
1998	155 706	4 459	450.0	1 009
1999	156 373	3 726	383.0	1 028
2000	156 300	4 041	442.0	1 093
2001	155 708	4 810	532.0	1 107
2002	154 636	4 184	492.0	1 175
2003	152 415	5 111	486.0	951
2004	153 553	5 693	632.0	1 111
2005	155 488	5 062	571.0	1 129
2006	157 021	5 409	674.0	1 247
2007	153 464	5 926	762.4	1 286
2008	156 266	5 754	749.2	1 302
2009	158 639	4 952	637.7	1 288
2010	160 675	4 849	596.1	1 229

续表

年份	农作物总播种面积	棉花播种面积	棉花产量	单位面积产量
2011	162 283	5 038	658.9	1 308
2012	163 416	4 688	683.6	1 458
2013	164 627	4 346	629.9	1 449
2014	165 446	4 222	617.8	1 463
2015	166 374	3 797	560.3	1 476
2016	166 650	3 345	529.9	1 584
2017	166 332	3 195	565.3	1 769
2018	165 902	3 354	610.3	1 819
2019	165 931	3 339	588.9	1 764
2020	167 487	3 169	591.0	1 865
2021	168 695	3 028	573	1 893
2022	169 991	3 000	598	1 993
2023	171 624	2 788	561.8	2015

数据来源：《中国统计年鉴 2024》。

表 5–2　2023/2024 年度分省棉花生产情况表

单位：千公顷、万吨、千克 / 公顷

省份	农作物总播种面积	棉花播种面积	棉花产量	单位面积产量
全国	171 624	2 788	561.8	2 015
北京	159.0	0.0	0.0	1 071
天津	453.1	1.1	0.1	1 283
河北	8 098.2	86.0	10.4	1 208
山西	3 641.7	0.1	0.0	1 332
辽宁	4 361.4	—	—	—
江苏	7 590.0	3.5	0.5	1 455
浙江	2 041.4	2.4	0.3	1 389
安徽	9 044.0	22.7	2.0	894

续表

省份	农作物总播种面积	棉花播种面积	棉花产量	单位面积产量
江西	5 797.0	19.4	2.2	1 135
山东	11 002.7	96.5	12.6	1 304
河南	14 747.1	6.1	0.7	1 219
湖北	8 309.2	103.3	9.6	930
湖南	8 715.0	55.9	7.6	1 360
广西	6 352.4	0.8	0.1	1 017
四川	10 264.4	0.2	0.0	913
贵州	5 344.3	0.3	0.0	955
陕西	4 239.9	0.1	0.0	1 617
甘肃	4 139.6	20.4	4.2	2 080
新疆维吾尔自治区	6 839.8	2 369.3	511.2	2 158

数据来源：《中国统计年鉴 2024》。

表 5–3　2023/2024 年度山东省棉花生产情况表

单位：公顷、吨、千克 / 公顷

地区	棉花播种面积	棉花产量	单位面积产量
全省	96 475	125 790	1 304
济南市	3 004	3 587	1 194
青岛市	6	8	1 347
淄博市	709	927	1 307
枣庄市	816	1 027	1 259
东营市	11 824	12 973	1 097
烟台市	3	4	1 119
潍坊市	1 751	2 082	1 189
济宁市	19 352	25 507	1 318
泰安市	2 195	2 809	1 280
日照市	112	133	1 189

续表

临沂市	1 060	1 344	1 267
德州市	9 516	13 289	1 396
聊城市	2 664	3 319	1 246
滨州市	12 171	14 490	1 191
菏泽市	31 292	44 292	1 415

数据来源：《山东统计年鉴 2024》。

表 5–4　2023/2024 年度河南省棉花生产情况表

单位：千公顷、万吨、千克 / 公顷

地区	棉花播种面积	棉花产量	单位面积产量
全省	6.12	0.75	—
郑州市	0.23	0.03	—
开封市	1.99	0.27	—
洛阳市	0.70	0.10	—
平顶山市	0.21	0.02	—
安阳市	0.78	0.08	—
鹤壁市	0.10	0.01	—
新乡市	0.30	0.04	—
焦作市	0.04	0.01	—
濮阳市	0.21	0.03	—
许昌市	0.29	0.02	—
漯河市	0.01	0.00	—
三门峡市	0.02	0.00	—
南阳市	0.16	0.02	—
商丘市	0.32	0.04	—
信阳市	0.44	0.04	—
周口市	0.27	0.05	—
驻马店市	0.02	0.00	—
济源示范区	0.03	0.00	—

数据来源：1.《河南统计年鉴 2024》。

2. 带 * 的数据由国家棉花市场监测系统测算而得。

表 5–5　2023/2024 年度河北省棉花生产情况表

单位：千公顷、万吨、千克 / 公顷

地区	棉花播种面积	棉花产量	单位面积产量
全省	86.0	10.4	1 208
石家庄市	0.2	0.02	966
秦皇岛市	—	—	—
唐山市	7.5	0.91	1 204
廊坊市	0.2	0.01	756
保定市	—	—	—
沧州市	6.0	0.69	1 147
衡水市	16.9	1.97	1 168
邢台市	28.7	3.36	1 171
邯郸市	26.6	3.44	1 292
辛集市	—	—	—

数据来源：《河北统计年鉴 2024》。

表 5–6　2023/2024 年度天津市棉花生产情况表

单位：千公顷、万吨、千克 / 公顷

地区	棉花播种面积	棉花产量	单位面积产量
全市	0.11	0.15	—
塘沽区	—	—	—
汉沽区	—	—	—
大港区	—	—	—
东丽区	—	—	—
西青区	—	—	—
津南区	—	—	—
北辰区	—	—	—
武清区	—	—	—
宝坻区	—	—	—
宁河区	—	—	—
静海区	—	—	—
蓟州区	—	—	—

数据来源：《天津统计年鉴 2024》。

表 5–7　2023/2024 年度陕西省棉花生产情况表

单位：千公顷、万吨、千克 / 公顷

地区	棉花播种面积	棉花产量	单位面积产量
全省	0.10	0.02	1 617
西安市	0.03	0.0044	1 557
渭南市	—	—	—
延安市	—	—	—
汉中市	—	—	—
安康市	0.07	0.0105	1 607
榆林市	0.01	0.0011	2 063

数据来源：《陕西统计年鉴 2024》。

表 5–8　2023/2024 年度江苏省棉花生产情况表

单位：千公顷、万吨、千克 / 公顷

地区	棉花播种面积	棉花产量	单位面积产量
全省	3.46	0.5028	1 455
南京市	—	0.02	—
徐州市	—	0.42	—
常州市	—	—	—
苏州市	—	—	—
南通市	—	0.04	—
连云港市	—	—	—
淮安市	—	—	—
盐城市	—	0.01	—
扬州市	—	—	—
镇江市	—	—	—
泰州市	—	—	—
宿迁市	—	—	—

数据来源：《江苏统计年鉴 2024》。

表 5–9　2023/2024 年度安徽省棉花生产情况表

单位：公顷、吨、千克 / 公顷

地区	棉花播种面积	棉花产量	单位面积产量
全省	22 658	20 265	894
合肥市	1 608	1 165	725
淮北市	2	2	837
亳州市	65	56	861
宿州市	19	14	730
蚌埠市	0.3	0.4	1 163
阜阳市	128	96	749
淮南市	—	—	—
滁州市	35	29	825
六安市	694	615	886
马鞍山市	197	174	883
芜湖市	2 752	2 673	971
宣城市	0.2	0.2	792
铜陵市	1 728	1 508	873
池州市	823	697	847
安庆市	14 564	13 206	907
黄山市	43	30	699

数据来源：《安徽统计年鉴 2024》。

表 5–10　2023/2024 年度湖北省棉花生产情况表

单位：千公顷、万吨、千克 / 公顷

地区	棉花播种面积	棉花产量	单位面积产量
全省	103.29	9.6	—
武汉市	—	0.31	—
黄石市	—	0.30	—
十堰市	—	—	—
宜昌市	—	0.14	—
襄阳市	—	0.85	—
鄂州市	—	0.30	—
荆门市	—	0.32	—

续表

孝感市	—	0.69	—
荆州市	—	2.33	—
黄冈市	—	2.24	—
咸宁市	—	0.24	—
随州市	—	0.30	—
仙桃市	—	0.90	—
潜江市	—	0.14	—
天门市	—	0.56	—

注：1. 数据来源《湖北统计年鉴 2024》。
2. 带 * 的数据由国家棉花市场监测系统测算而得。

表 5–11　2023/2024 年度湖南省棉花生产情况表

单位：千公顷、万吨、千克 / 公顷

地区	棉花播种面积	棉花产量	单位面积产量
全省	55.9	7.6	1 360
长沙市	—	—	—
株洲市	—	—	—
湘潭市	—	—	—
衡阳市	—	—	—
邵阳市	—	—	—
岳阳市	—	—	—
常德市	—	—	—
张家界市	—	—	—
益阳市	—	—	—
郴州市	—	—	—
永州市	—	—	—
怀化市	—	—	—
娄底市	—	—	—
湘西州	—	—	—

注：数据来源为《湖南统计年鉴 2024》。

表 5–12　2023/2024 年度山西省棉花生产情况表

单位：千公顷、万吨、千克 / 公顷

地区	棉花播种面积	棉花产量	单位面积产量
全省	0.10	0.13	1 332

数据来源：《山西统计年鉴 2024》。

表 5–13　2023/2024 年度江西省棉花生产情况表

单位：公顷、吨、千克 / 公顷

地区	棉花播种面积	棉花产量	单位面积产量
全省	19 382	21 991	1 135
南昌市	—	—	—
景德镇市	552	878	1 589
九江市	17 064	18 489	1 084
新余市	338	587	1 735
赣州市	—	—	—
吉安市	64	87	1 358
宜春市	1 075	1 610	1 497
抚州市	98	136	1 392
上饶市	190	203	1 068

数据来源：《江西统计年鉴 2023》。

表 5–14　2023/2024 年度甘肃省棉花生产情况表

单位：千公顷、万吨、千克 / 公顷

地区	棉花播种面积	棉花产量	单位面积产量
全省	20.41	4.25	—
白银市	4.92	1	—

续表

武威市	—	—	—
酒泉市	15.49	3.24	—
金昌市	—	—	—

数据来源：《甘肃统计年鉴2024》。

棉花购销

表5–15　2023/2024年度中国棉花收购、加工与销售进度统计表

日期	收购进度（%）	加工进度（%）	销售进度（%）
2023年9月	12.4	0.0	0.0
2023年10月	55.2	43.7	1.0
2023年11月	97.0	67.6	6.7
2023年12月	98.8	91.6	16.2
2024年1月	99.5	99.0	32.8
2024年2月	99.7	99.6	41.3
2024年3月	99.9	99.7	52.3
2024年4月	100.0	99.8	67.5
2024年5月	100.0	99.9	78.3
2024年6月	100.0	100.0	83.5
2024年7月	100.0	100.0	87.5
2024年8月	100.0	100.0	92.8

数据来源：国家棉花市场监测系统。
备注：收购进度＝已交售籽棉量/已采摘籽棉量；加工进度＝已加工皮棉量/籽棉收购折皮棉量；销售进度＝已销售皮棉量/籽棉收购量折皮棉量

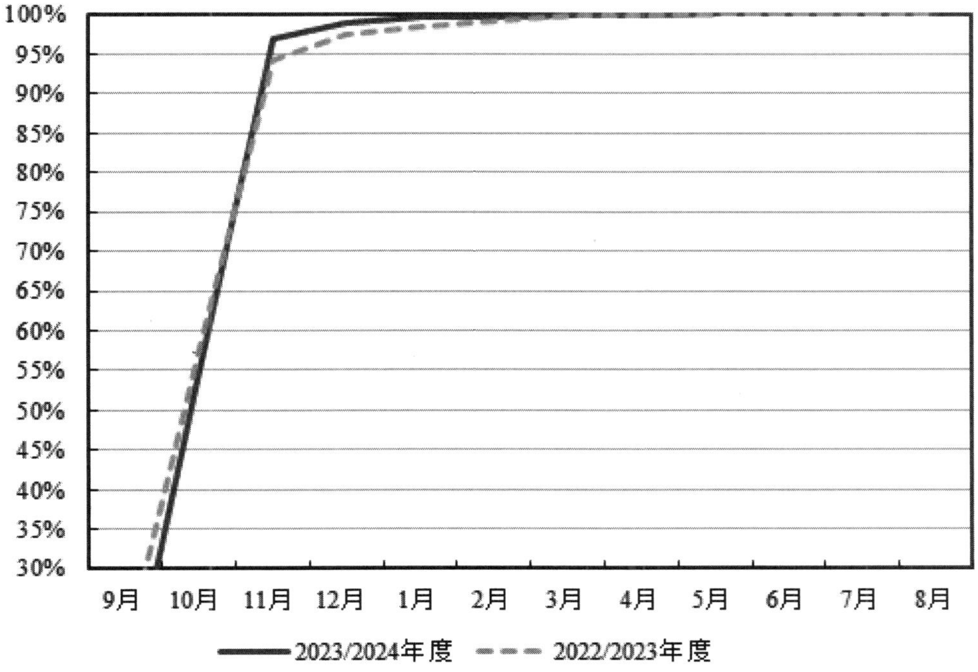

图 5–1　2023/2024 年度中国棉花收购进度与上年对比

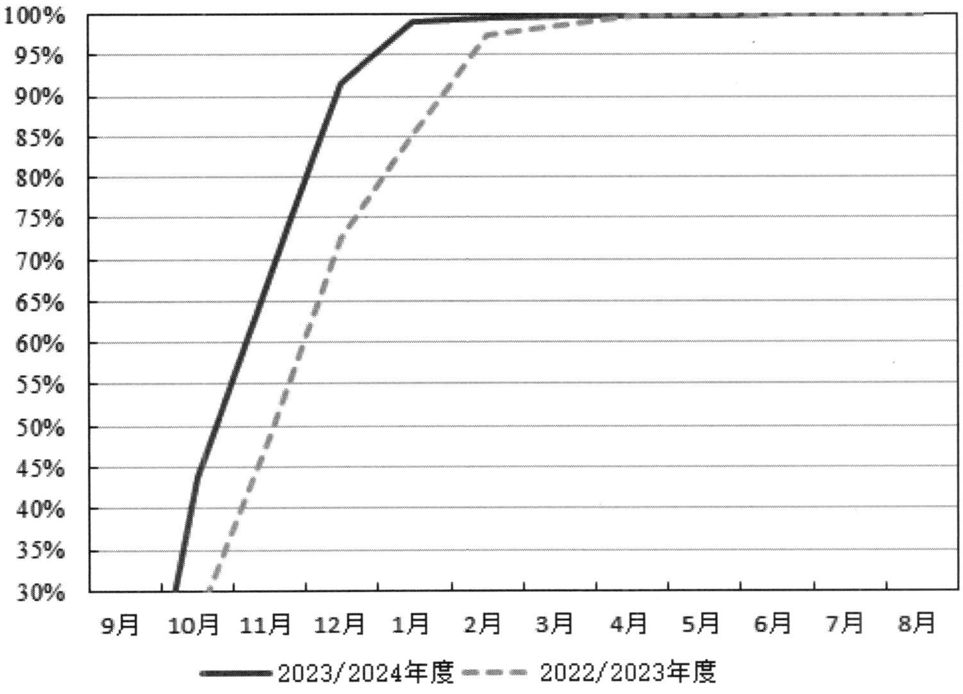

图 5–2　2023/2024 年度中国棉花加工进度与上年对比

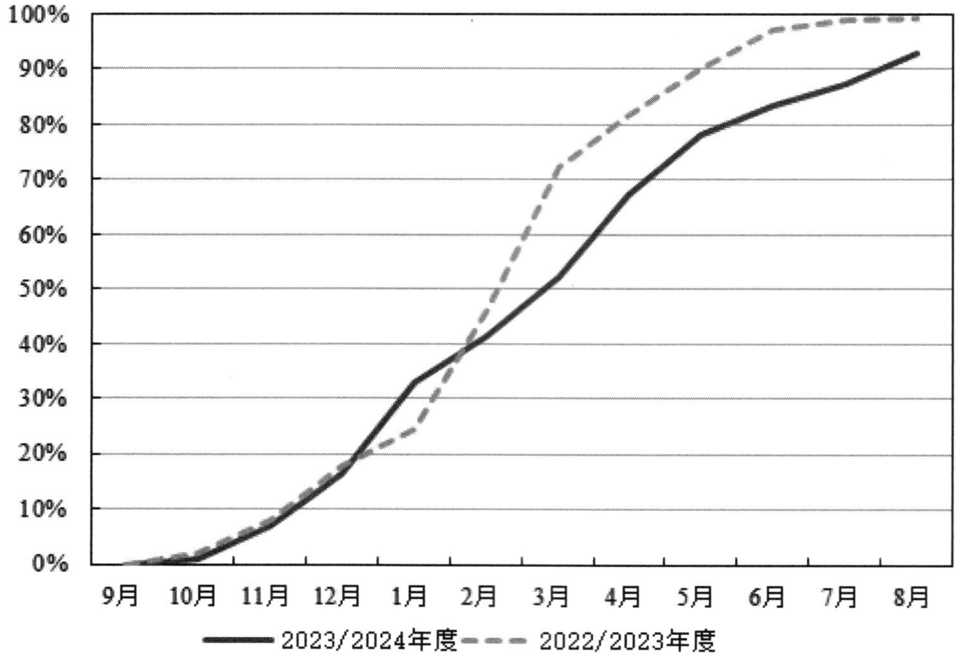

图 5–3　2023/2024 年度中国棉花销售进度与上年对比

棉花价格

表 5–16　2023/2024 年度国家棉花价格指数月平均价格表

单位：元 / 吨

日期	国家棉花价格 A 指数	国家棉花价格 B 指数
2023 年 9 月	18 299	18 092
2023 年 10 月	17 940	17 722
2023 年 11 月	16 996	16 751
2023 年 12 月	16 527	16 260
2024 年 1 月	16 834	16 554
2024 年 2 月	17 240	16 955
2024 年 3 月	17 314	17 070

续表

日期	国家棉花价格 A 指数	国家棉花价格 B 指数
2024 年 4 月	17 226	16 951
2024 年 5 月	16 673	16 391
2024 年 6 月	16 283	15 991
2024 年 7 月	15 946	15 634
2024 年 8 月	15 298	14 943

数据来源：国家棉花市场监测系统。

图 5–4　2023/2024 年度国家棉花价格走势

国家棉花价格指数简介

国家棉花价格指数（即 CNCotton A、CNCotton B）简称为国棉指数，是国家棉花市场监测系统通过分布在内地主产销区的 165 个棉花和纺织监测站，对当地皮棉成交价格进行跟踪监测，经审核后加权汇总得出国家棉花价格指数。CNCotton A 指数代表内地 2129 级皮棉成交均价，CNCotton B 指数代表内地 3128 级皮棉成交均价。国家相关部门在棉花市场宏观调控和目标价格改革政策实施过程中，均将国家棉花价格指数纳入政策参考指标。

国家棉花价格指数强调区域概念，并假设同等级棉花在同一个地区的工厂接受价与轧花厂仓库交货价水平基本一致，与当日发布的《国内主要地区棉花现货价格行情》配合使用，可比较全面地反映当日国内主要地区棉花平均成交价格水平。国家棉花价格指数于每个工作日下午 5 点左右发布及时反映行情变化。

表 5–17　2023/2024 年度国家棉花价格指数及中国棉花收购价格指数日价格表

单位：元 / 吨

日　期	国家棉花价格 A 指数	国家棉花价格 B 指数	中国棉花收购价格指数
2023 年 09 月 01 日	18 417	18 206	—
2023 年 09 月 04 日	18 437	18 231	16 151
2023 年 09 月 05 日	18 392	18 189	16 103
2023 年 09 月 06 日	18 408	18 203	16 114
2023 年 09 月 07 日	18 386	18 182	16 139
2023 年 09 月 08 日	18 312	18 102	16 002
2023 年 09 月 11 日	18 263	18 051	16 191
2023 年 09 月 12 日	18 298	18 087	16 041
2023 年 09 月 13 日	18 283	18 072	16 958
2023 年 09 月 14 日	18 257	18 050	17 227
2023 年 09 月 15 日	18 251	18 045	17 354
2023 年 09 月 18 日	18 247	18 042	17 208
2023 年 09 月 19 日	18 274	18 064	17 290
2023 年 09 月 20 日	18 255	18 050	17 261
2023 年 09 月 21 日	18 253	18 045	17 224
2023 年 09 月 22 日	18 246	18 040	17 260
2023 年 09 月 25 日	18 242	18 037	17 333
2023 年 09 月 26 日	18 249	18 045	17 556
2023 年 09 月 27 日	18 259	18 054	17 657

续表

日　　期	国家棉花价格 A 指数	国家棉花价格 B 指数	中国棉花收购价格指数
2023 年 09 月 28 日	18 259	18 054	17 098
2023 年 10 月 07 日	18 298	18 100	15 671
2023 年 10 月 08 日	18 298	18 100	15 811
2023 年 10 月 09 日	18 395	18 196	15 912
2023 年 10 月 10 日	18 370	18 173	15 944
2023 年 10 月 11 日	18 301	18 101	15 992
2023 年 10 月 12 日	18 249	18 045	15 930
2023 年 10 月 13 日	18 210	18 004	15 877
2023 年 10 月 16 日	18 214	18 009	16 008
2023 年 10 月 17 日	18 140	17 934	16 015
2023 年 10 月 18 日	18 089	17 882	15 713
2023 年 10 月 19 日	17 991	17 785	15 676
2023 年 10 月 20 日	17 899	17 688	15 680
2023 年 10 月 23 日	17 663	17 434	15 020
2023 年 10 月 24 日	17 390	17 164	14 974
2023 年 10 月 25 日	17 451	17 203	14 948
2023 年 10 月 26 日	17 510	17 263	15 031
2023 年 10 月 27 日	17 487	17 239	15 193
2023 年 10 月 30 日	17 493	17 246	15 598
2023 年 10 月 31 日	17 409	17 160	15 320
2023 年 11 月 01 日	17 296	17 046	15 055
2023 年 11 月 02 日	17 193	16 949	14 917
2023 年 11 月 03 日	17 205	16 961	14 966
2023 年 11 月 06 日	17 218	16 972	14 956
2023 年 11 月 07 日	17 211	16 965	15 085
2023 年 11 月 08 日	17 216	16 974	15 005
2023 年 11 月 09 日	17 194	16 956	14 868
2023 年 11 月 10 日	17 158	16 916	14 908

续表

日　　期	国家棉花价格 A 指数	国家棉花价格 B 指数	中国棉花收购价格指数
2023 年 11 月 13 日	17 127	16 887	14 811
2023 年 11 月 14 日	17 033	16 790	14 821
2023 年 11 月 15 日	17 067	16 820	14 813
2023 年 11 月 16 日	17 106	16 858	14 782
2023 年 11 月 17 日	17 058	16 816	14 714
2023 年 11 月 20 日	17 037	16 797	14 783
2023 年 11 月 21 日	16 942	16 700	14 613
2023 年 11 月 22 日	16 845	16 601	14 590
2023 年 11 月 23 日	16 803	16 555	14 389
2023 年 11 月 24 日	16 769	16 518	14 236
2023 年 11 月 27 日	16 688	16 438	14 228
2023 年 11 月 28 日	16 645	16 396	14 135
2023 年 11 月 29 日	16 547	16 301	13 918
2023 年 11 月 30 日	16 564	16 315	14 157
2023 年 12 月 01 日	16 578	16 327	14 135
2023 年 12 月 04 日	16 589	16 337	14 260
2023 年 12 月 05 日	16 489	16 238	14 210
2023 年 12 月 06 日	16 498	16 249	14 319
2023 年 12 月 07 日	16 561	16 306	13 782
2023 年 12 月 08 日	16 563	16 309	14 184
2023 年 12 月 11 日	16 572	16 313	14 342
2023 年 12 月 12 日	16 618	16 354	14 316
2023 年 12 月 13 日	16 549	16 283	14 233
2023 年 12 月 14 日	16 503	16 233	13 866
2023 年 12 月 15 日	16 528	16 252	13812
2023 年 12 月 18 日	16 504	16 220	14 094
2023 年 12 月 19 日	16 439	16 159	15 396
2023 年 12 月 20 日	16 429	16 151	15 420

续表

日　　期	国家棉花价格 A 指数	国家棉花价格 B 指数	中国棉花收购价格指数
2023 年 12 月 21 日	16 437	16 163	15 406
2023 年 12 月 22 日	16 455	16 180	15 406
2023 年 12 月 25 日	16 478	16 200	15 429
2023 年 12 月 26 日	16 530	16 258	15 387
2023 年 12 月 27 日	16 551	16 278	15 429
2023 年 12 月 28 日	16 577	16 302	15 393
2023 年 12 月 29 日	16 625	16 349	15 387
2024 年 01 月 02 日	16 639	16 363	15 377
2024 年 01 月 03 日	16 682	16 399	15 274
2024 年 01 月 04 日	16 730	16 453	15 284
2024 年 01 月 05 日	16 751	16 476	15 228
2024 年 01 月 08 日	16 724	16 447	15 254
2024 年 01 月 09 日	16 708	16 432	15 166
2024 年 01 月 10 日	16 681	16 401	15 230
2024 年 01 月 11 日	16 732	16 449	15 305
2024 年 01 月 12 日	16 711	16 429	15 403
2024 年 01 月 15 日	16 705	16 421	15 294
2024 年 01 月 16 日	16 720	16 434	15 404
2024 年 01 月 17 日	16 737	16 455	15 377
2024 年 01 月 18 日	16 752	16 474	15 333
2024 年 01 月 19 日	16 899	16 621	15 348
2024 年 01 月 22 日	16 923	16 647	15 391
2024 年 01 月 23 日	16 970	16 696	15 409
2024 年 01 月 24 日	16 956	16 681	15 459
2024 年 01 月 25 日	16 994	16 713	15 406
2024 年 01 月 26 日	17 024	16 744	15 400
2024 年 01 月 29 日	17 058	16 777	15 450
2024 年 01 月 30 日	17 098	16 815	15 394

续表

日　　期	国家棉花价格 A 指数	国家棉花价格 B 指数	中国棉花收购价格指数
2024 年 01 月 31 日	17 14 5	16 856	15 448
2024 年 02 月 01 日	17 135	16 845	15 393
2024 年 02 月 02 日	17 127	16 833	15 341
2024 年 02 月 04 日	17 127	16 833	15 318
2024 年 02 月 05 日	17 138	16 848	15 318
2024 年 02 月 06 日	17 160	16 868	15 383
2024 年 02 月 07 日	17 166	16 874	15 326
2024 年 02 月 08 日	17 176	16 885	15 350
2024 年 02 月 09 日	17 176	16 885	15 322
2024 年 02 月 18 日	17 176	16 885	15 434
2024 年 02 月 19 日	17 277	16 993	15 541
2024 年 02 月 20 日	17 274	16 990	15 563
2024 年 02 月 21 日	17 267	16 984	15 596
2024 年 02 月 22 日	17 288	17 003	15 562
2024 年 02 月 23 日	17 310	17 030	15 560
2024 年 02 月 26 日	17 303	17 025	15 617
2024 年 02 月 27 日	17 339	17 068	15 397
2024 年 02 月 28 日	17 447	17 175	15 563
2024 年 02 月 29 日	17 428	17 159	15 528
2024 年 03 月 01 日	17 400	17 137	15 533
2024 年 03 月 04 日	17 385	17 125	15 538
2024 年 03 月 05 日	17 370	17 119	15 506
2024 年 03 月 06 日	17 394	17 14 6	15 491
2024 年 03 月 07 日	17 396	17 154	15 465
2024 年 03 月 08 日	17 428	17 176	15 472
2024 年 03 月 11 日	17 413	17 164	15 456
2024 年 03 月 12 日	17 358	17 116	15 405
2024 年 03 月 13 日	17 345	17 103	15 313

续表

日　　期	国家棉花价格 A 指数	国家棉花价格 B 指数	中国棉花收购价格指数
2024 年 03 月 14 日	17 300	17 055	15 236
2024 年 03 月 15 日	17 312	17 070	15 230
2024 年 03 月 18 日	17 320	17 080	15 237
2024 年 03 月 19 日	17 303	17 060	15 303
2024 年 03 月 20 日	17 287	17 045	15 252
2024 年 03 月 21 日	17 300	17 061	15 233
2024 年 03 月 22 日	17 280	17 042	15 141
2024 年 03 月 25 日	17 246	17 006	15 233
2024 年 03 月 26 日	17 205	16 970	15 293
2024 年 03 月 27 日	17 195	16 961	15 329
2024 年 03 月 28 日	17 161	16 925	15 218
2024 年 03 月 29 日	17 195	16 957	15 258
2024 年 04 月 01 日	17 259	17 024	15 291
2024 年 04 月 02 日	17 344	17 077	15 295
2024 年 04 月 03 日	17 407	17 125	15 342
2024 年 04 月 07 日	17 407	17 125	15 285
2024 年 04 月 08 日	17 389	17 105	15 362
2024 年 04 月 09 日	17 395	17 112	15 413
2024 年 04 月 10 日	17 439	17 155	15 506
2024 年 04 月 15 日	17 389	17 111	15 568
2024 年 04 月 16 日	17 386	17 109	15 568
2024 年 04 月 17 日	17 330	17 054	15 480
2024 年 04 月 18 日	17 280	17 004	15 455
2024 年 04 月 19 日	17 224	16 947	15 367
2024 年 04 月 22 日	17 124	16 850	15 341
2024 年 04 月 23 日	17 118	16 845	15 357
2024 年 04 月 24 日	17 100	16 831	15 429
2024 年 04 月 25 日	17 049	16 780	15 429

续表

日　　期	国家棉花价格 A 指数	国家棉花价格 B 指数	中国棉花收购价格指数
2024 年 04 月 26 日	16 985	16 707	15 379
2024 年 04 月 28 日	16 975	16 695	15 403
2024 年 04 月 29 日	16 981	16 702	15 379
2024 年 04 月 30 日	16 945	16 664	15 379
2024 年 05 月 06 日	16 922	16 638	—
2024 年 05 月 07 日	16 889	16 602	—
2024 年 05 月 08 日	16 896	16 608	—
2024 年 05 月 09 日	16 846	16 559	—
2024 年 05 月 10 日	16 767	16 479	—
2024 年 05 月 11 日	16 667	16 383	—
2024 年 05 月 13 日	16 575	16 295	—
2024 年 05 月 14 日	16 543	16 265	—
2024 年 05 月 15 日	16 441	16 163	—
2024 年 05 月 16 日	16 433	16 156	—
2024 年 05 月 17 日	16 486	16 211	—
2024 年 05 月 20 日	16 541	16 267	—
2024 年 05 月 21 日	16 594	16 319	—
2024 年 05 月 22 日	16 619	16 343	—
2024 年 05 月 23 日	16 671	16 393	—
2024 年 05 月 24 日	16 729	16 446	—
2024 年 05 月 27 日	16 708	16 423	—
2024 年 05 月 28 日	16 718	16 433	—
2024 年 05 月 29 日	16 736	16 451	—
2024 年 05 月 30 日	16 726	16 440	—
2024 年 05 月 31 日	16 632	16 348	—
2024 年 06 月 03 日	16 530	16 249	—
2024 年 06 月 04 日	16 489	16 202	—
2024 年 06 月 05 日	16 483	16 194	—

续表

日　期	国家棉花价格 A 指数	国家棉花价格 B 指数	中国棉花收购价格指数
2024 年 06 月 06 日	16 527	16 241	—
2024 年 06 月 07 日	16 538	16 250	—
2024 年 06 月 11 日	16 497	16 208	—
2024 年 06 月 12 日	16 502	16 215	—
2024 年 06 月 13 日	16 406	16 115	—
2024 年 06 月 14 日	16 383	16 094	—
2024 年 06 月 17 日	16 301	16 014	—
2024 年 06 月 18 日	16 230	15 941	—
2024 年 06 月 19 日	16 099	15 806	—
2024 年 06 月 20 日	16 108	15 813	—
2024 年 06 月 21 日	16 014	15 717	—
2024 年 06 月 24 日	16 022	15 724	—
2024 年 06 月 25 日	16 016	15 718	—
2024 年 06 月 26 日	16 069	15 770	—
2024 年 06 月 27 日	16 063	15 765	—
2024 年 06 月 28 日	16 092	15 794	—
2024 年 07 月 01 日	16 075	15 771	—
2024 年 07 月 02 日	16 104	15 795	—
2024 年 07 月 03 日	16 098	15 791	—
2024 年 07 月 04 日	16 056	15 749	—
2024 年 07 月 05 日	16 054	15 747	—
2024 年 07 月 08 日	16 022	15 717	—
2024 年 07 月 09 日	15 991	15 684	—
2024 年 07 月 10 日	15 942	15 636	—
2024 年 07 月 11 日	15 950	15 642	—
2024 年 07 月 12 日	15 956	15 650	—
2024 年 07 月 15 日	15 971	15 660	—
2024 年 07 月 16 日	15 987	15 675	—

续表

日　期	国家棉花价格 A 指数	国家棉花价格 B 指数	中国棉花收购价格指数
2024 年 07 月 17 日	15 981	15 669	—
2024 年 07 月 18 日	15 991	15 676	—
2024 年 07 月 19 日	16 002	15 689	—
2024 年 07 月 22 日	15 993	15 680	—
2024 年 07 月 23 日	15 984	15 667	—
2024 年 07 月 24 日	15 880	15 568	—
2024 年 07 月 25 日	15 788	15 469	—
2024 年 07 月 26 日	15 742	15 421	—
2024 年 07 月 29 日	15 751	15 431	—
2024 年 07 月 30 日	15 723	15 400	—
2024 年 07 月 31 日	15 716	15 392	—
2024 年 08 月 01 日	15 728	15 401	—
2024 年 08 月 02 日	15 722	15 391	—
2024 年 08 月 05 日	15 675	15 343	—
2024 年 08 月 06 日	15 573	15 242	—
2024 年 08 月 07 日	15 375	15 041	—
2024 年 08 月 08 日	15 294	14 941	—
2024 年 08 月 09 日	15 155	14 801	—
2024 年 08 月 12 日	15 164	14 807	—
2024 年 08 月 13 日	15 159	14 801	—
2024 年 08 月 14 日	15 137	14 780	—
2024 年 08 月 15 日	15 133	14 774	—
2024 年 08 月 16 日	15 122	14 760	—
2024 年 08 月 19 日	15 118	14 754	—
2024 年 08 月 20 日	15 143	14 781	—
2024 年 08 月 21 日	15 166	14 802	—
2024 年 08 月 22 日	15 188	14 826	—
2024 年 08 月 23 日	15 211	14 844	—

续表

日　　期	国家棉花价格 A 指数	国家棉花价格 B 指数	中国棉花收购价格指数
2024 年 08 月 26 日	15 259	14 893	—
2024 年 08 月 27 日	15 285	14 923	—
2024 年 08 月 28 日	15 309	14 945	—
2024 年 08 月 29 日	15 315	14 950	—
2024 年 08 月 30 日	15 317	14 953	—

表 5–18　2023/2024 年度国内各等级棉花分月价格表

单位：元 / 吨

日期	1129B 级	2129B 级	3128B 级	4129B 级	2227B 级
2023 年 9 月	18 509	18 299	18 092	17 645	16 725
2023 年 10 月	18 154	17 940	17 722	17 317	16 411

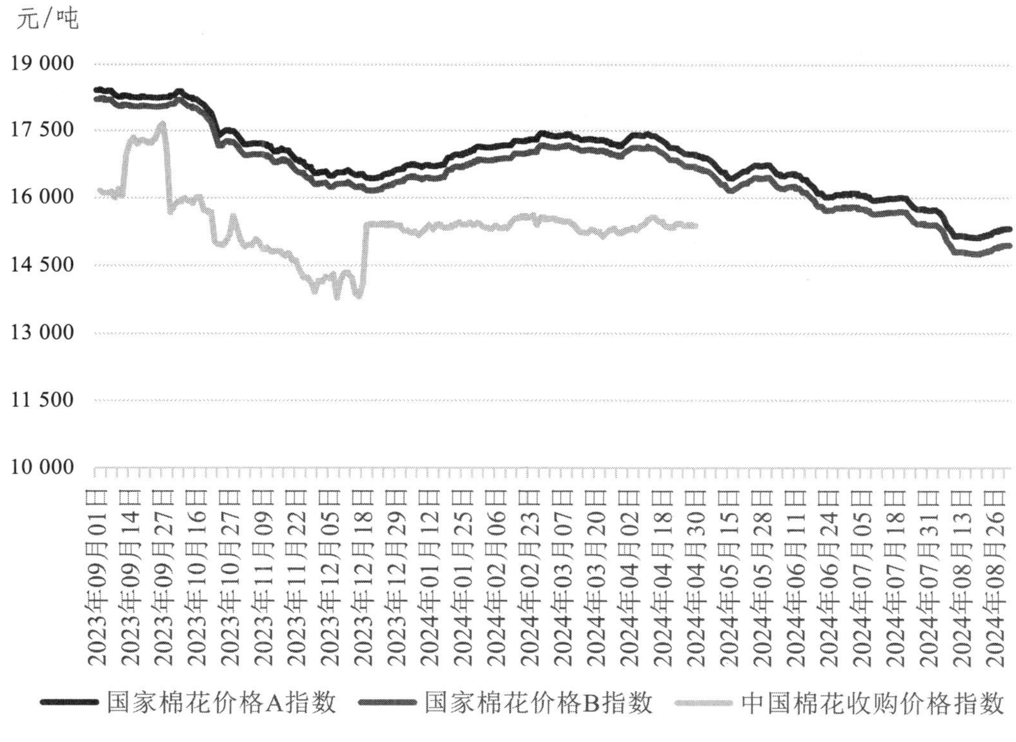

图 5–5　2023/2024 年度国家棉花价格指数及中国棉花收购价格指数走势

续表

日期	1129B 级	2129B 级	3128B 级	4129B 级	2227B 级
2023 年 11 月	17 213	16 996	16 751	16 356	15 490
2023 年 12 月	16 727	16 527	16 260	15 903	14 986
2024 年 1 月	17 039	16 834	16 554	16 189	15 213
2024 年 2 月	17 453	17 240	16 955	16 563	15 540
2024 年 3 月	17 548	17 314	17 070	16 621	15 594
2024 年 4 月	17 514	17 243	16 967	16 506	15 520
2024 年 5 月	16 947	16 673	16 391	15 956	14 952
2024 年 6 月	16 536	16 283	15 991	15 550	14 575
2024 年 7 月	16 218	15 946	15 634	15 198	14 245
2024 年 8 月	15 610	15 298	14 943	14 508	13 546

数据来源：国家棉花市场监测系统。

表 5–19　2023/2024 年度中国主要地区棉花价格表

单位：元 / 吨

日期	冀鲁豫地区				
	1129B 级	2129B 级	3128B 级	4128B 级	2227B 级
2023 年 9 月	18 533	18 325	18 153	17 698	16 773
2023 年 10 月	18 186	17 973	17 775	17 380	16 454
2023 年 11 月	17 241	17 032	16 790	16 406	15 537
2023 年 12 月	16 753	16 553	16 301	15 957	15 028
2024 年 1 月	17 070	16 867	16 602	16 237	15 227
2024 年 2 月	17 492	17 286	17 008	16 628	15 572
2024 年 3 月	17 587	17 365	17 130	16 689	15 611
2024 年 4 月	17 559	17 289	17 021	16 566	15 549
2024 年 5 月	16 976	16 710	16 438	16 015	14 977
2024 年 6 月	16 572	16 331	16 044	15 618	14 594
2024 年 7 月	16 249	15 990	15 688	15 254	14 261
2024 年 8 月	15 638	15 339	14 992	14 559	13 557

续表

日期	长江中下游地区				
	1129B 级	2129B 级	3128B 级	4129B 级	2227B 级
2023 年 9 月	18 470	18 259	18 008	17 589	16 667
2023 年 10 月	18 113	17 901	17 659	17 247	16 361
2023 年 11 月	17 167	16 943	16 697	16 287	15 415
2023 年 12 月	16 694	16 502	16 208	15 834	14 925
2024 年 1 月	17 007	16 800	16 493	16 127	15 193
2024 年 2 月	17 415	17 190	16 890	16 470	15 486
2024 年 3 月	17 503	17 246	16 999	16 522	15 563
2024 年 4 月	17 454	17 178	16 901	16 414	15 475
2024 年 5 月	16 904	16 613	16 333	15 870	14 921
2024 年 6 月	16 487	16 210	15 920	15 454	14 557
2024 年 7 月	16 180	15 885	15 562	15 126	14 223
2024 年 8 月	15 576	15 242	14 880	14 447	13 533

日期	东南沿海地区				
	1129B 级	2129B 级	3128B 级	4129B 级	2227B 级
2023 年 9 月	18 625	18 388	18 187	17 607	16 724
2023 年 10 月	18 191	17 968	17 779	17 272	16 396
2023 年 11 月	17 256	17 045	16 843	16 384	15 497
2023 年 12 月	16 737	16 522	16 314	15 884	14 972
2024 年 1 月	17 034	16 809	16 601	16 157	15 223
2024 年 2 月	17 457	17 239	17 029	16 557	15 572
2024 年 3 月	17 586	17 386	17 139	16 663	15 644
2024 年 4 月	17 572	17 309	17 083	16 600	15 584
2024 年 5 月	17 015	16 738	16 513	16 012	15 012
2024 年 6 月	16 572	16 297	16 072	15 562	14 599
2024 年 7 月	16 205	15 917	15 686	15 115	14 288
2024 年 8 月	15 593	15 281	14 993	14 393	13 602

续表

日期	北方地区				
	1129B 级	2129B 级	3128B 级	4129B 级	2227B 级
2023 年 9 月	16 248	16 019	15 648	14 898	14 298
2023 年 10 月	16 220	16 000	15 609	14 848	14 078
2023 年 11 月	15 752	15 502	15 198	14 448	13 548
2023 年 12 月	15 470	15 259	14 959	14 286	13 348
2024 年 1 月	15 725	15 525	15 225	14 575	13 625
2024 年 2 月	16 123	15 923	15 623	14 980	14 030
2024 年 3 月	15 813	15 575	15 299	14 720	13 795
2024 年 4 月	15 910	15 660	15 433	14 878	13 910
2024 年 5 月	16 490	16 240	16 040	15 490	14 538
2024 年 6 月	17 448	17 231	16 967	16 462	15 545
2024 年 7 月	18 024	17 824	17 524	17 112	16 145
2024 年 8 月	18 488	18 288	18 000	17 673	16 642

日期	西北内陆地区				
	1129B 级	2129B 级	3128B 级	4129B 级	2227B 级
2023 年 9 月	18 397	18 197	17 883	17 426	16 557
2023 年 10 月	18 041	17 794	17 508	17 099	16 275
2023 年 11 月	17 164	16 891	16 614	16 227	15 427
2023 年 12 月	16 650	16 431	16 131	15 792	14 951
2024 年 1 月	16 933	16 729	16 419	16 091	15 188
2024 年 2 月	17 303	17 083	16 783	16 447	15 483
2024 年 3 月	17 407	17 157	16 866	16 485	15 563
2024 年 4 月	17 365	17 135	16 770	16 393	15 468
2024 年 5 月	16 854	16 649	16 211	15 850	14 861
2024 年 6 月	16 432	16 231	15 817	15 432	14 461
2024 年 7 月	16 125	15 854	15 454	15 103	14 153
2024 年 8 月	15 537	15 187	14 786	14 398	13 465

续表

日期	新疆维吾尔自治区				
	1129B 级	2129B 级	3128B 级	4129B 级	2227B 级
2023 年 9 月	18 451	18 177	17 906	17 425	16 606
2023 年 10 月	18 083	17 817	17 531	17 068	16 312
2023 年 11 月	17 073	16 811	16 511	16 056	15 346
2023 年 12 月	16 532	16 255	15 963	15 521	14 783
2024 年 1 月	16 798	16 520	16 228	15 814	15 044
2024 年 2 月	17 181	16 898	16 609	16 197	15 416
2024 年 3 月	17 219	16 940	16 647	16 236	15 446
2024 年 4 月	17 142	16 856	16 531	16 117	15 327
2024 年 5 月	16 542	16 257	15 933	15 510	14 727
2024 年 6 月	16 123	15 829	15 507	15 085	14 300
2024 年 7 月	15 795	15 504	15 181	14 757	13 977
2024 年 8 月	15 216	14 907	14 582	14 163	13 379

数据来源：国家棉花市场监测系统。

表 5–20　2023/2024 年度中国棉花收购价格指数月均值表

单位：元 / 吨

日期	中国棉花收购价格指数
2023 年 9 月	16 851
2023 年 10 月	15 595
2023 年 11 月	14 670
2023 年 12 月	14 676
2024 年 1 月	15 347
2024 年 2 月	15 450
2024 年 3 月	15 340

数据来源：国家棉花市场监测系统。

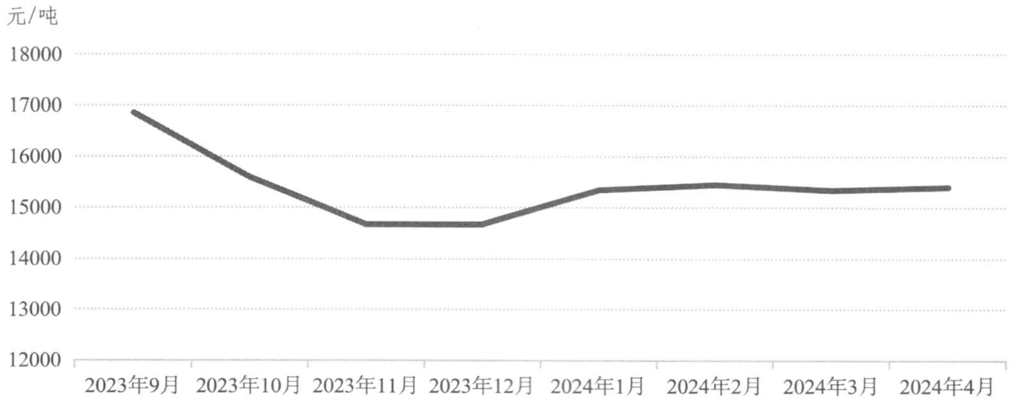

图 5–6　2023/2024 年度中国棉花收购价格指数走势

中国棉花收购价格指数简介

中国棉花收购价格指数（英文名为：CNCotton IndexSeedCotton，简称为 CNCotton S），根据国家棉花市场监测系统 140 个监测站每日 3 级籽棉收购价格、棉籽平均价格和收购籽棉平均衣分率、含杂等质量指标计算得出，表示 3 级籽棉折皮棉收购价格，反映棉花企业的籽棉收购成本，计价单位为元／吨。

CNCotton S 的计算方法：由国内各产棉省（区、市）各等级籽棉主体收购价格，算术平均得出当日国内籽棉平均收购价格。根据各地 3 级籽棉平均收购价格、棉籽平均价格、平均衣分率折算出中国棉花收购价格指数。

CNCotton S 为国内植棉主产省（区）和部分非主产区不同等级收购籽棉的主体价格的算术平均价，反映某一日国内棉花收购价格的变化趋势。中国棉花收购价格指数不代表任一时间和地点棉花的实际收购价格。

CNCotton S 于每年 9 月 1 日起开始更新，收购旺季时每周一至周五更新，收购淡季时每周四更新，每年 5 月份以后停止更新。

表 5–21　2023/2024 年度中国主要地区籽棉收购折皮棉成本月平均价格表

单位：元／吨

日期	山东省	河南省	河北省	陕西省	安徽省	江苏省	湖南省	江西省
2023 年 9 月	—	17 338	17 812	16 436	15 967	—	—	—
2023 年 10 月	17 218	17 428	17 195	16 238	16 078	16 959	16 489	16 755
2023 年 11 月	16 206	15 485	16 018	15 347	15 367	15 674	16 16 2	15 341
2023 年 12 月	15 582	15 289	15 646	14 894	14 603	15 528	15 752	15 129
2024 年 1 月	15 426	15 193	15 556	15 130	14 791	15 555	15 736	15 157
2024 年 2 月	—	15 366	15 708	15 270	14 709	15 952	15 736	—
2024 年 3 月	—	15 457	15 602	—	14 558	16 138	15 736	—

数据来源：国家棉花市场监测系统。

表 5–22　2023/2024 年度内地与新疆维吾尔自治区棉籽月均价对比表

单位：元 / 千克

日期	内地	新疆维吾尔自治区
2023 年 9 月	3.65	3.15
2023 年 10 月	3.44	3.01
2023 年 11 月	3.20	2.91
2023 年 12 月	3.14	2.87
2024 年 1 月	3.10	—

数据来源：国家棉花市场监测系统。

表 5–23　2023/2024 年度中国棉花、纯棉纱及涤纶短纤月平均价格表

日期	国家棉花价格 B 指数	32 支纯棉纱	涤纶短纤	棉、纱价差	棉、涤价差
2023 年 9 月	18 092	24 509	7 690	6 417	10 402
2023 年 10 月	17 722	24 109	7 458	6 387	10 264
2023 年 11 月	16 751	23 104	7 362	6 353	9 389
2023 年 12 月	16 260	22 260	7 199	6 000	9 061
2024 年 1 月	16 554	22 750	7 298	6 196	9 256
2024 年 2 月	16 955	23 354	7 341	6 399	9 614
2024 年 3 月	17 070	23 325	7 337	6 255	9 733
2024 年 4 月	16 951	23 061	7 413	6 110	9 538
2024 年 5 月	16 391	22 747	7 392	6 356	8 999
2024 年 6 月	15 991	22 414	7 541	6 423	8 450
2024 年 7 月	15 634	22 143	7 765	6 509	7 869
2024 年 8 月	14 943	21 704	7 477	6 761	7 466

数据来源：国家棉花市场监测系统。

注：棉、纱价差 = 32 支纯棉纱 − 国家棉花价格 B 指数。

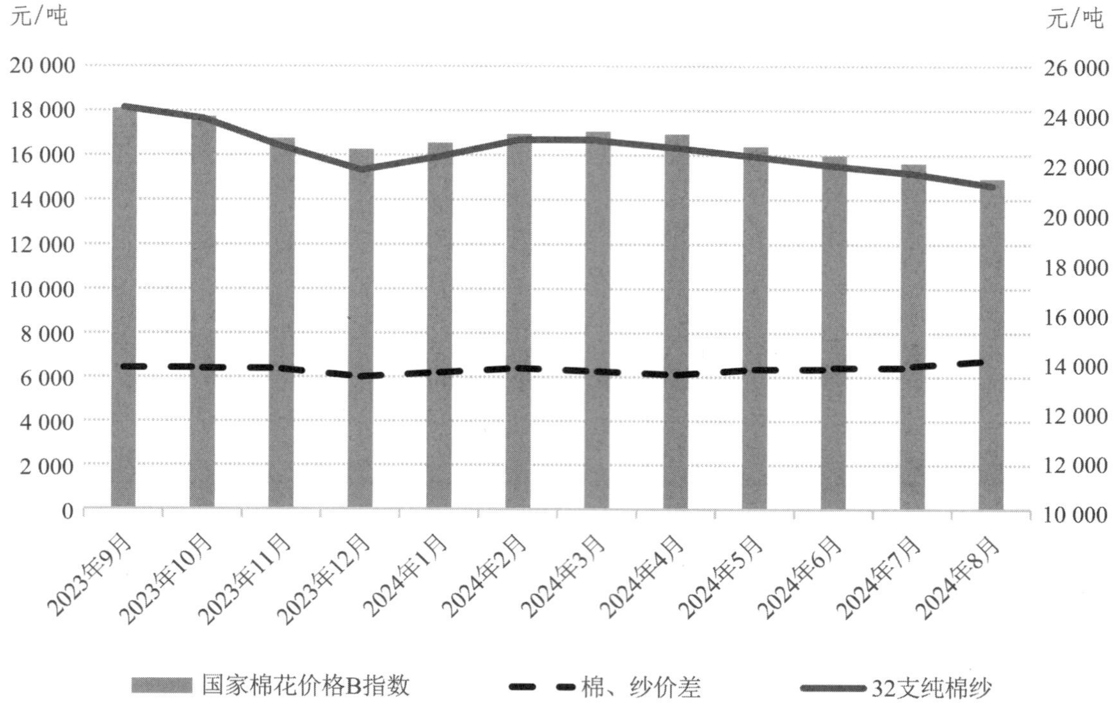

图 5–7　2023/2024 年度国内棉花、棉纱价格差异

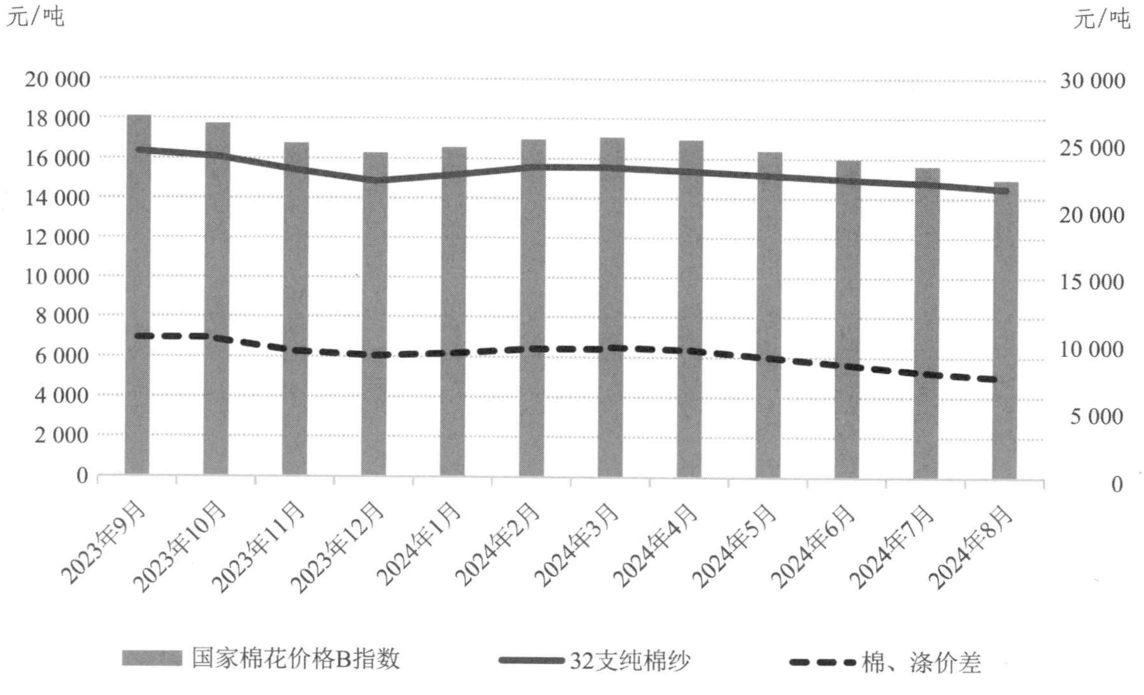

图 5–8　2023/2024 年度国内棉花、涤短价格差异

表 5–24　2023/2024 年度郑州棉花期货主力合约日交易量价统计表

单位：元 / 吨、手

交易日期	合约代码	开盘价	最高价	最低价	收盘价	结算价	成交量	持仓量
2023-09-01	CF401	17 700	17 905	17 670	17 790	17 785	500 789	667 264
2023-09-04	CF401	17 890	17 900	17 345	17 420	17 635	700 663	637 956
2023-09-05	CF401	17 405	17 585	17 385	17 530	17 500	345 110	633 806
2023-09-06	CF401	17 545	17 785	17 520	17 650	17 685	397 315	643 376
2023-09-07	CF401	17 665	17 735	17 045	17 220	17 355	714 518	608 560
2023-09-08	CF401	17 190	17 225	16 925	16 955	17 100	451 727	596 950
2023-09-11	CF401	16 970	17 220	16 970	17 185	17 130	291 907	589 597
2023-09-12	CF401	17 185	17 405	17 180	17 350	17 315	308 088	591 945
2023-09-13	CF401	17 360	17 375	16 910	17 030	17 120	556 952	588 013
2023-09-14	CF401	17 060	17 230	17 025	17 125	17 120	315 234	583 811
2023-09-15	CF401	17 175	17 290	17 095	17 285	17 200	295 895	580 165
2023-09-18	CF401	17 220	17 250	17 035	17 195	17 155	319 536	578 531
2023-09-19	CF401	17 195	17 480	17 120	17 370	17 330	522 985	596 158
2023-09-20	CF401	17 375	17 400	17 135	17165	17 255	324 402	586 715
2023-09-21	CF401	17 180	17 300	17 090	17 110	17 200	318 544	589 462
2023-09-22	CF401	17 090	17 340	17 025	17 145	17 175	417 411	576 804
2023-09-25	CF401	17 195	17 275	17 100	17 205	17 180	311 505	570 834
2023-09-26	CF401	17 225	17 385	17 145	17 215	17 260	404 340	571 226
2023-09-27	CF401	17 210	17 525	17 210	17 430	17 340	359 578	591 076
2023-09-28	CF401	17 410	17 675	17 390	17 675	17 520	344 043	599 492
2023-10-09	CF401	17 650	17 815	17 535	17 600	17 665	305 090	620 077
2023-10-10	CF401	17 645	17 650	17 110	17 120	17 360	476 276	599 245
2023-10-11	CF401	17 100	17 195	16 820	16 955	17 045	487 780	594 750
2023-10-12	CF401	16 900	16 980	16 770	16 970	16 880	346 164	593 341

续表

交易日期	合约代码	开盘价	最高价	最低价	收盘价	结算价	成交量	持仓量
2023-10-13	CF401	17 000	17 090	16 825	17 040	16 945	356 796	595 813
2023-10-16	CF401	17 085	17 165	16 955	16 990	17 055	336 191	607 885
2023-10-17	CF401	16 990	16 990	16 630	16 695	16 795	506 113	632 924
2023-10-18	CF401	16 660	16 720	16 360	16 485	16 525	549 964	624 507
2023-10-19	CF401	16 400	16 580	16 340	16 445	16 470	332 276	622 697
2023-10-20	CF401	16 360	16 470	16 075	16 105	16 305	469 165	613 872
2023-10-23	CF401	16 030	16 095	15 785	15 910	15 925	503 124	616 991
2023-10-24	CF401	16 000	16 170	15 935	16 105	16 035	463 511	604 949
2023-10-25	CF401	16 115	16 280	16 065	16 145	16 175	331 399	604 375
2023-10-26	CF401	16 195	16 210	15 995	16 150	16 095	308 759	604 521
2023-10-27	CF401	16 165	16 330	16 045	16 115	16 17 5	412 888	623 912
2023-10-30	CF401	16 150	16 155	16 020	16 125	16 095	290 975	626 725
2023-10-31	CF401	16 140	16 170	15 585	15 785	15 800	621 271	655 447
2023-11-01	CF401	15 790	15 830	15 475	15 530	15 635	479 686	676 850
2023-11-02	CF401	15 555	15 730	15 505	15 720	15 640	422 713	671 283
2023-11-03	CF401	15 785	15 925	15 685	15 860	15 810	376 649	658 105
2023-11-06	CF401	15 810	15 875	15 575	15 850	15 770	399 754	654 309
2023-11-07	CF401	15 800	15 880	15 685	15 750	15 790	335 749	649 660
2023-11-08	CF401	15 700	15 850	15 615	15 835	15 735	351 498	643 963
2023-11-09	CF401	15 745	15 890	15 665	15 790	15 770	337 850	638 254
2023-11-10	CF401	15 810	15 910	15 680	15 710	15 780	396 266	639 043
2023-11-13	CF401	15 680	15 775	15 485	15 635	15 625	475 406	629 434
2023-11-14	CF401	15 635	15 950	15 630	15 840	15 775	393 905	614 095
2023-11-15	CF401	15 875	15 895	15 640	15 690	15 790	337 243	611 785
2023-11-16	CF401	15 720	15 770	15 615	15 730	15 695	256 336	599 477
2023-11-17	CF401	15 725	15 805	15 565	15 685	15 695	326 597	585 859

续表

交易日期	合约代码	开盘价	最高价	最低价	收盘价	结算价	成交量	持仓量
2023-11-20	CF401	15 695	15 720	15 560	15 565	15 625	228 873	595 012
2023-11-21	CF401	15 555	15 600	15 130	15 160	15 320	570 886	608 038
2023-11-22	CF401	15 200	15 575	15 145	15 375	15 380	517 318	569 580
2023-11-23	CF401	15 350	15 450	15 275	15 325	15 360	283 008	554 637
2023-11-24	CF401	15 305	15 335	15 070	15 205	15 175	358 781	548 372
2023-11-27	CF401	15 205	15 245	15 035	15 055	15 135	249 572	531 475
2023-11-28	CF401	15 015	15 175	14 840	15 055	14 950	349 143	489 924
2023-11-29	CF401	15 090	15 185	15 015	15 145	15 090	214 094	467 044
2023-11-30	CF401	15 200	15 315	15 150	15 265	15 215	183 051	443 441
2023-12-01	CF405	14 915	15 070	14 740	14 930	14 930	381 601	498 845
2023-12-04	CF405	14 905	14 995	14 785	14 870	14 905	293 580	516 896
2023-12-05	CF405	14 880	14 995	14 825	14 945	14 925	327 082	526 701
2023-12-06	CF405	14 920	15 185	14 870	15 145	15 020	407 345	538 337
2023-12-07	CF405	15 130	15 220	14 965	15 205	15 100	344 905	534 645
2023-12-08	CF405	15 190	15 430	15 170	15 380	15 320	391 037	545 797
2023-12-11	CF405	15 350	15 450	15 235	15 405	15 350	350 169	552 388
2023-12-12	CF405	15 370	15 415	15 305	15 360	15 365	245 921	558 979
2023-12-13	CF405	15 310	15 330	15 195	15 285	15 275	364 461	565 996
2023-12-14	CF405	15 285	15 430	15 285	15 355	15 355	314 269	577 083
2023-12-15	CF405	15 380	15 415	15 260	15 350	15 335	315 732	582 607
2023-12-18	CF405	15 360	15 365	15 125	15 190	15 240	352 093	583 782
2023-12-19	CF405	15 190	15 295	15 135	15 185	15 220	314 712	594 540
2023-12-20	CF405	15 145	15 285	15 050	15 240	15 145	399 343	603 637
2023-12-21	CF405	15 270	15 300	15 170	15 260	15 235	240 447	602 842
2023-12-22	CF405	15 230	15 480	15 125	15 425	15 310	515 957	630 515
2023-12-25	CF405	15 390	15 520	15 345	15 405	15 430	371 597	647 820

续表

交易日期	合约代码	开盘价	最高价	最低价	收盘价	结算价	成交量	持仓量
2023-12-26	CF405	15 430	15 480	15 375	15 435	15 425	229 033	647 482
2023-12-27	CF405	15 455	15 530	15 385	15 520	15 450	277 516	672 092
2023-12-28	CF405	15 520	15 585	15 475	15 530	15 535	314 880	681 590
2023-12-29	CF405	15 550	15 635	15 435	15 455	15 550	340 681	675 665
2024-01-02	CF405	15 510	15 630	15 480	15 600	15 555	188 206	672 453
2024-01-03	CF405	15 615	15 670	15 520	15 645	15 595	273 981	661 036
2024-01-04	CF405	15 645	15 725	15 600	15 670	15 665	274 292	661 258
2024-01-05	CF405	15 700	15 735	15 540	15 615	15 630	245 409	648 974
2024-01-08	CF405	15 615	15 710	15 480	15 500	15 575	335 133	633 876
2024-01-09	CF405	15 480	15 565	15 315	15 500	15 430	462 891	604 735
2024-01-10	CF405	15 500	15 605	15 455	15 485	15 530	280 471	587 784
2024-01-11	CF405	15 495	15 630	15 390	15 580	15 500	313 686	587 130
2024-01-12	CF405	15 590	15 645	15 505	15 520	15 585	264 616	586 211
2024-01-15	CF405	15 570	15 585	15 405	15 435	15 485	276 971	581 060
2024-01-16	CF405	15 420	15 600	15 420	15 600	15 525	245 035	586 271
2024-01-17	CF405	15 555	15 615	15 535	15 540	15 570	181 156	583 258
2024-01-18	CF405	15 555	15 900	15 545	15 890	15 770	577 599	628 406
2024-01-19	CF405	15 855	15 950	15 800	15 925	15 880	310 875	636 573
2024-01-22	CF405	15 920	16 080	15 860	15 910	15 975	459 132	617 986
2024-01-23	CF405	15 970	16 015	15 920	15 955	15 965	201 203	613 738
2024-01-24	CF405	15 920	16 010	15 830	15 975	15 930	276 746	603 847
2024-01-25	CF405	16 000	16 070	15 965	15 990	16 020	221 317	609 023
2024-01-26	CF405	15 960	16 090	15 920	15 980	16 000	250 100	598 750
2024-01-29	CF405	15 990	16 170	15 875	16 125	16 020	332 048	610 636
2024-01-30	CF405	16 110	16 180	16 025	16 080	16 100	312 677	596 877
2024-01-31	CF405	16 075	16 160	15 930	16 085	16 045	305 164	593 778

续表

交易日期	合约代码	开盘价	最高价	最低价	收盘价	结算价	成交量	持仓量
2024-02-01	CF405	16 060	16 085	15 970	16 025	16 035	210 593	585 777
2024-02-02	CF405	16 000	16 100	15 920	15 990	16 010	303 595	574 096
2024-02-05	CF405	15 970	16 080	15 955	16 025	16 015	240 747	564 829
2024-02-06	CF405	16 045	16 115	15 990	16 055	16 045	211 573	567 435
2024-02-07	CF405	16 070	16 100	15 950	15 985	16 020	206 362	543 623
2024-02-08	CF405	15 990	16 165	15 990	16 025	16 075	207 012	532 022
2024-02-19	CF405	16 355	16 395	16 260	16 270	16 330	222 328	559 756
2024-02-20	CF405	16 275	16 320	16 135	16 245	16 240	283 860	562 776
2024-02-21	CF405	16 260	16 275	16 140	16 225	16 215	209 889	564 307
2024-02-22	CF405	16 230	16 300	16 165	16 295	16 235	203 730	570 285
2024-02-23	CF405	16 310	16 355	16 275	16 320	16 320	195 079	577 024
2024-02-26	CF405	16 295	16 295	16 150	16 195	16 225	259 710	568 992
2024-02-27	CF405	16 220	16 300	16 205	16 280	16 255	190 215	573 184
2024-02-28	CF405	16 365	16 450	16 275	16 370	16 375	406 732	589 770
2024-02-29	CF405	16 375	16 410	16 060	16 110	16 200	464 177	561 330
2024-03-01	CF405	16 145	16 170	16 040	16 150	16 105	269 665	543 157
2024-03-04	CF405	16 115	16 130	15 910	15 985	15 995	306 886	523 540
2024-03-05	CF405	16 005	16 075	15 940	16 025	16 010	195 848	522 154
2024-03-06	CF405	15 980	16 090	15 955	16 055	16 010	167 472	521 342
2024-03-07	CF405	16 100	16 170	16 045	16 065	16 095	193 479	511 675
2024-03-08	CF405	16 065	16 240	16 050	16 200	16 150	255 904	514 748
2024-03-11	CF405	16 180	16 190	15 925	15 980	16 035	302 459	518 847
2024-03-12	CF405	15 985	16 055	15 865	15 930	15 965	263 356	518 212
2024-03-13	CF405	15 920	16 000	15 880	15 925	15 945	171 576	513 395
2024-03-14	CF405	15 910	16 085	15 900	15 930	15 985	248 392	507 511
2024-03-15	CF405	15 975	16 030	15 905	15 995	15 975	213 399	494 122

续表

交易日期	合约代码	开盘价	最高价	最低价	收盘价	结算价	成交量	持仓量
2024-03-18	CF405	16 005	16 210	15 995	16 090	16 105	366 604	502 342
2024-03-19	CF405	16 090	16 095	15 950	15 980	16 015	256 415	493 121
2024-03-20	CF405	15 930	16 005	15 860	15 890	15 930	240 492	496 111
2024-03-21	CF405	15 880	16 120	15 860	16 065	16 010	337 629	472 778
2024-03-22	CF405	16 050	16 060	15 865	15 895	15 935	326 757	477 134
2024-03-25	CF405	15 915	15 980	15 815	15 855	15 895	296 955	466 866
2024-03-26	CF405	15 845	16 055	15 840	15 945	15 945	268 315	455 492
2024-03-27	CF405	15 960	16 000	15 860	15 895	15 935	201 334	447 792
2024-03-28	CF405	15 880	15 950	15 810	15 925	15 875	279 970	439 426
2024-03-29	CF405	15 955	16 125	15 915	16 085	16 040	306 302	440 142
2024-04-01	CF409	16 250	16 400	16 220	16 390	16 335	159 959	234 510
2024-04-02	CF409	16 400	16 460	16 355	16 435	16 420	154 634	268 247
2024-04-03	CF409	16 445	16 480	16 370	16 460	16 435	132 088	284 875
2024-04-08	CF409	16 300	16 400	16 275	16 385	16 350	130 538	300 660
2024-04-09	CF409	16 360	16 475	16 330	16 465	16 400	145 371	324 003
2024-04-10	CF409	16 460	16 515	16 410	16 485	16 470	174 496	356 464
2024-04-11	CF409	16 460	16 480	16 380	16 405	16 430	233 308	388 812
2024-04-12	CF409	16 380	16 390	16 285	16 355	16 340	245 985	411 319
2024-04-15	CF409	16 335	16 445	16 305	16 395	16 390	275 034	447 702
2024-04-16	CF409	16 410	16 470	16 310	16 345	16 390	281 404	459 812
2024-04-17	CF409	16 295	16 340	16 040	16 100	16 170	495 398	471 353
2024-04-18	CF409	16 080	16 160	15 925	15 935	16 020	439 427	502 108
2024-04-19	CF409	15 945	15 960	15 815	15 825	15 885	401 667	507 038
2024-04-22	CF409	15 845	15 960	15 740	15 870	15 860	365 392	508 804
2024-04-23	CF409	15 860	15 930	15 830	15 840	15 875	233 958	512 932
2024-04-24	CF409	15 800	15 845	15 755	15 805	15 800	260 066	513 511

续表

交易日期	合约代码	开盘价	最高价	最低价	收盘价	结算价	成交量	持仓量
2024-04-25	CF409	15 845	15 845	15 650	15 700	15 750	296 053	523 354
2024-04-26	CF409	15 720	15 765	15 635	15 730	15 695	253 007	521 371
2024-04-29	CF409	15 705	15 815	15 675	15 765	15 750	232 556	506 067
2024-04-30	CF409	15 775	15 775	15 640	15 655	15 700	205 796	501 095
2024-05-06	CF409	15 600	15 665	15 505	15 555	15 575	192 342	519 842
2024-05-07	CF409	15 510	15 630	15 475	15 595	15 555	261 011	535 709
2024-05-08	CF409	15 600	15 705	15 600	15 635	15 655	298 827	541 906
2024-05-09	CF409	15 660	15 695	15 290	15 310	15 495	554 976	605 685
2024-05-10	CF409	15 335	15 345	15 065	15 200	15 195	538 998	609 913
2024-05-13	CF409	15 200	15 250	15 045	15 145	15 155	326 122	614 132
2024-05-14	CF409	15 145	15 290	15 120	15 165	15 190	322 845	618 794
2024-05-15	CF409	15 105	15 140	14 840	14 920	14 970	487 991	645 808
2024-05-16	CF409	14 940	15 245	14 895	15 200	15 055	453 549	599 087
2024-05-17	CF409	15 160	15 295	15 155	15 245	15 230	279 540	589 487
2024-05-20	CF409	15 245	15 365	15 220	15 320	15 305	334 835	582 113
2024-05-21	CF409	15 325	15 360	15 260	15 340	15 305	277 761	578 409
2024-05-22	CF409	15 305	15 430	15 305	15 375	15 365	293 505	565 023
2024-05-23	CF409	15 390	15 570	15 370	15 530	15 485	451 957	549 459
2024-05-24	CF409	15 565	15 595	15 485	15 540	15 545	284 695	534 425
2024-05-27	CF409	15 565	15 570	15 365	15 465	15 470	284 378	529 586
2024-05-28	CF409	15 475	15 555	15 460	15 490	15 510	213 139	523 391
2024-05-29	CF409	15 545	15 630	15 525	15 570	15 570	252 792	520 174
2024-05-30	CF409	15 520	15 530	15 420	15 470	15 475	259 278	515 957
2024-05-31	CF409	15 480	15 500	15 120	15 120	15 270	467 795	550 644
2024-06-03	CF409	15 120	15 180	14 960	15 010	15 080	375 708	551 203
2024-06-04	CF409	15 000	15 020	14 875	14 940	14 950	310 477	557 587

续表

交易日期	合约代码	开盘价	最高价	最低价	收盘价	结算价	成交量	持仓量
2024-06-05	CF409	14 920	15 195	14 905	15 150	15 075	436 646	550 522
2024-06-06	CF409	15 120	15 180	15 065	15 145	15 135	277 410	546 959
2024-06-07	CF409	15 130	15 225	15 090	15 135	15 145	256 950	551 371
2024-06-11	CF409	14 960	15 055	14 870	14 995	14 970	307 487	565 202
2024-06-12	CF409	14 980	15 100	14 980	14 995	15 035	268 045	572 408
2024-06-13	CF409	14 990	15 015	14 720	14 760	14 845	504 180	593 826
2024-06-14	CF409	14 740	14 840	14 740	14 795	14 790	282 468	599 167
2024-06-17	CF409	14 815	14 835	14 420	14 435	14 620	521 299	612 252
2024-06-18	CF409	14 395	14 575	14 340	14 490	14 465	434 888	588 790
2024-06-19	CF409	14 490	14 600	14 480	14 560	14 530	261 193	584 432
2024-06-20	CF409	14 550	14 660	14 505	14 570	14 575	239 989	575 514
2024-06-21	CF409	14 600	14 610	14 435	14 560	14 525	321 855	575 934
2024-06-24	CF409	14 585	14 610	14 465	14 560	14 550	271 699	566 409
2024-06-25	CF409	14 610	14 640	14 505	14 595	14 570	274 450	560 580
2024-06-26	CF409	14 620	14 780	14 615	14 735	14 705	369 746	549 723
2024-06-27	CF409	14 710	14 750	14 620	14 675	14 690	242 476	549 595
2024-06-28	CF409	14 675	14 760	14 600	14 705	14 680	231 613	537 550
2024-07-01	CF409	14 715	14 870	14 510	14 830	14 665	434 629	530 864
2024-07-02	CF409	14 800	14 880	14 765	14 845	14 835	256 126	522 160
2024-07-03	CF409	14 800	14 835	14 725	14 825	14 780	252 222	518 353
2024-07-04	CF409	14 825	14 860	14 620	14 650	14 740	303 782	525 024
2024-07-05	CF409	14 650	14 810	14 635	14 770	14 735	263 672	512 672
2024-07-08	CF409	14 705	14 705	14 525	14 595	14 600	354 735	518 059
2024-07-09	CF409	14 595	14 670	14 530	14 615	14 605	249 231	518 472
2024-07-10	CF409	14 580	14 580	14 380	14 405	14 470	328 353	520 018
2024-07-11	CF409	14 425	14 725	14 425	14 665	14 590	353 513	515 596

续表

交易日期	合约代码	开盘价	最高价	最低价	收盘价	结算价	成交量	持仓量
2024-07-12	CF409	14 640	14 680	14 465	14 470	14 600	269 290	513 496
2024-07-15	CF409	14 540	14 700	14 455	14 660	14 580	287 962	506 369
2024-07-16	CF409	14 715	14 785	14 660	14 705	14 730	294 649	505 375
2024-07-17	CF409	14 675	14 720	14 485	14 690	14 590	375 107	492 455
2024-07-18	CF409	14 705	14 755	14 635	14 715	14 695	205 594	491 481
2024-07-19	CF409	14 695	14 770	14 600	14 715	14 695	272 927	483 840
2024-07-22	CF409	14 645	14 680	14 565	14 615	14 625	258 218	477 841
2024-07-23	CF409	14 590	14 645	14 505	14 530	14 575	249 995	465 280
2024-07-24	CF409	14 500	14 525	14 205	14 245	14 340	488 561	483 366
2024-07-25	CF409	14 075	14 170	13 990	14 060	14 085	421 109	464 893
2024-07-26	CF409	14 100	14 210	14 060	14 155	14 130	309 641	452 543
2024-07-29	CF409	14 140	14 165	14 050	14 140	14 115	245 703	442 099
2024-07-30	CF409	14 180	14 190	14 055	14 120	14 115	189 972	433 717
2024-07-31	CF409	14 145	14 175	14 030	14 150	14 115	233 593	420 822
2024-08-01	CF501	14 160	14 215	14 110	14 160	14 160	122 731	259 875
2024-08-02	CF501	14 200	14 200	14 030	14 125	14 120	112 136	268 375
2024-08-05	CF501	14 130	14 15 5	13 945	13 950	14 075	150 169	286 871
2024-08-06	CF501	13 830	13 905	13 680	13 705	13 815	236 488	304 227
2024-08-07	CF501	13 680	13 750	13 580	13 620	13 675	174 936	309 199
2024-08-08	CF501	13 650	13 665	13 425	13 435	13 540	215 501	323 230
2024-08-09	CF501	13 400	13 700	13 395	13 670	13 560	289 342	334 094
2024-08-12	CF501	13 700	13 740	13 605	13 650	13 665	206 431	355 036
2024-08-13	CF501	13 650	13 690	13 520	13 570	13 605	210 699	368 266
2024-08-14	CF501	13 525	13 570	13 260	13 395	13 425	336 585	387 784
2024-08-15	CF501	13 395	13 490	13 290	13 390	13 385	292 355	401 839
2024-08-16	CF501	13 420	13 485	13 360	13 380	13 415	205 148	406 524

续表

交易日期	合约代码	开盘价	最高价	最低价	收盘价	结算价	成交量	持仓量
2024-08-19	CF501	13 300	13 495	13 200	13 400	13 355	346 531	425 632
2024-08-20	CF501	13 440	13 625	13 440	13 490	13 535	339 834	430 791
2024-08-21	CF501	13 515	13 585	13 465	13 575	13 530	245 467	435 532
2024-08-22	CF501	13 590	13 680	13 560	13 580	13 625	297 547	440 040
2024-08-23	CF501	13 550	13 660	13 525	13 580	13 590	229 218	446 045
2024-08-26	CF501	13 600	13 815	13 555	13 800	13 715	300 619	456 493
2024-08-27	CF501	13 765	13 830	13 720	13 795	13 770	226 553	465 282
2024-08-28	CF501	13 765	13 850	13 740	13 810	13 795	253 432	474 873
2024-08-29	CF501	13 795	13 815	13 680	13 800	13 755	292 041	476 667
2024-08-30	CF501	13 810	13 875	13 730	13 750	13 805	283 003	483 149

数据来源：郑州商品交易所。

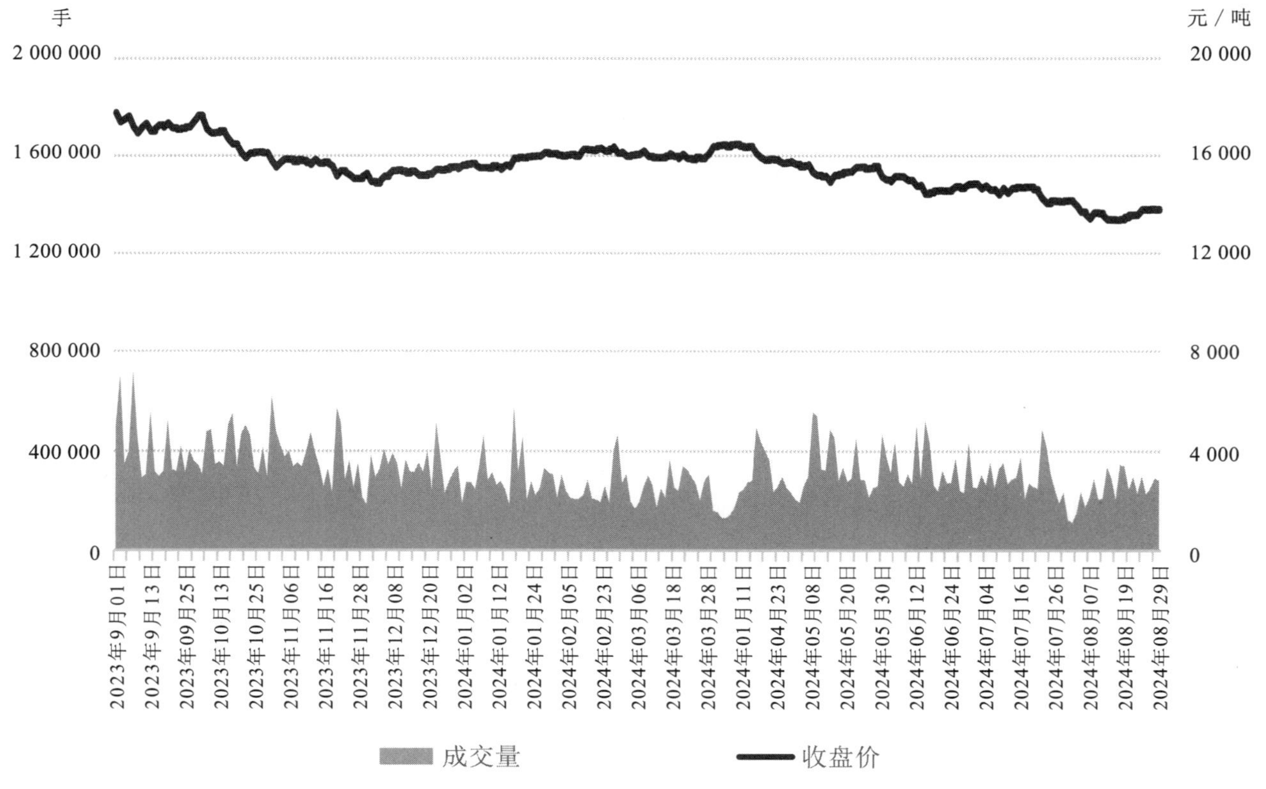

图 5–9　2023/2024 年度郑棉主力合约量价走势

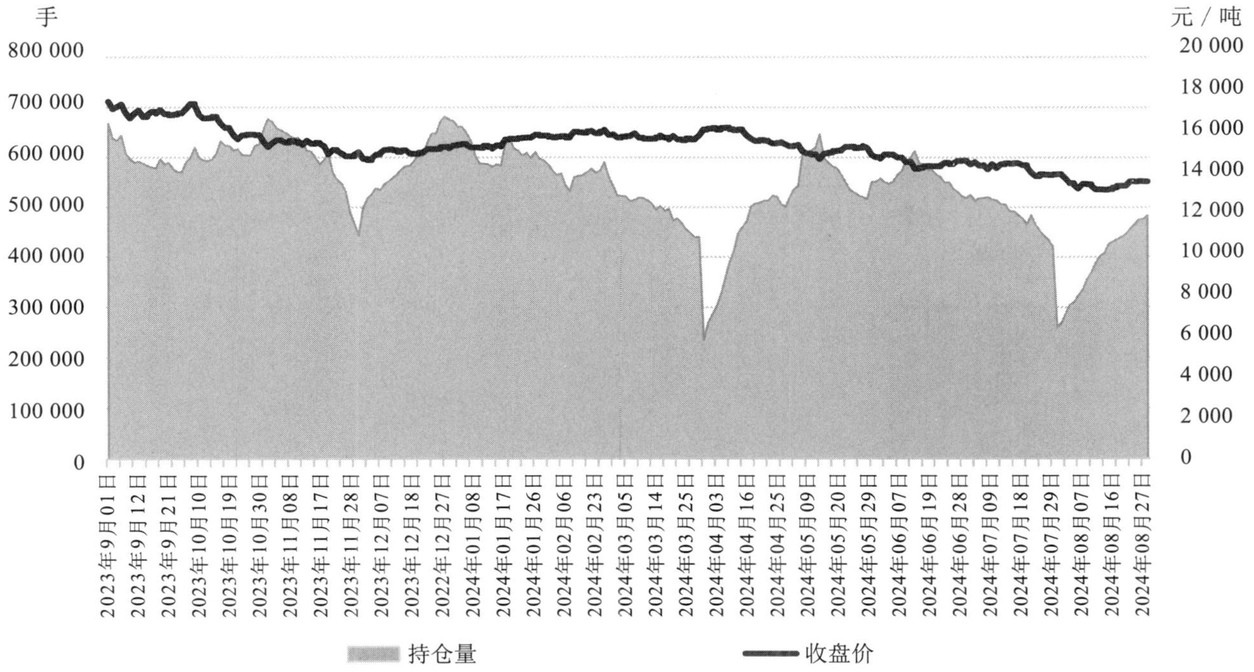

图 5–10　2023/2024 年度郑棉期货交易持仓量变化情况

表 5–25　2023/2024 年度郑州棉花期货与现货月平均价格表

单位：元／吨

日期	国家棉花价格 B 指数	郑棉期货近月合约结算价	价差（现货—期货）
2023 年 9 月	18 092	17 461	631
2023 年 10 月	17 722	16 596	1 126
2023 年 11 月	16 751	15 606	1 145
2023 年 12 月	16 260	15 403	857
2024 年 1 月	16 554	15 483	1 071
2024 年 2 月	16 955	16 119	836
2024 年 3 月	17 070	15 998	1 072
2024 年 4 月	16 951	15 935	1 016
2024 年 5 月	16 391	15 201	1 190
2024 年 6 月	15 991	14 601	1 390
2024 年 7 月	15 634	14 522	1 112
2024 年 8 月	14 943	13 582	1 361

数据来源：国家棉花市场监测系统、郑州商品交易所。

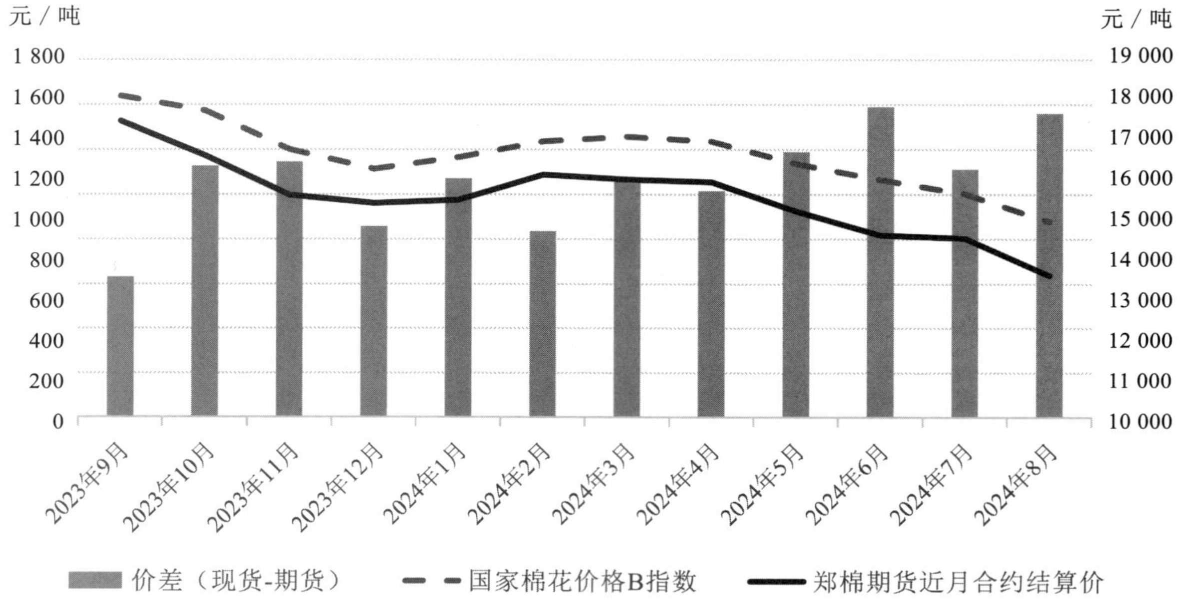

图 5–11　2023/2024 年度国内期、现货价格及差异

表 5–26　2023/2024 年度国内外现货月平均价格对比表

单位：元 / 吨

日期	国家棉花价格 A 指数	国家棉花价格 B 指数	国际棉花指数（SM）折合人民币价格	国际棉花指数（M）折合人民币价格
2023 年 9 月	18 299	18 092	17 685	17 399
2023 年 10 月	17 940	17 722	17 261	16 985
2023 年 11 月	16 996	16 751	16 297	15 985
2023 年 12 月	16 527	16 260	16 226	15 915
2024 年 1 月	16 834	16 554	16 397	16 085
2024 年 2 月	17 240	16 955	17 996	17 685
2024 年 3 月	17 314	17 070	18 405	18 099
2024 年 4 月	17 226	16 951	16 708	16 396
2024 年 5 月	16 673	16 391	15 178	14 871
2024 年 6 月	16 283	15 991	14 412	14 142
2024 年 7 月	15 946	15 634	14 144	13 892
2024 年 8 月	15 298	14 943	13 770	13 516

注：1. 数据来源为国家棉花市场监测系统。

2. 国际棉花指数折成人民币价格所采用的汇率为海关计征汇率，即每月使用上一个月第三个星期三（第三个星期三为法定节假日时，顺延采用第四个星期三的汇率）中国人民银行公布的美元对人民币的基准汇率；关税为配额内关税（1%）；增值税为（9%）；港口费用为 200 元 / 吨。

国际棉花指数简介

国际棉花指数（International Cotton Indices）包括 SM 级指数（Premium Index）和 M 级指数（Standard Index）。

1. 产地的选择：各主要棉花出口国家和地区，包括美国、印度、中亚、西非、澳大利亚、巴西等。
2. 等级的选择：SM 1-1/8"（相当于国棉 2 级）和 M 1-3/32"（相当于国棉 3 级）。
3. 报价的选择：各主要棉商报价的加权平均价。
4. 产地权重的选择：上年度各主要产地的棉花进口总量视为 100% 进行权重分配。
5. 指数的生成：国际棉花指数包括 SM 指数和 M 指数，分别由各主要产地这两个等级棉花报价的加权平均值生成。

表 5–27　2023/2024 年度国际棉花指数日价格表

单位：美分 / 磅

日　期	国际棉花指数 (SM)	国际棉花指数 (M)
2023 年 09 月 01 日	100.34	98.71
2023 年 09 月 04 日	102.47	100.84
2023 年 09 月 05 日	102.47	100.84
2023 年 09 月 06 日	101.27	99.64
2023 年 09 月 07 日	99.99	98.44
2023 年 09 月 08 日	98.33	96.78
2023 年 09 月 11 日	98.44	96.81
2023 年 09 月 12 日	100.33	98.70
2023 年 09 月 13 日	100.85	99.22
2023 年 09 月 14 日	99.45	97.82
2023 年 09 月 15 日	100.35	98.72
2023 年 09 月 18 日	99.19	97.61
2023 年 09 月 19 日	99.41	97.76
2023 年 09 月 20 日	99.89	98.23
2023 年 09 月 21 日	99.41	97.78
2023 年 09 月 22 日	98.98	97.29
2023 年 09 月 25 日	98.49	96.80
2023 年 09 月 26 日	100.63	98.90
2023 年 09 月 27 日	100.63	98.92
2023 年 09 月 28 日	100.74	99.02
2023 年 10 月 07 日	99.63	97.91

续表

日　期	国际棉花指数 (SM)	国际棉花指数 (M)
2023 年 10 月 08 日	99.63	97.91
2023 年 10 月 09 日	99.63	97.91
2023 年 10 月 10 日	99.98	98.35
2023 年 10 月 11 日	98.77	97.18
2023 年 10 月 12 日	98.29	96.69
2023 年 10 月 13 日	98.22	96.65
2023 年 10 月 16 日	99.34	97.75
2023 年 10 月 17 日	98.56	96.98
2023 年 10 月 18 日	96.82	95.27
2023 年 10 月 19 日	97.68	96.13
2023 年 10 月 20 日	97.63	96.08
2023 年 10 月 23 日	95.91	94.37
2023 年 10 月 24 日	96.98	95.41
2023 年 10 月 25 日	96.21	94.61
2023 年 10 月 26 日	97.08	95.51
2023 年 10 月 27 日	97.75	96.15
2023 年 10 月 30 日	97.67	96.09
2023 年 10 月 31 日	96.30	94.75
2023 年 11 月 01 日	94.84	93.31
2023 年 11 月 02 日	93.40	91.63
2023 年 11 月 03 日	93.93	92.16
2023 年 11 月 06 日	93.81	92.04
2023 年 11 月 07 日	92.54	90.74
2023 年 11 月 08 日	91.03	89.23
2023 年 11 月 09 日	89.44	87.63
2023 年 11 月 10 日	91.04	89.23
2023 年 11 月 13 日	91.33	89.53
2023 年 11 月 14 日	91.30	89.49
2023 年 11 月 15 日	92.98	91.17
2023 年 11 月 16 日	92.82	91.03

续表

日　　期	国际棉花指数 (SM)	国际棉花指数 (M)
2023 年 11 月 17 日	92.69	90.88
2023 年 11 月 20 日	93.32	91.52
2023 年 11 月 21 日	93.07	91.25
2023 年 11 月 22 日	92.51	90.70
2023 年 11 月 23 日	92.72	90.91
2023 年 11 月 24 日	92.72	90.91
2023 年 11 月 27 日	92.82	91.00
2023 年 11 月 28 日	91.09	89.28
2023 年 11 月 29 日	91.43	89.62
2023 年 11 月 30 日	91.43	89.62
2023 年 12 月 01 日	91.88	90.08
2023 年 12 月 04 日	91.24	89.44
2023 年 12 月 05 日	90.49	88.69
2023 年 12 月 06 日	91.50	89.68
2023 年 12 月 07 日	91.60	89.79
2023 年 12 月 08 日	94.48	92.66
2023 年 12 月 11 日	93.24	91.45
2023 年 12 月 12 日	93.81	92.03
2023 年 12 月 13 日	92.87	91.07
2023 年 12 月 14 日	93.00	91.20
2023 年 12 月 15 日	92.61	90.83
2023 年 12 月 18 日	91.75	89.95
2023 年 12 月 19 日	90.92	89.12
2023 年 12 月 20 日	91.26	89.46
2023 年 12 月 21 日	91.02	89.22
2023 年 12 月 22 日	90.94	89.14
2023 年 12 月 25 日	91.57	89.77
2023 年 12 月 26 日	91.57	89.77
2023 年 12 月 27 日	91.86	90.07
2023 年 12 月 28 日	92.34	90.55

续表

日　　期	国际棉花指数 (SM)	国际棉花指数 (M)
2023 年 12 月 29 日	92.77	90.97
2024 年 01 月 02 日	92.82	91.02
2024 年 01 月 03 日	91.74	89.95
2024 年 01 月 04 日	92.66	90.83
2024 年 01 月 05 日	91.85	90.04
2024 年 01 月 08 日	91.91	90.10
2024 年 01 月 09 日	92.13	90.32
2024 年 01 月 10 日	92.43	90.63
2024 年 01 月 11 日	91.89	90.06
2024 年 01 月 12 日	93.07	91.25
2024 年 01 月 15 日	93.02	91.22
2024 年 01 月 16 日	93.02	91.22
2024 年 01 月 17 日	93.02	91.22
2024 年 01 月 18 日	93.43	91.60
2024 年 01 月 19 日	94.24	92.43
2024 年 01 月 22 日	95.67	93.86
2024 年 01 月 23 日	96.56	94.76
2024 年 01 月 24 日	96.34	94.51
2024 年 01 月 25 日	97.12	95.29
2024 年 01 月 26 日	97.47	95.67
2024 年 01 月 29 日	96.09	94.28
2024 年 01 月 30 日	95.98	94.16
2024 年 01 月 31 日	96.49	94.68
2024 年 02 月 01 日	96.89	95.08
2024 年 02 月 02 日	98.19	96.38
2024 年 02 月 04 日	98.19	96.38
2024 年 02 月 05 日	98.79	96.99
2024 年 02 月 06 日	98.73	96.93
2024 年 02 月 07 日	99.24	97.43
2024 年 02 月 08 日	100.16	98.35

续表

日　期	国际棉花指数 (SM)	国际棉花指数 (M)
2024 年 02 月 09 日	100.78	98.99
2024 年 02 月 18 日	103.46	101.66
2024 年 02 月 19 日	106.01	104.20
2024 年 02 月 20 日	106.01	104.20
2024 年 02 月 21 日	103.20	101.39
2024 年 02 月 22 日	104.74	102.95
2024 年 02 月 23 日	105.98	104.17
2024 年 02 月 26 日	104.97	103.18
2024 年 02 月 27 日	106.27	104.50
2024 年 02 月 28 日	110.29	108.49
2024 年 02 月 29 日	112.56	110.78
2024 年 03 月 01 日	111.05	109.27
2024 年 03 月 04 日	107.05	105.27
2024 年 03 月 05 日	105.99	104.22
2024 年 03 月 06 日	105.61	103.83
2024 年 03 月 07 日	106.70	104.93
2024 年 03 月 08 日	110.68	108.93
2024 年 03 月 11 日	106.69	104.92
2024 年 03 月 12 日	106.48	104.70
2024 年 03 月 13 日	106.64	104.88
2024 年 03 月 14 日	106.32	104.54
2024 年 03 月 15 日	104.89	103.12
2024 年 03 月 18 日	105.36	103.59
2024 年 03 月 19 日	105.98	104.21
2024 年 03 月 20 日	104.76	102.98
2024 年 03 月 21 日	103.60	101.82
2024 年 03 月 22 日	103.62	101.86
2024 年 03 月 25 日	102.95	101.18
2024 年 03 月 26 日	103.44	101.67
2024 年 03 月 27 日	104.84	103.06

续表

日　　期	国际棉花指数 (SM)	国际棉花指数 (M)
2024 年 03 月 28 日	102.20	100.42
2024 年 03 月 29 日	102.80	101.02
2024 年 04 月 01 日	102.80	101.02
2024 年 04 月 02 日	104.19	102.41
2024 年 04 月 03 日	102.23	100.46
2024 年 04 月 07 日	102.23	100.46
2024 年 04 月 08 日	99.53	97.77
2024 年 04 月 09 日	99.93	98.13
2024 年 04 月 10 日	99.37	97.51
2024 年 04 月 11 日	98.64	96.76
2024 年 04 月 12 日	96.74	94.93
2024 年 04 月 15 日	96.09	94.28
2024 年 04 月 16 日	96.54	94.74
2024 年 04 月 17 日	94.25	92.41
2024 年 04 月 18 日	92.21	90.28
2024 年 04 月 19 日	90.93	89.03
2024 年 04 月 22 日	91.27	89.35
2024 年 04 月 23 日	92.61	90.81
2024 年 04 月 24 日	92.02	90.24
2024 年 04 月 25 日	91.31	89.54
2024 年 04 月 26 日	91.36	89.59
2024 年 04 月 28 日	91.36	89.59
2024 年 04 月 29 日	91.13	89.35
2024 年 04 月 30 日	91.75	89.97
2024 年 05 月 06 日	88.39	86.60
2024 年 05 月 07 日	87.39	85.60
2024 年 05 月 08 日	87.82	86.03
2024 年 05 月 09 日	88.81	87.11
2024 年 05 月 10 日	87.04	85.30
2024 年 05 月 11 日	87.04	85.30

续表

日　期	国际棉花指数 (SM)	国际棉花指数 (M)
2024 年 05 月 13 日	85.77	84.02
2024 年 05 月 14 日	86.13	84.37
2024 年 05 月 15 日	83.38	81.64
2024 年 05 月 16 日	83.83	82.01
2024 年 05 月 17 日	84.69	82.90
2024 年 05 月 20 日	84.33	82.52
2024 年 05 月 21 日	84.49	82.70
2024 年 05 月 22 日	84.83	83.02
2024 年 05 月 23 日	87.79	85.99
2024 年 05 月 24 日	89.86	88.08
2024 年 05 月 27 日	88.70	86.91
2024 年 05 月 28 日	88.70	86.91
2024 年 05 月 29 日	90.54	88.74
2024 年 05 月 30 日	89.25	87.46
2024 年 05 月 31 日	85.88	84.07
2024 年 06 月 03 日	84.27	82.48
2024 年 06 月 04 日	81.27	79.47
2024 年 06 月 05 日	81.60	79.80
2024 年 06 月 06 日	81.62	79.83
2024 年 06 月 07 日	82.43	80.65
2024 年 06 月 11 日	80.42	78.64
2024 年 06 月 12 日	81.29	79.64
2024 年 06 月 13 日	80.88	79.30
2024 年 06 月 14 日	81.11	79.56
2024 年 06 月 17 日	81.66	80.16
2024 年 06 月 18 日	81.39	79.90
2024 年 06 月 19 日	82.37	80.89
2024 年 06 月 20 日	82.37	80.89
2024 年 06 月 21 日	82.30	80.84
2024 年 06 月 24 日	82.00	80.55

续表

日　期	国际棉花指数 (SM)	国际棉花指数 (M)
2024 年 06 月 25 日	83.29	81.87
2024 年 06 月 26 日	84.96	83.52
2024 年 06 月 27 日	85.62	84.25
2024 年 06 月 28 日	85.16	83.85
2024 年 07 月 01 日	83.37	82.07
2024 年 07 月 02 日	83.78	82.48
2024 年 07 月 03 日	83.38	82.10
2024 年 07 月 04 日	82.36	80.95
2024 年 07 月 05 日	82.36	80.95
2024 年 07 月 08 日	80.97	79.56
2024 年 07 月 09 日	81.04	79.63
2024 年 07 月 10 日	80.02	78.51
2024 年 07 月 11 日	80.44	78.92
2024 年 07 月 12 日	80.36	78.85
2024 年 07 月 15 日	80.81	79.30
2024 年 07 月 16 日	82.00	80.49
2024 年 07 月 17 日	80.91	79.40
2024 年 07 月 18 日	81.60	80.10
2024 年 07 月 19 日	81.49	79.98
2024 年 07 月 22 日	80.30	78.80
2024 年 07 月 23 日	80.21	78.69
2024 年 07 月 24 日	79.08	77.58
2024 年 07 月 25 日	78.30	76.82
2024 年 07 月 26 日	78.56	77.07
2024 年 07 月 29 日	77.62	76.12
2024 年 07 月 30 日	78.89	77.40
2024 年 07 月 31 日	79.22	77.73
2024 年 08 月 01 日	78.62	77.12
2024 年 08 月 02 日	77.71	76.21
2024 年 08 月 05 日	77.90	76.41

续表

日　　期	国际棉花指数 (SM)	国际棉花指数 (M)
2024 年 08 月 06 日	77.41	75.92
2024 年 08 月 07 日	76.94	75.43
2024 年 08 月 08 日	77.40	75.91
2024 年 08 月 09 日	76.90	75.41
2024 年 08 月 12 日	78.00	76.51
2024 年 08 月 13 日	78.97	77.53
2024 年 08 月 14 日	77.88	76.42
2024 年 08 月 15 日	76.95	75.51
2024 年 08 月 16 日	77.10	75.65
2024 年 08 月 19 日	77.18	75.74
2024 年 08 月 20 日	78.48	77.01
2024 年 08 月 21 日	79.19	77.72
2024 年 08 月 22 日	80.20	78.75
2024 年 08 月 23 日	79.23	77.77
2024 年 08 月 26 日	80.74	79.29
2024 年 08 月 27 日	80.07	78.62
2024 年 08 月 28 日	79.80	78.35
2024 年 08 月 29 日	78.39	76.94
2024 年 08 月 30 日	79.78	78.32

数据来源：国家棉花市场监测系统、中国棉花网。

表 5–28　2023/2024 年度国际期、现货月平均价格对比表

单位：美分 / 磅

日　　期	国际棉花指数（SM）	国际棉花指数（M）	ICE 近月合约结算价
2023 年 09 月	100.08	98.44	87.42
2023 年 10 月	98.00	96.41	84.87
2023 年 11 月	92.38	90.59	79.68
2023 年 12 月	92.03	90.24	80.26
2024 年 01 月	94.04	92.23	82.56

续表

日　　期	国际棉花指数（SM）	国际棉花指数（M）	ICE 近月合约结算价
2024 年 02 月	103.03	101.23	93.04
2024 年 03 月	105.60	103.83	93.91
2024 年 04 月	95.84	94.03	84.35
2024 年 05 月	86.89	85.11	77.41
2024 年 06 月	82.42	80.85	72.99
2024 年 07 月	80.74	79.28	70.71
2024 年 08 月	78.40	76.93	68.66

数据来源：国家棉花市场监测系统、美国洲际交易所（ICE）。

表 5–29　2023/2024 年度 ICE 棉花期货近月合约日结算价格表

单位：美分 / 磅

日　　期	结算价	日　　期	结算价
2023 年 09 月 01 日	89.95	2023 年 09 月 27 日	88.3
2023 年 09 月 05 日	88.76	2023 年 09 月 28 日	88.71
2023 年 09 月 06 日	87	2023 年 09 月 29 日	87.15
2023 年 09 月 07 日	85.38	2023 年 10 月 02 日	87.75
2023 年 09 月 08 日	85.91	2023 年 10 月 03 日	87.43
2023 年 09 月 11 日	87.78	2023 年 10 月 04 日	87.01
2023 年 09 月 12 日	88.3	2023 年 10 月 05 日	86.54
2023 年 09 月 13 日	86.89	2023 年 10 月 06 日	87.14
2023 年 09 月 14 日	87.8	2023 年 10 月 09 日	86.96
2023 年 09 月 15 日	86.44	2023 年 10 月 10 日	85.45
2023 年 09 月 18 日	87	2023 年 10 月 11 日	85.05
2023 年 09 月 19 日	87.52	2023 年 10 月 12 日	84.92
2023 年 09 月 20 日	86.86	2023 年 10 月 13 日	86.06
2023 年 09 月 21 日	86.47	2023 年 10 月 16 日	85.15
2023 年 09 月 22 日	85.91	2023 年 10 月 17 日	83.23
2023 年 09 月 25 日	88.17	2023 年 10 月 18 日	84.24
2023 年 09 月 26 日	88.18	2023 年 10 月 19 日	84.27

续表

日　期	结算价	日　期	结算价
2023 年 10 月 20 日	82.4	2023 年 12 月 04 日	78.68
2023 年 10 月 23 日	83.73	2023 年 12 月 05 日	79.68
2023 年 10 月 24 日	82.93	2023 年 12 月 06 日	79.75
2023 年 10 月 25 日	83.81	2023 年 12 月 07 日	82.59
2023 年 10 月 26 日	84.59	2023 年 12 月 08 日	81.44
2023 年 10 月 27 日	84.38	2023 年 12 月 11 日	82
2023 年 10 月 30 日	82.91	2023 年 12 月 12 日	81.05
2023 年 10 月 31 日	81.22	2023 年 12 月 13 日	81.18
2023 年 11 月 01 日	79.44	2023 年 12 月 14 日	80.81
2023 年 11 月 02 日	79.8	2023 年 12 月 15 日	79.93
2023 年 11 月 03 日	79.62	2023 年 12 月 18 日	79.1
2023 年 11 月 06 日	78	2023 年 12 月 19 日	79.46
2023 年 11 月 07 日	76.48	2023 年 12 月 20 日	79.21
2023 年 11 月 08 日	74.89	2023 年 12 月 21 日	79.13
2023 年 11 月 09 日	79.21	2023 年 12 月 22 日	79.76
2023 年 11 月 10 日	79.5	2023 年 12 月 26 日	80.05
2023 年 11 月 13 日	79.47	2023 年 12 月 27 日	80.05
2023 年 11 月 14 日	81.15	2023 年 12 月 28 日	80.95
2023 年 11 月 15 日	81.01	2023 年 12 月 29 日	81
2023 年 11 月 16 日	80.88	2024 年 01 月 02 日	79.94
2023 年 11 月 17 日	81.51	2024 年 01 月 03 日	80.93
2023 年 11 月 20 日	81.25	2024 年 01 月 04 日	80.12
2023 年 11 月 21 日	80.69	2024 年 01 月 05 日	80.19
2023 年 11 月 22 日	80.9	2024 年 01 月 08 日	80.42
2023 年 11 月 24 日	80.99	2024 年 01 月 09 日	80.73
2023 年 11 月 27 日	79.26	2024 年 01 月 10 日	80.18
2023 年 11 月 28 日	79.6	2024 年 01 月 11 日	81.36
2023 年 11 月 29 日	79.59	2024 年 01 月 12 日	81.31
2023 年 11 月 30 日	80.06	2024 年 01 月 16 日	81.33
2023 年 12 月 01 日	79.42	2024 年 01 月 17 日	81.7

续表

日　　期	结算价	日　　期	结算价
2024年01月18日	82.51	2024年03月04日	94.58
2024年01月19日	83.95	2024年03月05日	94.24
2024年01月22日	84.83	2024年03月06日	95.28
2024年01月23日	84.6	2024年03月07日	99.28
2024年01月24日	85.4	2024年03月08日	95.28
2024年01月25日	85.76	2024年03月11日	95.06
2024年01月26日	84.37	2024年03月12日	95.23
2024年01月29日	84.26	2024年03月13日	94.9
2024年01月30日	84.78	2024年03月14日	93.48
2024年01月31日	85.17	2024年03月15日	93.94
2024年02月01日	86.49	2024年03月18日	94.57
2024年02月05日	87.04	2024年03月19日	93.34
2024年02月06日	88.4	2024年03月20日	92.18
2024年02月07日	89.3	2024年03月21日	92.21
2024年02月08日	89.68	2024年03月22日	91.53
2024年02月09日	92.22	2024年03月25日	92.02
2024年02月12日	91.3	2024年03月26日	93.41
2024年02月13日	92.06	2024年03月27日	90.77
2024年02月14日	94.38	2024年03月28日	91.38
2024年02月15日	95.31	2024年04月01日	92.76
2024年02月16日	94.42	2024年04月02日	90.81
2024年02月20日	91.69	2024年04月03日	88.98
2024年02月21日	93.23	2024年04月04日	87.14
2024年02月22日	94.46	2024年04月05日	86.25
2024年02月23日	93.49	2024年04月08日	86.65
2024年02月26日	94.8	2024年04月09日	87.84
2024年02月27日	98.8	2024年04月10日	87.07
2024年02月28日	101.08	2024年04月11日	85.25
2024年02月29日	99.57	2024年04月12日	84.59
2024年03月01日	95.57	2024年04月15日	85.15

续表

日　　期	结算价	日　　期	结算价
2024 年 04 月 16 日	83.09	2024 年 05 月 29 日	78.1
2024 年 04 月 17 日	81.33	2024 年 05 月 30 日	76.51
2024 年 04 月 18 日	80.61	2024 年 05 月 31 日	75.11
2024 年 04 月 19 日	81.02	2024 年 06 月 03 日	73.35
2024 年 04 月 22 日	82.42	2024 年 06 月 04 日	73.51
2024 年 04 月 23 日	81.72	2024 年 06 月 05 日	73.51
2024 年 04 月 24 日	81.01	2024 年 06 月 06 日	73.6
2024 年 04 月 25 日	81.08	2024 年 06 月 07 日	72.89
2024 年 04 月 26 日	80.9	2024 年 06 月 10 日	71.59
2024 年 04 月 29 日	81.52	2024 年 06 月 11 日	72.43
2024 年 04 月 30 日	78.43	2024 年 06 月 12 日	71.65
2024 年 05 月 01 日	76.51	2024 年 06 月 13 日	71.79
2024 年 05 月 02 日	75.62	2024 年 06 月 14 日	72.14
2024 年 05 月 03 日	78.06	2024 年 06 月 17 日	71.77
2024 年 05 月 06 日	77.06	2024 年 06 月 18 日	72.76
2024 年 05 月 07 日	77.5	2024 年 06 月 20 日	72.62
2024 年 05 月 08 日	80.06	2024 年 06 月 21 日	72.21
2024 年 05 月 09 日	78.6	2024 年 06 月 24 日	73.39
2024 年 05 月 10 日	77.31	2024 年 06 月 25 日	75.07
2024 年 05 月 13 日	77.63	2024 年 06 月 26 日	75.34
2024 年 05 月 14 日	74.18	2024 年 06 月 27 日	74.58
2024 年 05 月 15 日	75.41	2024 年 06 月 28 日	72.69
2024 年 05 月 16 日	76.24	2024 年 07 月 01 日	73.1
2024 年 05 月 17 日	75.89	2024 年 07 月 02 日	72.7
2024 年 05 月 20 日	76.03	2024 年 07 月 03 日	72.36
2024 年 05 月 21 日	76.38	2024 年 07 月 05 日	70.98
2024 年 05 月 22 日	79.38	2024 年 07 月 08 日	71.05
2024 年 05 月 23 日	81.72	2024 年 07 月 09 日	70.55
2024 年 05 月 24 日	80.52	2024 年 07 月 10 日	70.93
2024 年 05 月 28 日	79.12	2024 年 07 月 11 日	70.87

续表

日　　期	结算价	日　　期	结算价
2024 年 07 月 12 日	71.27	2024 年 08 月 08 日	67.24
2024 年 07 月 15 日	72.44	2024 年 08 月 09 日	68.34
2024 年 07 月 16 日	71.37	2024 年 08 月 12 日	69.07
2024 年 07 月 17 日	72.07	2024 年 08 月 13 日	67.99
2024 年 07 月 18 日	71.93	2024 年 08 月 14 日	67.05
2024 年 07 月 19 日	70.7	2024 年 08 月 15 日	67.15
2024 年 07 月 22 日	70.62	2024 年 08 月 16 日	67.24
2024 年 07 月 23 日	69.48	2024 年 08 月 19 日	68.68
2024 年 07 月 24 日	68.65	2024 年 08 月 20 日	69.34
2024 年 07 月 25 日	68.9	2024 年 08 月 21 日	70.35
2024 年 07 月 26 日	67.99	2024 年 08 月 22 日	69.34
2024 年 07 月 29 日	69.21	2024 年 08 月 23 日	70.91
2024 年 07 月 30 日	69.55	2024 年 08 月 26 日	70.26
2024 年 07 月 31 日	68.99	2024 年 08 月 27 日	69.98
2024 年 08 月 01 日	68.08	2024 年 08 月 28 日	68.55
2024 年 08 月 02 日	68.25	2024 年 08 月 29 日	69.92
2024 年 08 月 05 日	67.78	2024 年 08 月 30 日	69.99
2024 年 08 月 06 日	67.3	2023 年 09 月 01 日	89.95
2024 年 08 月 07 日	67.73		

花纱布进出口

表 5–30　2023/2024 年度中国棉花进口分国别统计表

单位：吨

国别	数量	国别	数量
全球	3 236 239	南非	3 911
巴西	1 318 097	喀麦隆	3 415

续表

国别	数量	国别	数量
美国	1 109 102	以色列	3 406
澳大利亚	348 066	津巴布韦	3 345
土耳其	97 193	乍得	3 192
印度	86 112	贝宁	2 956
哈萨克斯坦	49 225	多哥	1 873
苏丹	41 535	阿塞拜疆	1 722
阿根廷	39 164	希腊	1 574
塔吉克斯坦	28 739	秘鲁	1 519
布基纳法索	15 895	赞比亚	1 302
坦桑尼亚	14 891	阿富汗	764
墨西哥	14 730	莫桑比克	755
马里	9 839	埃塞俄比亚	702

数据来源：中华人民共和国海关总署（不含已梳的棉花）。

表 5–31　2023/2024 年度中国棉花出口国别统计表

单位：吨

国别	数量
全球	1 3487
越南	5 622
孟加拉国	4 431
朝鲜	1 136
印度尼西亚	807
马来西亚	626
印度	463
缅甸	171
其他	231

数据来源：中华人民共和国海关总署（不含已梳的棉花）。

表 5–32 2023/2024 年度棉花进口分月统计表

单位：万吨

月　　份	进口	
	数　　量	同比（±%）
合　　计	3 236 239	127.19
2023 年 9 月	235 556	165.93
2023 年 10 月	287 178	121.76
2023 年 11 月	307 095	72.56
2023 年 12 月	263 346	54.31
2024 年 1 月	344 742	146.87
2024 年 2 月	294 821	246.69
2024 年 3 月	397 001	448.77
2024 年 4 月	341 913	307.83
2024 年 5 月	260 206	138.27
2024 年 6 月	155 293	86.94
2024 年 7 月	199 392	81.83
2024 年 8 月	149 696	–14.45

表 5–33 2003/2004 年度以来进口棉占中国用棉总量比例表

单位：万吨

年　　度	合　　计	国内产量	进口量	进口比例 %
2003/2004	684.9	485.9	199.0	29.1
2004/2005	798.3	632.3	166.0	20.8
2005/2006	982.3	571.3	411.0	41.8
2006/2007	977.8	749.8	228.0	23.3
2007/2008	1 033.0	789.0	244.0	23.6
2008/2009	943.8	799.1	144.7	15.3
2009/2010	926.1	675.7	250.4	27.0
2010/2011	880.7	623.1	257.6	29.2
2011/2012	1 298.8	802.8	544.0	41.9

续表

年　　度	合　　计	国内产量	进口量	进口比例 %
2012/2013	1 201.1	761.5	439.6	36.6
2013/2014	1 000.1	699.7	300.4	30.0
2014/2015	806.4	651.0	155.4	19.3
2015/2016	617.7	521.6	96.1	18.4
2016/2017	622.7	511.7	111.0	21.7
2017/2018	745.7	612.7	133.0	17.8
2018/2019	813.4	610.5	202.9	24.9
2019/2020	744.6	584.3	160.3	21.5
2020/2021	869.7	595.0	274.7	31.6
2021/2022	752.9	580.1	172.8	23.0
2022/2023	814.3	671.9	142.4	17.5
2023/2024	913.9	590.3	323.6	35.4

数据来源：国家棉花市场监测系统。

表 5–34　2023/2024 年度棉纱进出口分月统计表

单位：吨

月　　份	进　　口		出　　口	
	数　　量	同比 ±%	数　　量	同比 ±%
合　　计	1 672 106	25.33	269 692	3.66
2023 年 9 月	184 702	107.00	21 016	–20.10
2023 年 10 月	170 328	162.61	18 153	–23.38
2023 年 11 月	153 372	91.47	18 817	–26.38
2023 年 12 月	154 877	103.33	19 603	–21.42
2024 年 1 月	127 776	112.54	24 092	–2.71
2024 年 2 月	111 593	18.76	16 662	–8.56
2024 年 3 月	185 322	35.23	22 258	–9.19
2024 年 4 月	124 369	3.36	27 161	31.25
2024 年 5 月	117 430	–8.93	26 210	47.08
2024 年 6 月	108 844	–21.31	26 519	61.90
2024 年 7 月	127 998	–19.65	22 706	27.76
2024 年 8 月	105 495	–43.23	26 495	35.89

数据来源：中华人民共和国海关总署。

表 5–35　2023/2024 年度棉布进出口分月统计表

单位：万米

月　份	进　口		出　口	
	数　量	同比 ±%	数　量	同比 ±%
合　计	39 733	13.78	565 333	–4.38
2023 年 9 月	3 944	48.71	48 381	–6.02
2023 年 10 月	4 115	37.87	47 032	–6.50
2023 年 11 月	3 621	2.97	42 651	–8.62
2023 年 12 月	3 127	–14.88	47 969	6.17
2024 年 1 月	2 106	–31.86	56 799	–0.66
2024 年 2 月	4 067	74.08	38 564	12.69
2024 年 3 月	3 121	6.64	43 300	–21.46
2024 年 4 月	3 470	83.45	48 068	–9.08
2024 年 5 月	2 925	–18.10	50 785	–1.59
2024 年 6 月	2 906	–14.71	48 423	–1.22
2024 年 7 月	2 809	–12.10	44 654	–3.97
2024 年 8 月	3 520	110.54	48 706	–4.64

数据来源：中华人民共和国海关总署。

表 5–36　2023/2024 年度纺织品服装出口额分月统计表

单位：亿美元

月　份	纺织品服装		纺　织　品		服　装	
	金　额	同比（±%）	金　额	同比（±%）	金　额	同比（±%）
合　计	2 954.38	–0.17	1 376.29	2.03	1 578.09	–2.02
2023 年 9 月	257.57	–6.40	114.93	–3.64	142.64	–8.51
2023 年 10 月	227.78	–5.57	106.69	–3.69	121.09	–7.16
2023 年 11 月	235.78	–2.05	110.97	–0.67	124.81	–3.26
2023 年 12 月	252.00	2.31	111.88	3.34	140.13	1.49
2024 年 1-2 月	450.95	14.27	217.11	15.54	233.85	13.12
2024 年 3 月	208.18	–17.23	103.84	–16.84	104.34	–17.62

续表

月　　份	纺织品服装		纺　织　品		服　　装	
	金　　额	同比 ±%	金　　额	同比 ±%	金　　额	同比 ±%
2024 年 4 月	239.34	–3.12	121.90	–2.36	117.44	–3.90
2024 年 5 月	261.34	4.69	128.87	8.12	132.47	1.56
2024 年 6 月	273.95	2.54	122.49	6.73	151.46	–0.61
2024 年 7 月	267.99	–0.47	115.44	4.04	152.55	–3.63
2024 年 8 月	279.50	0.96	122.19	5.03	157.32	–1.99

数据来源：中华人民共和国海关总署。

棉花消费

表 5–37　2023/2024 年度全国纺织生产分月统计表

单位：万吨、亿米

月　　份	纺纱产量	同比（±%）	化纤产量	同比（±%）	布产量	同比（±%）
总　　计	2 270.2	–11.20	7 777.6	11.80	324.1	–6.79
2023 年 9 月	193.6	–15.79	631.4	8.94	27.3	–14.95
2023 年 10 月	195.5	–15.55	645.3	11.41	26.6	–16.35
2023 年 11 月	197.5	–19.06	654.1	18.73	28.0	–15.15
2023 年 12 月	201.9	–21.71	647.2	23.61	27.7	–20.17
2024 年 1-2 月	336.4	–14.49	1 167.8	21.53	48.1	–3.80
2024 年 3 月	198.9	–15.11	692.2	5.33	29.4	–4.45
2024 年 4 月	187.1	–6.07	660.9	12.34	28.6	4.38
2024 年 5 月	186.8	–3.81	673.5	10.55	27.9	1.82
2024 年 6 月	195.4	–2.20	676.8	5.44	23.7	0.17
2024 年 7 月	188.9	2.05	668.8	5.91	25.3	–1.56
2024 年 8 月	188.2	0.53	659.6	3.94	26.5	1.15

数据来源：国家统计局。

中国棉花产销存预测

表 5–38　2001/2002 年度以来国内棉花产销存预测与价格对比表

单位：万吨、元 / 吨

年度	期初库存	产量	进口	消费	出口	期末库存	库存消费比 %	年度均价
2001/2002	436.49	531.48	11.65	523.49	9.05	447.08	83.95	10 140
2002/2003	447.08	491.70	71.90	601.03	15.10	394.55	64.04	12 008
2003/2004	394.55	485.90	199.00	620.27	3.00	456.17	73.19	16 100
2004/2005	456.17	632.30	166.00	813.42	1.00	440.06	54.03	12 432
2005/2006	440.06	571.27	411.00	953.45	1.00	467.87	49.02	14 103
2006/2007	467.87	749.79	228.00	1 106.29	1.86	337.51	30.46	13 300
2007/2008	337.51	789.00	244.00	1 017.41	1.50	351.59	34.51	13 766
2008/2009	351.59	799.12	144.65	969.44	1.74	324.18	33.38	12 162
2009/2010	324.18	675.70	250.47	1 025.64	0.53	224.18	21.85	15 760
2010/2011	224.18	623.05	257.63	908.09	2.66	194.11	21.31	25 671
2011/2012	194.11	802.80	544.03	920.49	1.23	619.22	67.18	19 192
2012/2013	619.22	761.50	439.61	962.81	0.93	856.59	88.88	19 141
2013/2014	856.59	699.70	300.37	797.25	0.93	1 058.48	132.61	18 581
2014/2015	1 058.48	662.10	167.13	806.41	2.51	1 078.79	133.36	13 751
2015/2016	1 078.79	521.60	96.14	789.12	2.38	905.02	114.34	12 865
2016/2017	905.02	511.70	111.03	849.82	1.31	676.62	79.50	15 683
2017/2018	676.62	612.70	132.16	878.29	3.57	539.62	61.19	15 885
2018/2019	539.62	610.50	202.86	840.08	4.83	508.07	60.13	15 189
2019/2020	508.07	584.30	160.34	747.67	2.56	502.48	66.98	12 515
2020/2021	502.48	595.00	274.66	861.00	2.51	508.63	58.90	15 387
2021/2022	508.63	580.10	172.82	730.00	2.80	528.74	72.15	20 402
2022/2023	528.74	671.90	142.45	770.00	1.80	571.29	74.02	16 041
2023/2024	571.29	590.30	323.51	790.00	1.30	693.80	87.68	16 584

注：1. 数据来源为国家棉花市场监测系统（发布时间截至 2025 年 3 月）；2. 年度均价为国家棉花价格 B 指数的棉花年度均价。

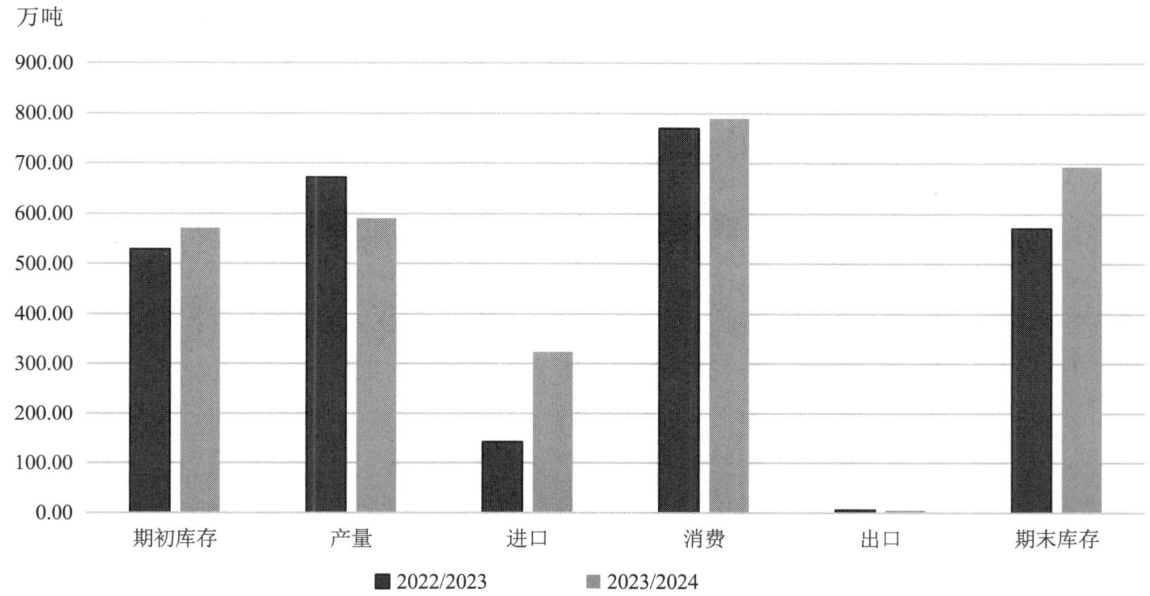

图 5-12　2022/2023 年度与 2023/2024 年度中国产销存预测同比对比

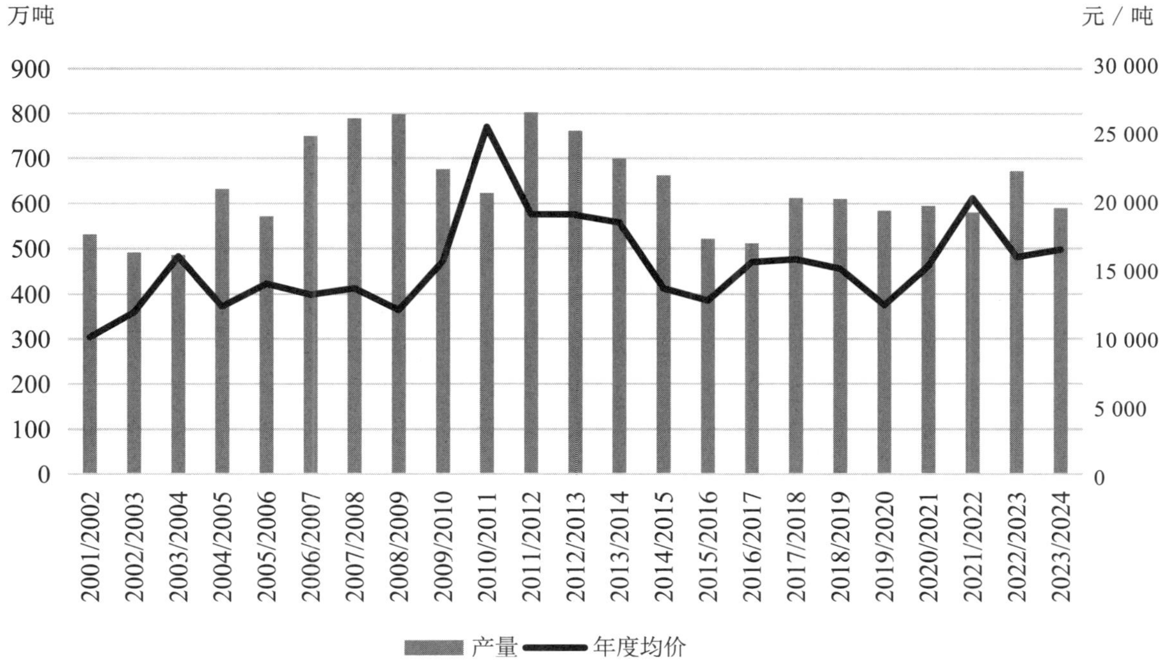

图 5-13　2001/2002 年度以来国内棉价与中国棉花产量预测对比

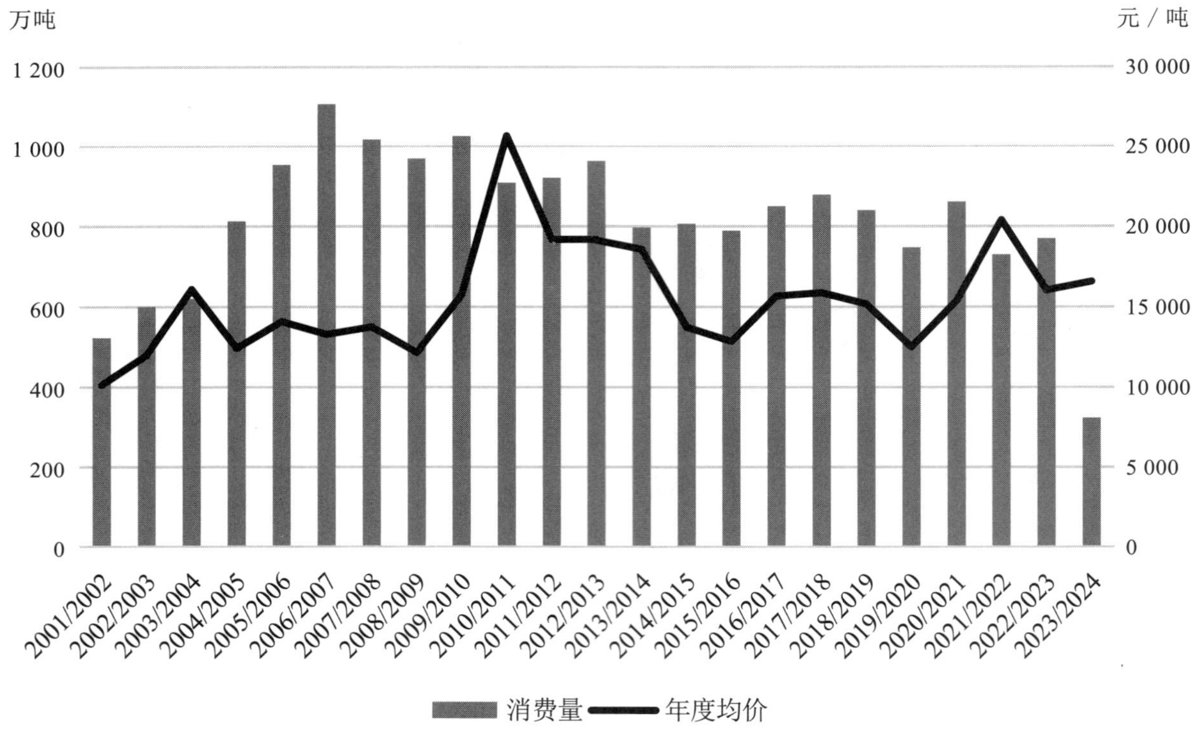

图 5–14　2001/2002 年度以来国内棉价与中国棉花消费量预测对比

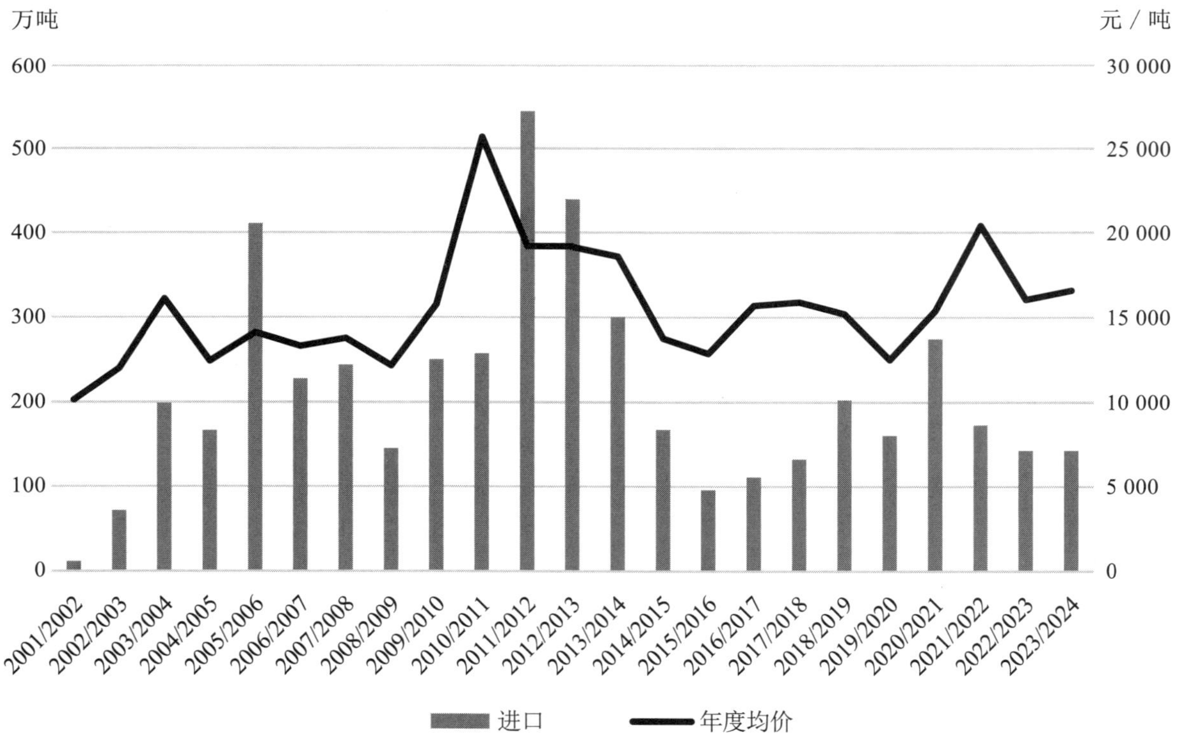

图 5–15　2001/2002 年度以来国内棉价与中国棉花进口量预测对比

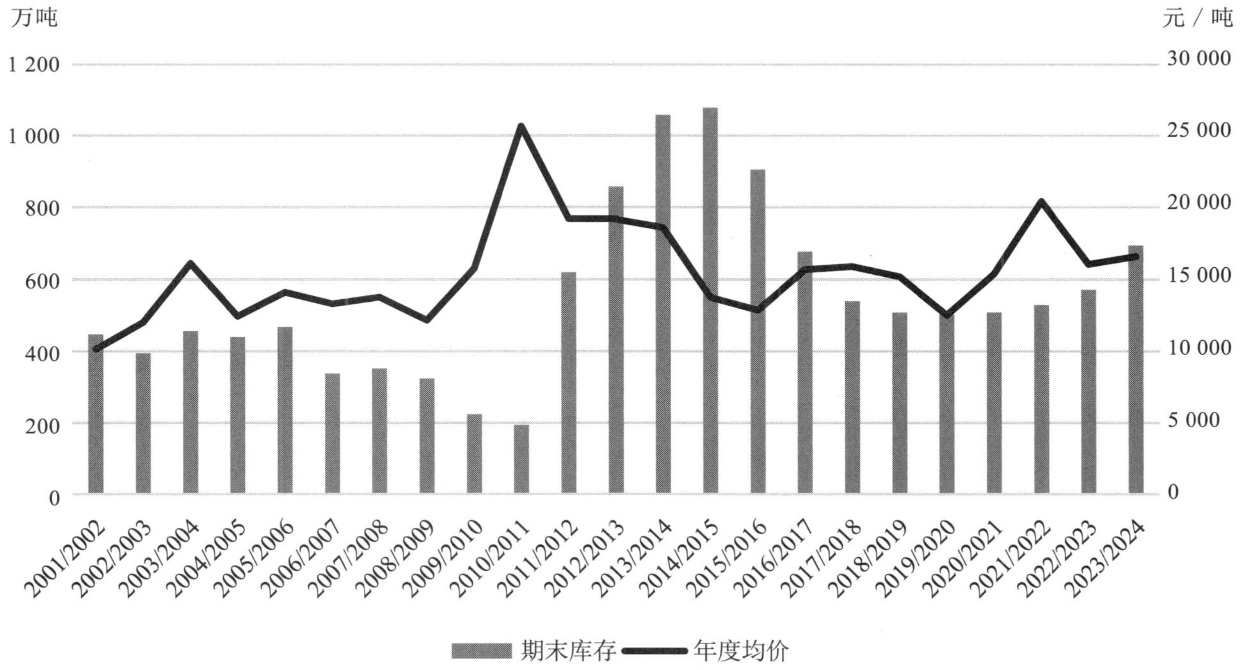

图 5–16　2001/2002 年度以来国内棉价与中国棉花期末库存预测对比

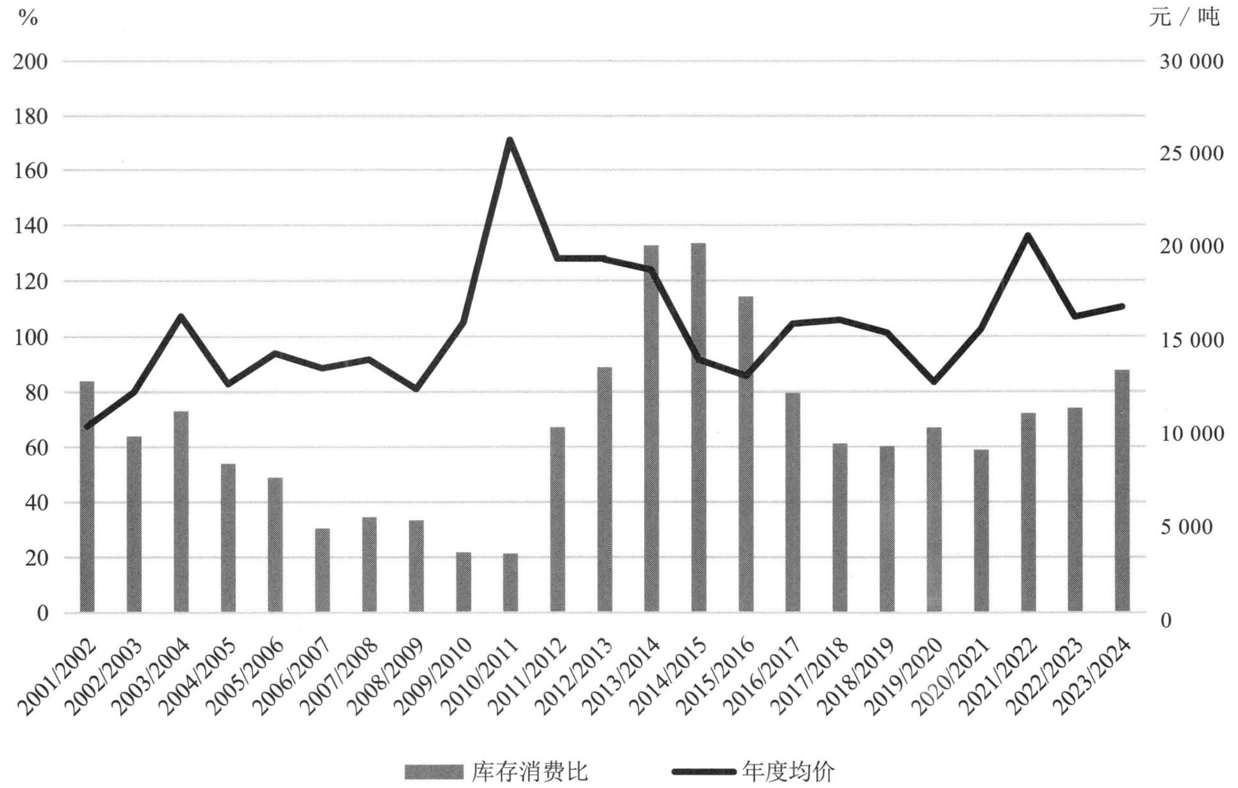

图 5–17　2001/2002 年度以来国内棉价与中国棉花库存消费比对比

全球棉花产销存预测

表 5–39　2003/2004 年度以来全球棉花产销存预测表

单位：万吨、美分 / 磅

年度	期初库存	产量	进口量	消费量	出口量	期末库存	库存消费比（%）	国际棉花指数（M）
2003/2004	1 041.3	2 055.5	743.5	2 135.7	720.1	1 004.4	47	55.71
2004/2005	1 004.4	2 647.2	739.5	2 377.7	760.9	1 279.7	54	53.57
2005/2006	1 279.7	2 559.4	972.5	2 546.2	978.1	1 326.9	52	57.32
2006/2007	1 326.9	2 622.5	834.0	2 704.2	814.7	1 302.4	48	59.12
2007/2008	1 302.4	2 607.0	859.0	2 696.3	846.3	1 272.6	47	74.71
2008/2009	1 272.6	2 393.9	664.6	2 402.6	657.7	1 304.3	54	61.27
2009/2010	1 304.3	2 248.0	803.8	2 602.3	779.6	976.0	38	82.56
2010/2011	976.0	2 475.3	793.4	2 515.2	759.6	969.1	39	170.05
2011/2012	969.1	2 780.5	989.5	2 262.9	1 000.4	1 483.0	66	101.21
2012/2013	1 483.0	2 751.6	1 034.1	2 349.3	1 008.1	1 921.6	82	89.59
2013/2014	1 921.6	2 584.4	901.9	2 385.2	897.6	2 125.9	89	90.79
2014/2015	2 125.9	2 614.4	795.0	2 449.1	788.7	2 292.9	94	72.04
2015/2016	2 292.9	2 126.8	775.5	2 469.0	759.6	1 964.7	80	71.27
2016/2017	1 964.7	2 315.7	822.4	2 544.0	829.9	1 730.2	68	82.26
2017/2018	1 730.2	2 661.4	900.6	2 685.2	905.9	1 705.3	64	88.97
2018/2019	1 705.3	2 495.4	922.9	2 605.0	906.6	1 615.7	62	81.92
2019/2020	1 615.7	2 594.8	886.7	2 287.1	897.3	1 916.5	84	71.87
2020/2021	1 916.5	2 483.7	1 059.1	2 704.7	1 066.9	1 690.7	63	88.91
2021/2022	1 690.7	2 494.0	935.4	2 530.6	940.5	1 662.1	66	125.94
2022/2023	1 662.1	2 539.5	820.6	2 428.2	806.2	1 803.5	74	99.65
2023/2024	1 803.5	2 458.5	939.6	2 476.2	939.5	1 794.0	72	90.51
2024/2025	1 614.8	2 555.8	919.9	2 521.1	920.0	1 655.1	66	—

注：1. 数据来源为美国农业部，中国棉花网。

2. 2004/2005 年度以前为北欧到岸价 A 指数，2004/2005 年度以后为国际棉花指数（M）。

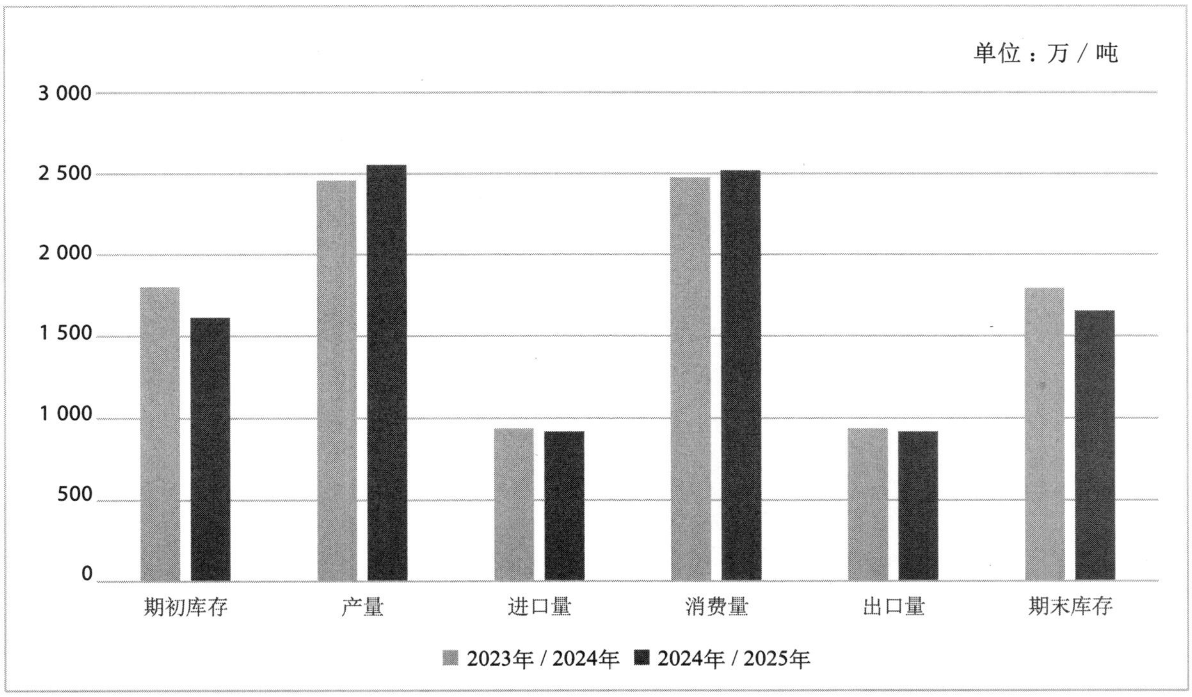

图 5–18　2023/2024 和 2024/2025 年度全球产销存预测比较

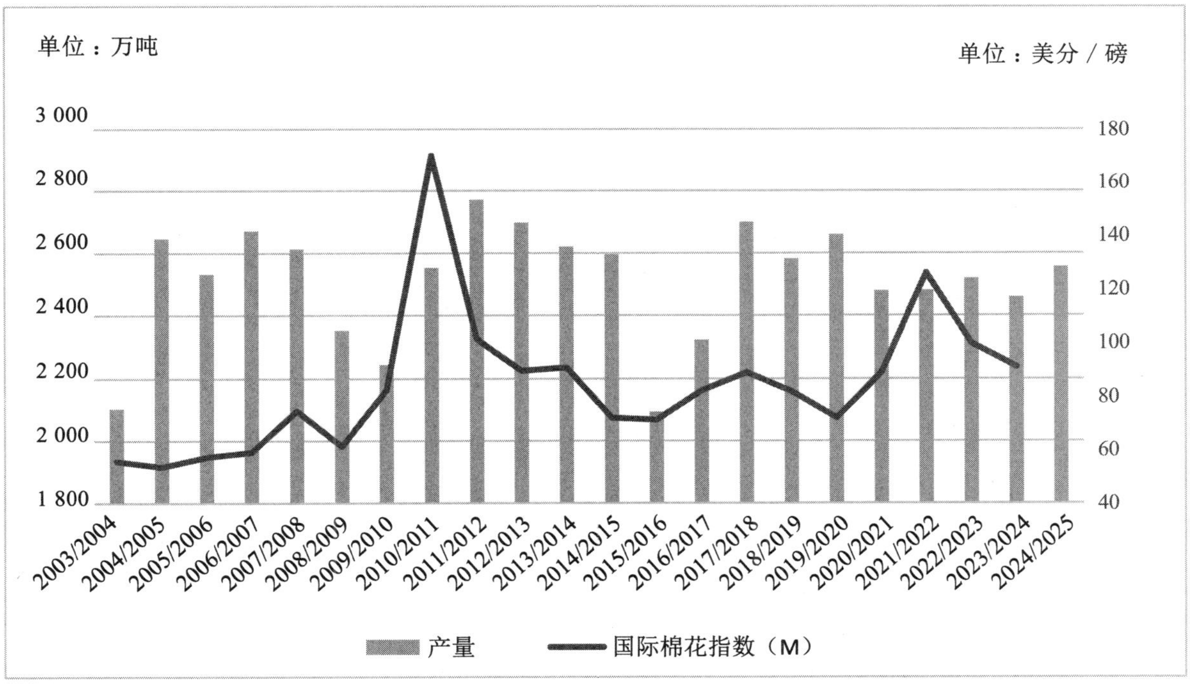

图 5–19　2003/2004 年度以来国际棉价与全球棉花产量变化

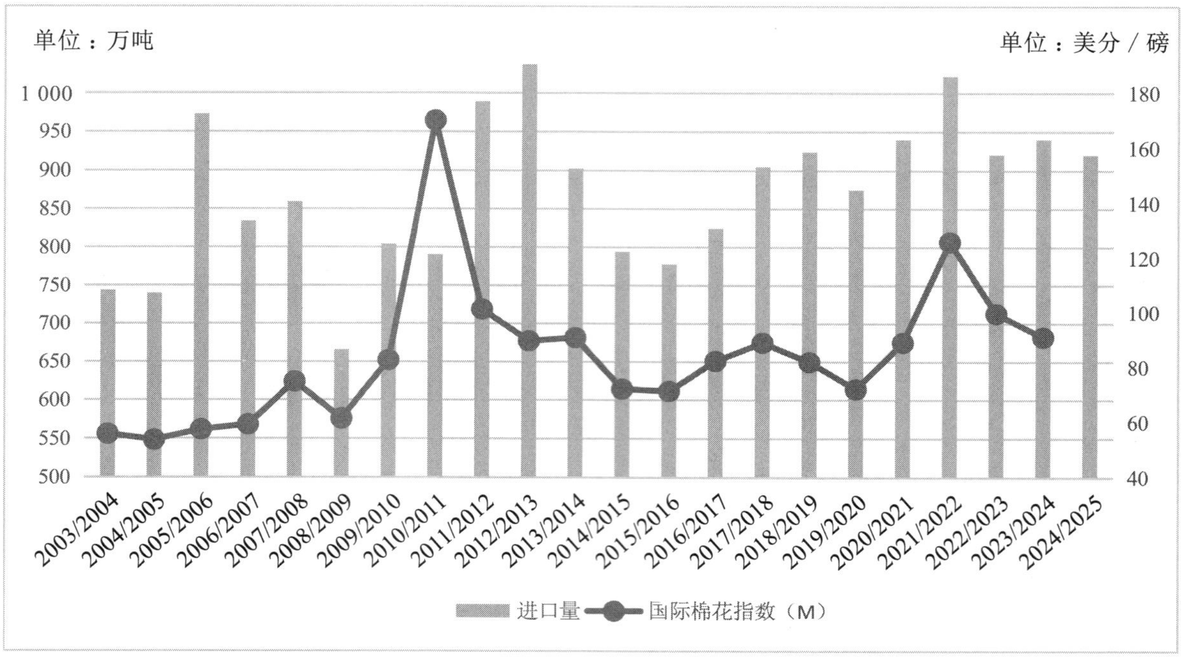

图 5–20　2003/2004 年度以来国际棉价与全球棉花进口量变化

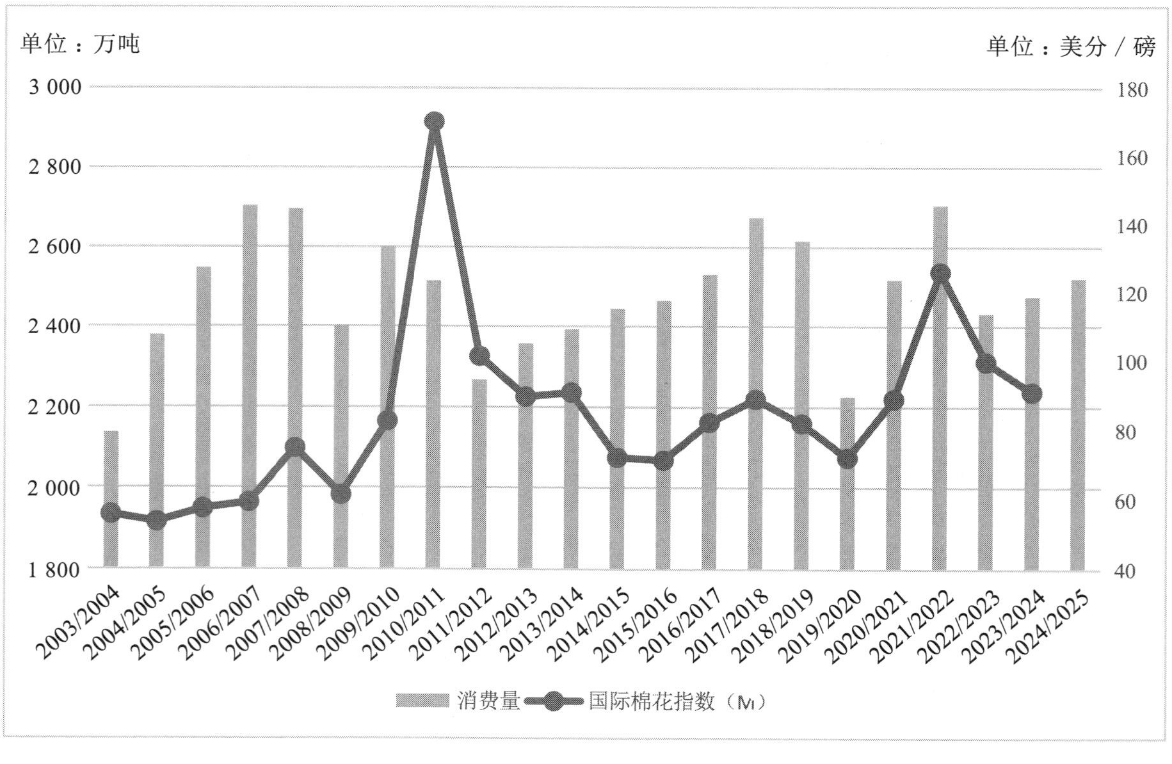

图 5–21　2003/2004 年度以来国际棉价与全球棉花消费量变化

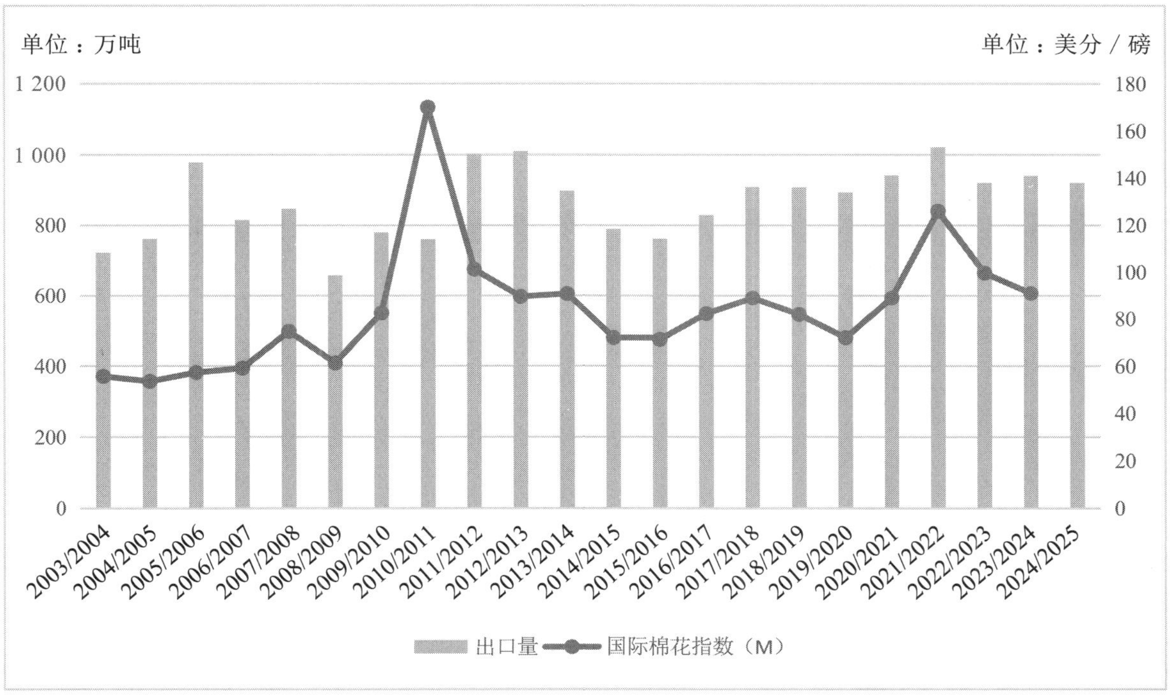

图 5–22　2003/2004 年度以来国际棉价与全球棉花出口量变化

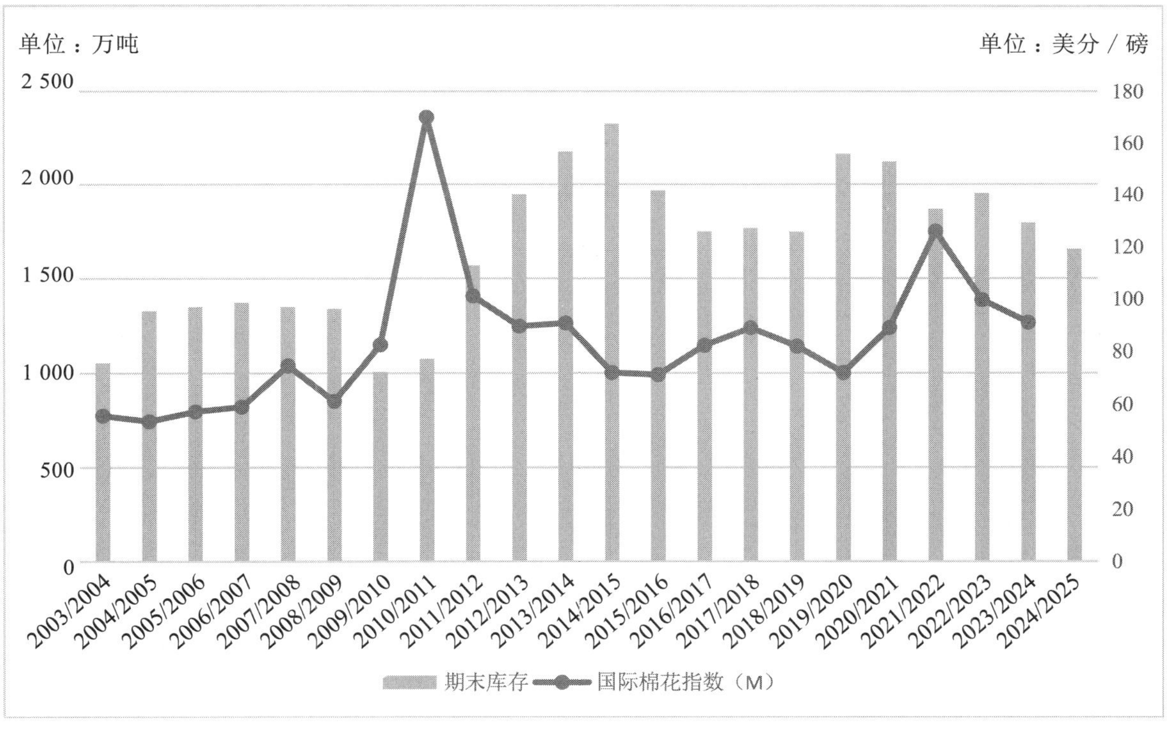

图 5–23　2003/2004 年度以来国际棉价与全球棉花期末库存变化

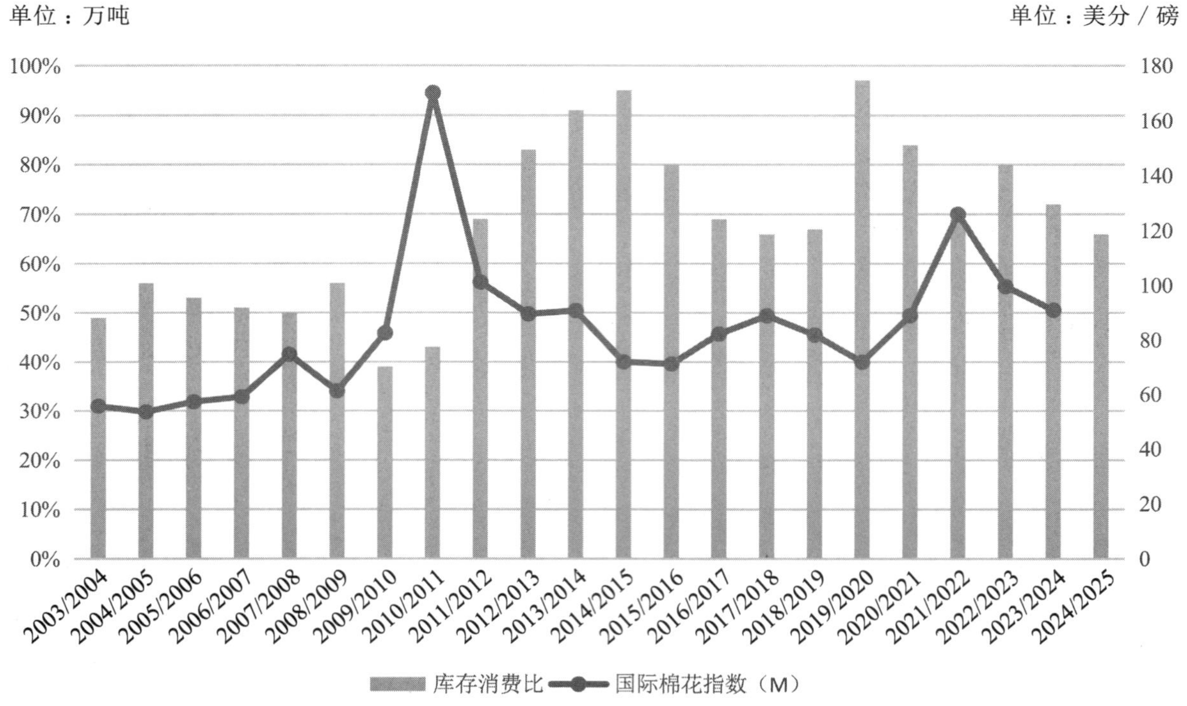

图 5–24　2003/2004 年度以来国际棉价与全球棉花库存消费比变化

表 5–40　2003/2004 年度以来主要国家棉花产量预测统计表

单位：万吨

年度	中国	印度	美国	巴基斯坦	乌兹别克斯坦	巴西	土耳其	澳大利亚	西非
2003/2004	518.2	304.8	397.5	170.8	89.3	131.0	89.3	34.8	92.8
2004/2005	659.7	413.7	506.2	242.5	113.2	128.5	90.4	65.3	100.9
2005/2006	618.3	414.8	520.2	214.5	120.8	102.3	77.3	59.9	90.6
2006/2007	772.9	489.9	470.0	208.6	116.5	152.4	82.7	29.4	81.9
2007/2008	805.6	537.8	418.2	186.2	116.5	160.2	67.5	13.6	57.0
2008/2009	799.1	507.3	279.0	185.9	100.2	119.3	42.0	33.2	57.0
2009/2010	696.7	533.4	265.4	201.2	84.9	118.7	38.1	38.6	55.9
2010/2011	664.1	592.2	394.2	188.1	89.3	196.0	45.9	91.4	56.3
2011/2012	740.3	631.4	339.1	230.8	91.4	189.4	74.9	119.8	70.2
2012/2013	762.0	620.5	377.0	202.5	98.0	130.6	57.7	100.2	90.4

续表

年度	中国	印度	美国	巴基斯坦	乌兹别克斯坦	巴西	土耳其	澳大利亚	西非
2013/2014	713.1	675.0	281.1	206.8	89.3	174.2	50.1	89.3	91.1
2014/2015	664.1	675.0	353.9	213.4	89.3	152.4	68.6	50.1	96.5
2015/2016	529.1	620.5	283.7	174.2	80.6	141.5	57.7	52.3	100.1
2016/2017	457.2	587.9	359.8	179.6	80.6	141.5	69.7	98.0	84.4
2017/2018	544.3	642.3	466.8	178.5	80.6	169.8	87.1	102.3	91.4
2018/2019	587.9	598.7	404.7	161.1	71.8	239.5	93.6	54.4	107.3
2019/2020	593.3	642.3	439.9	135.0	76.2	272.2	78.4	18.5	104.7
2020/2021	642.3	600.9	318.1	98.0	76.2	235.6	63.1	61.0	103.4
2021/2022	582.4	609.6	398.1	124.1	74.0	287.4	82.7	115.4	108.3
2022/2023	609.6	598.7	310.1	80.6	58.8	283.0	106.7	108.9	87.5
2023/2024	587.9	544.3	278.2	145.9	63.1	317.0	69.7	111.0	109.3
2024/2025	614.0	544.3	310.4	119.7	65.3	368.0	87.1	108.9	102.5

资料来源：美国农业部（USDA）。

单位：万吨

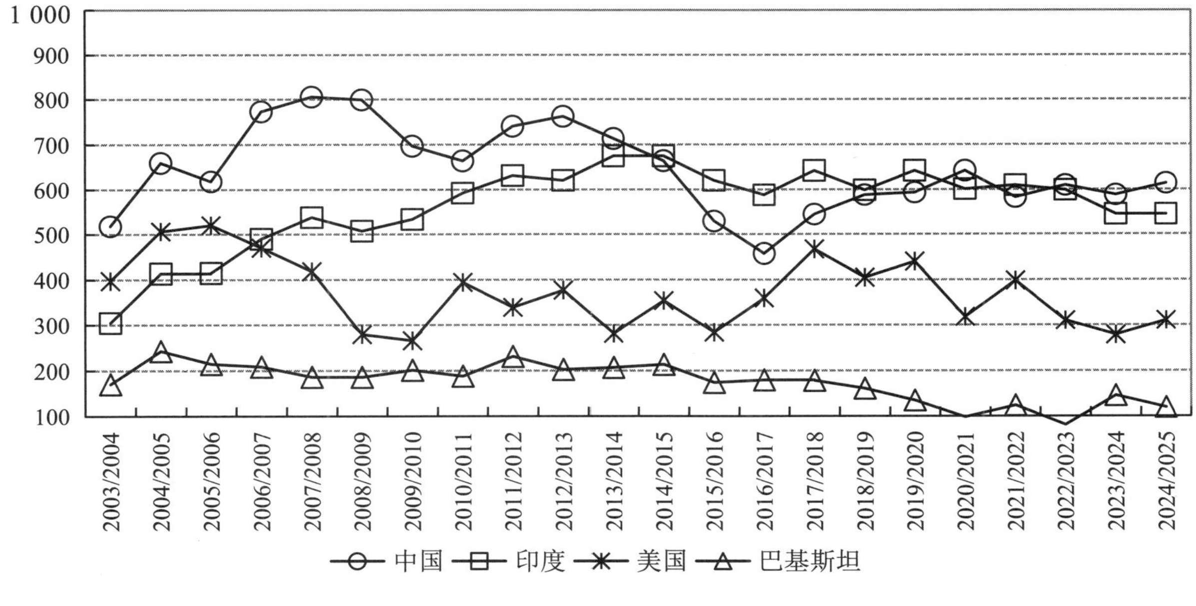

图 5–25　2003/2004 年度以来主要国家棉花产量变化

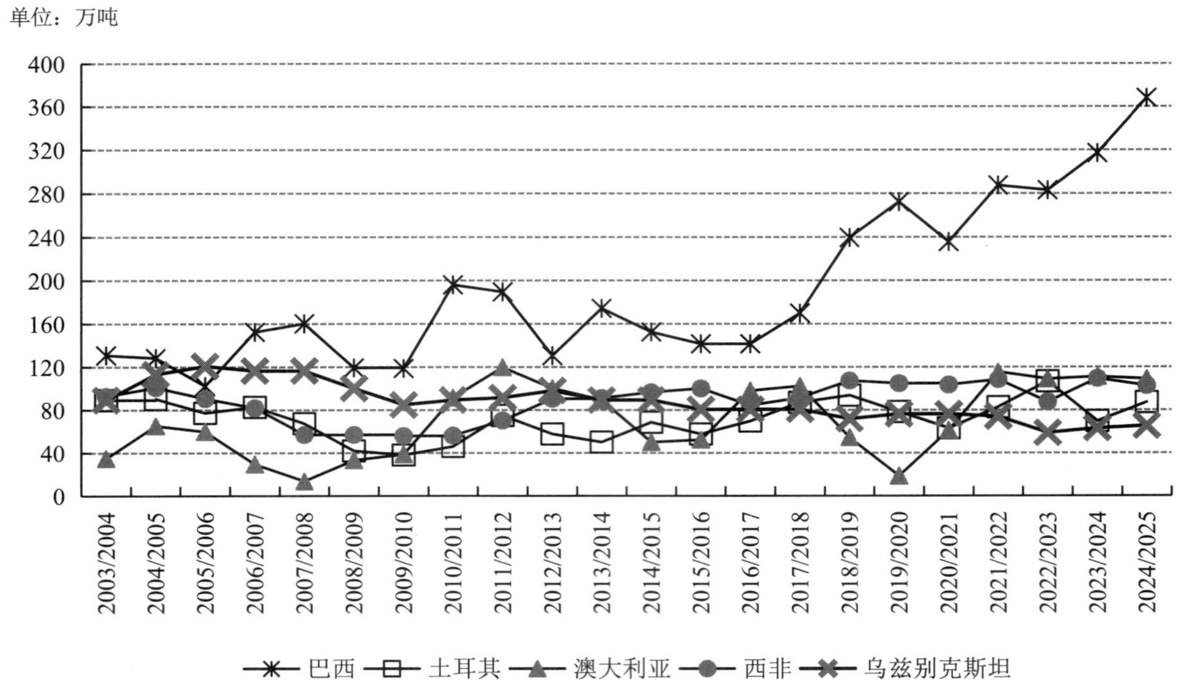

图 5–26　2003/2004 年度以来主要国家棉花产量变化

表 5–41　2003/2004 年度以来主要国家棉花消费量预测统计表

单位：万吨

年度	中国	印度	巴基斯坦	土耳其	美国	巴西	孟加拉国	印度尼西亚	泰国	越南
2003/2004	696.7	293.9	209.0	130.6	136.4	87.4	39.2	46.8	40.3	12.5
2004/2005	838.3	322.2	228.6	154.6	145.7	93.8	47.9	46.8	45.7	15.2
2005/2006	979.8	363.6	250.4	152.4	127.8	96.9	54.4	47.4	44.6	16.3
2006/2007	1 088.6	394.1	261.3	158.9	107.4	99.6	69.7	51.7	42.5	21.2
2007/2008	1 110.4	405.0	261.3	132.8	99.8	100.2	76.2	56.6	42.5	26.1
2008/2009	958.0	386.5	241.7	107.8	77.1	91.4	80.6	51.2	34.8	27.2
2009/2010	1 088.6	430.0	226.4	128.5	77.3	95.8	87.1	56.6	38.6	34.8
2010/2011	1 001.5	447.4	215.6	121.9	84.9	93.6	91.4	56.6	37.0	35.4
2011/2012	827.4	423.5	217.7	121.9	71.9	87.1	76.2	53.3	28.3	36.5
2012/2013	783.8	475.7	234.1	131.7	76.2	89.3	84.9	64.2	32.1	49.0
2013/2014	751.2	511.7	226.4	137.2	77.3	91.4	90.4	66.4	32.7	69.7

续表

年度	中国	印度	巴基斯坦	土耳其	美国	巴西	孟加拉国	印度尼西亚	泰国	越南
2014/2015	827.4	533.4	230.8	141.5	82.7	89.3	94.7	66.4	32.7	89.3
2015/2016	707.6	550.8	219.9	139.3	80.6	72.9	127.4	68.6	30.5	98.0
2016/2017	778.4	517.1	222.1	147.0	71.8	69.7	139.3	63.1	26.1	117.6
2017/2018	849.1	538.9	226.4	152.4	72.9	74.0	156.8	74.0	26.1	143.7
2018/2019	903.6	550.8	230.8	152.4	71.8	76.2	147.2	78.4	25.0	163.3
2019/2020	838.2	533.4	230.8	154.6	65.3	74.0	161.1	67.5	21.8	156.8
2020/2021	827.4	522.5	217.7	152.4	50.9	65.3	158.9	63.1	15.2	148.1
2021/2022	870.9	561.7	242.2	185.1	55.3	69.7	191.8	54.4	14.0	163.3
2022/2023	772.9	500.8	196.0	174.2	47.9	69.7	178.5	53.3	15.2	141.5
2023/2024	794.7	522.5	217.7	163.3	41.4	71.8	169.8	47.9	14.2	145.9
2024/2025	816.5	566.1	215.5	154.6	39.2	71.8	169.8	43.5	9.6	152.4

资料来源：美国农业部（USDA）。

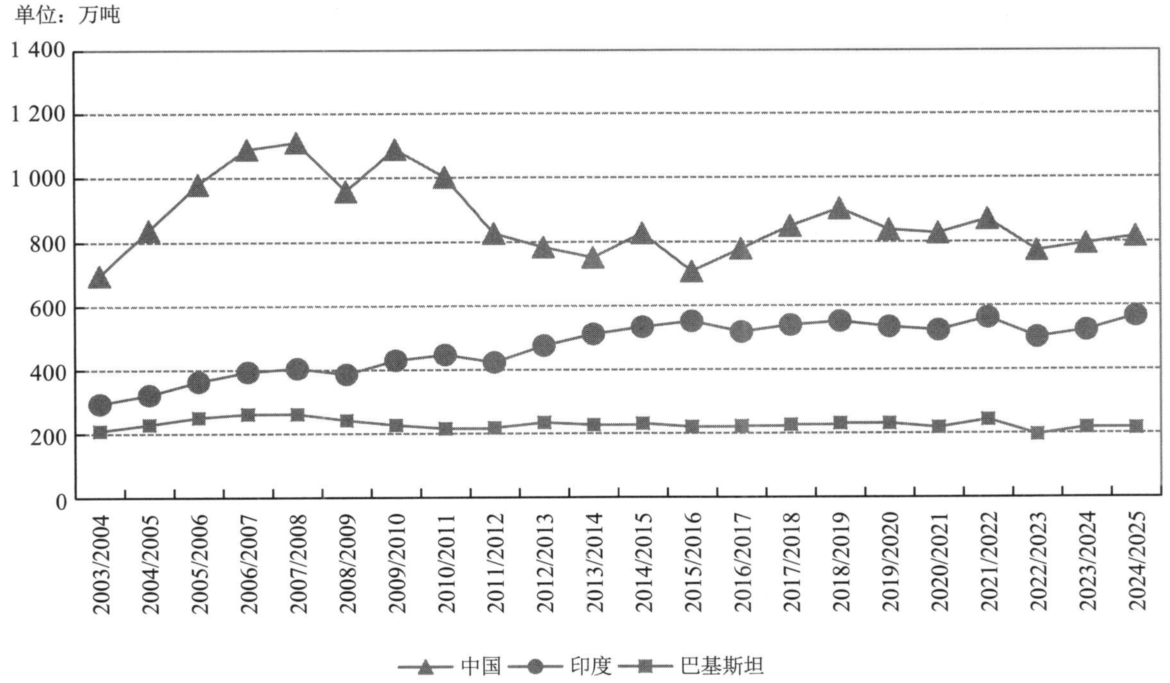

图 5–27　2003/2004 年度以来主要国家棉花消费量变化

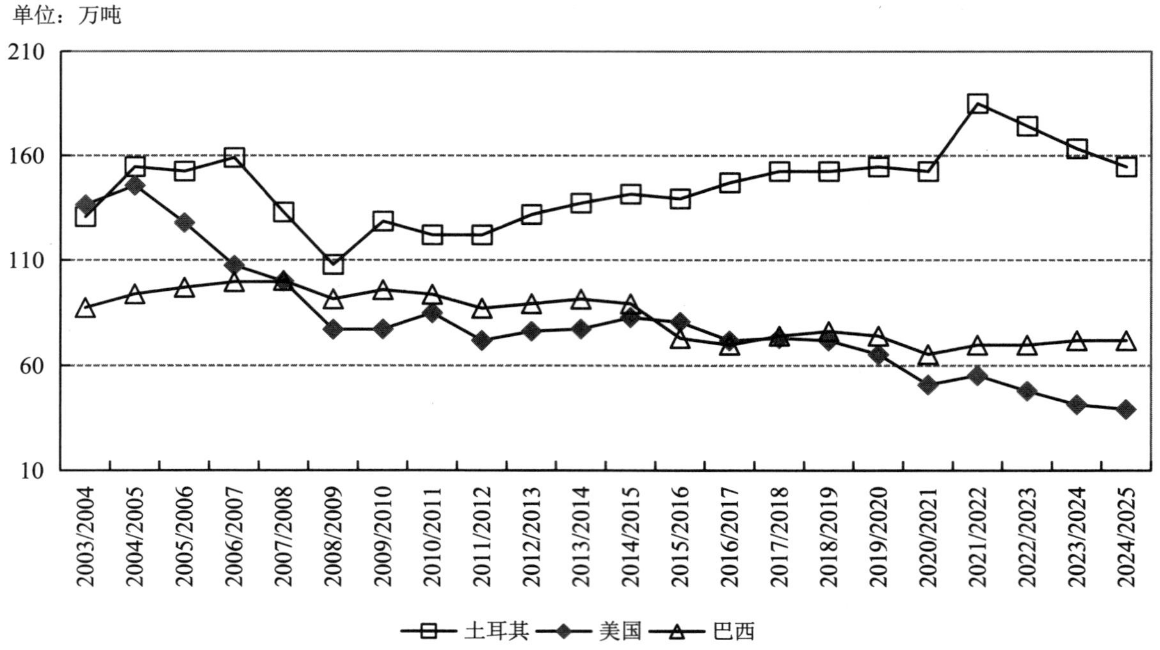

图 5–28　2003/2004 年度以来主要国家棉花消费量变化

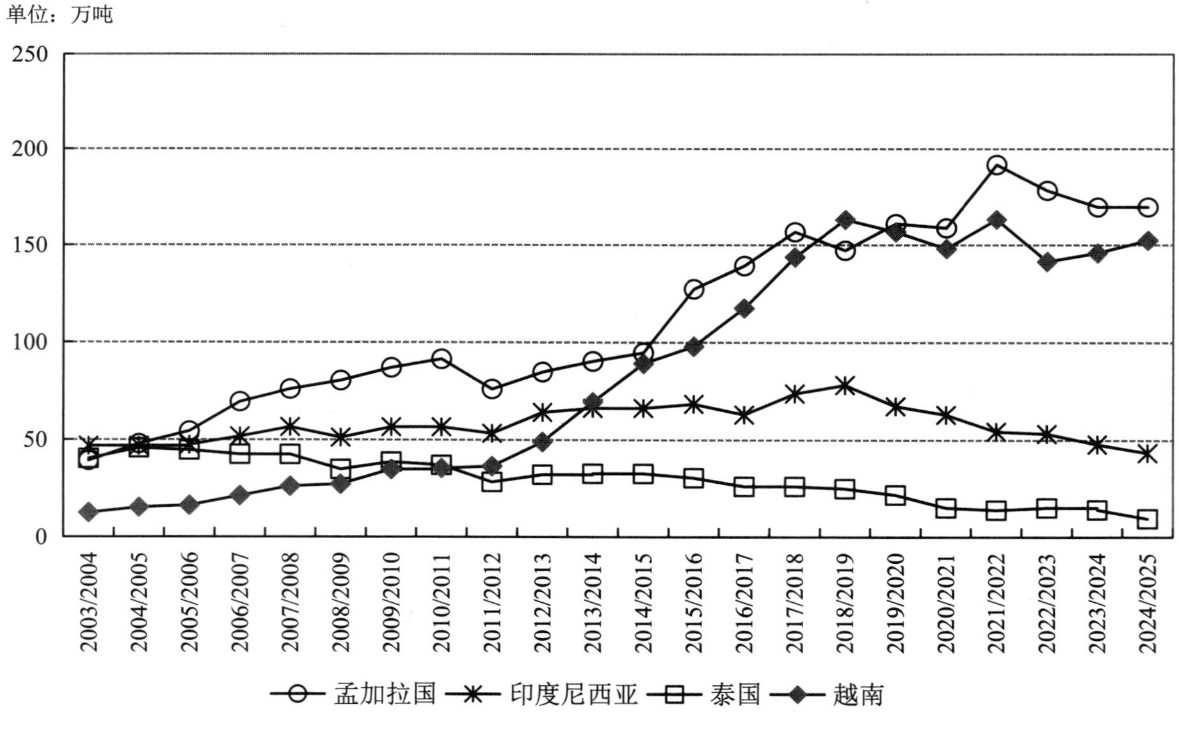

图 5–29　2003/2004 年度以来主要国家棉花消费量变化

表 5–42 2003/2004 年度以来主要国家棉花进口量预测统计表

单位：万吨

年度	中国	土耳其	巴基斯坦	孟加拉国	印度尼西亚	泰国	越南
2003/2004	192.3	51.6	39.3	39.2	46.8	36.5	11.8
2004/2005	139.0	74.3	38.2	49.0	47.9	49.7	15.0
2005/2006	419.9	76.2	35.2	53.3	47.9	41.2	15.1
2006/2007	230.5	87.7	50.2	70.8	52.3	41.5	21.3
2007/2008	251.0	71.1	85.1	78.4	58.8	42.0	26.3
2008/2009	152.3	63.6	41.7	82.7	52.3	34.9	27.2
2009/2010	237.4	95.7	34.3	87.1	58.8	39.3	36.9
2010/2011	260.8	72.9	31.4	92.5	56.6	38.1	34.2
2011/2012	534.2	51.9	19.6	71.9	54.4	27.5	35.4
2012/2013	442.6	80.4	39.2	84.9	65.3	32.9	52.5
2013/2014	307.5	92.4	26.1	89.3	65.3	33.7	69.7
2014/2015	152.4	82.7	32.7	96.9	67.5	34.3	93.1
2015/2016	119.7	82.7	43.5	125.2	67.5	31.6	100.2
2016/2017	98.0	80.6	47.9	137.2	63.1	26.7	119.8
2017/2018	115.4	76.2	58.8	157.9	75.1	27.2	150.2
2018/2019	152.4	63.1	63.1	176.4	79.5	25.6	165.5
2019/2020	196.0	87.1	91.4	158.9	67.5	21.8	156.8
2020/2021	280.0	116.0	115.9	190.5	50.2	13.0	159.2
2021/2022	223.2	113.2	115.4	180.7	54.4	14.2	163.3
2022/2023	174.2	93.6	108.9	174.2	53.3	15.2	143.7
2023/2024	239.5	89.3	87.1	163.3	50.1	14.2	145.9
2024/2025	185.0	93.6	98.0	167.6	43.5	9.3	152.4

资料来源：美国农业部（USDA）。

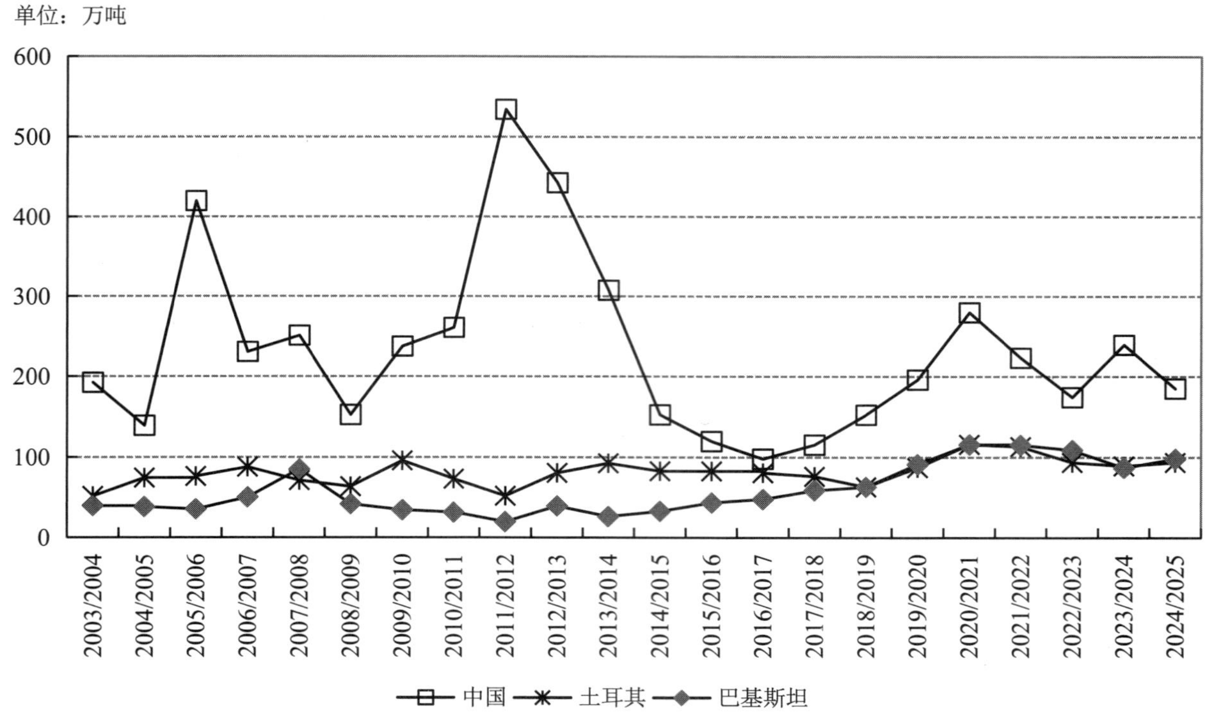

图 5–30　2003/2004 年度以来主要国家棉花进口量变化

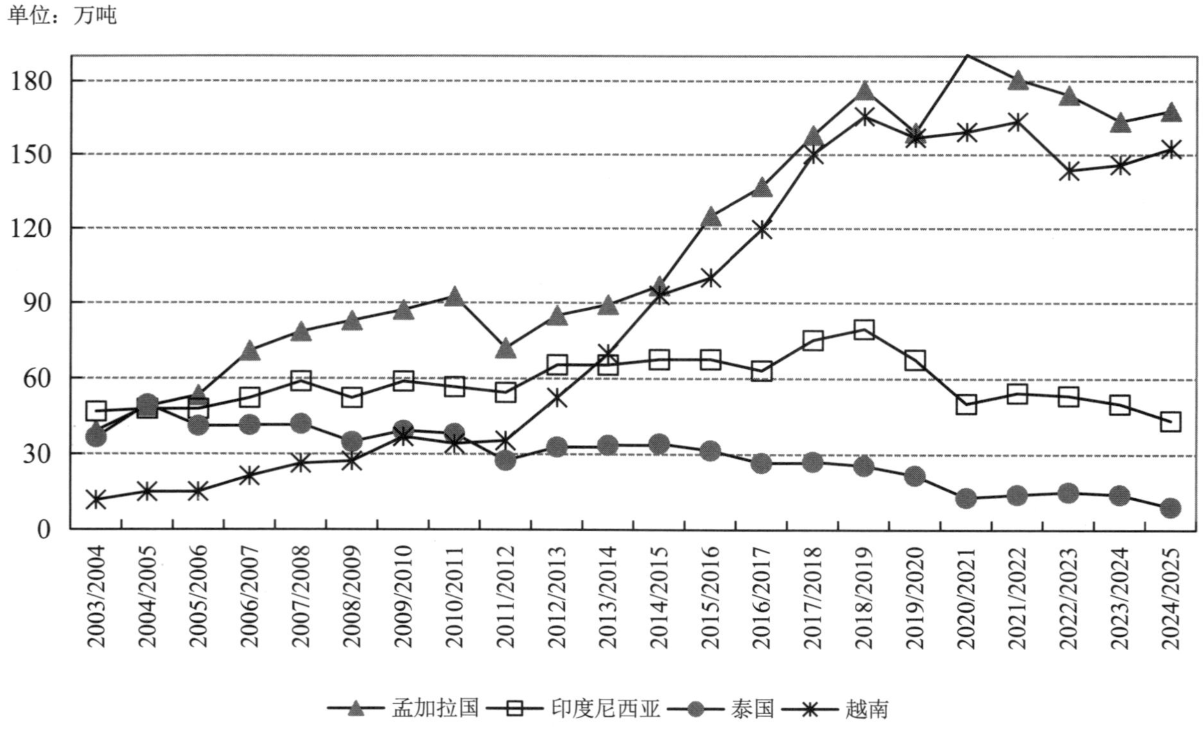

图 5–31　2003/2004 年度以来主要国家棉花进口量变化

表 5–43　2003/2004 年度以来主要国家棉花出口量预测统计表

单位：万吨

年度	美国	印度	乌兹别克斯坦	西非	澳大利亚	巴西
2003/2004	299.6	15.2	67.5	86.8	47.0	21.0
2004/2005	314.3	14.4	86.0	79.2	43.5	33.9
2005/2006	384.8	80.0	104.5	88.4	62.8	42.9
2006/2007	282.2	106.1	98.0	80.0	46.4	28.3
2007/2008	296.9	163.3	91.4	54.9	26.5	48.6
2008/2009	288.7	51.4	65.3	45.5	26.1	59.6
2009/2010	262.1	142.6	82.7	49.9	46.0	43.3
2010/2011	313.0	108.9	57.7	48.3	54.4	43.5
2011/2012	255.0	241.2	54.4	50.6	101.0	104.3
2012/2013	283.6	168.7	69.7	84.0	134.3	93.8
2013/2014	229.3	204.7	58.8	81.9	105.6	48.6
2014/2015	217.7	108.9	50.1	77.9	69.7	74.0
2015/2016	217.7	115.4	50.1	102.9	56.6	91.4
2016/2017	265.6	91.4	46.8	77.2	89.3	63.1
2017/2018	322.2	93.6	26.1	80.0	93.6	87.1
2018/2019	326.6	95.8	17.4	100.7	78.4	126.3
2019/2020	359.2	87.1	10.9	101.8	32.7	191.6
2020/2021	356.4	134.8	8.9	111.0	34.1	239.8
2021/2022	337.5	126.3	4.4	105.1	84.9	180.7
2022/2023	266.7	72.9	2.2	113.0	128.5	180.7
2023/2024	265.6	39.2	0.5	99.9	123.0	250.4
2024/2025	246.0	28.3	0.2	99.7	117.6	272.2

资料来源：美国农业部（USDA）。

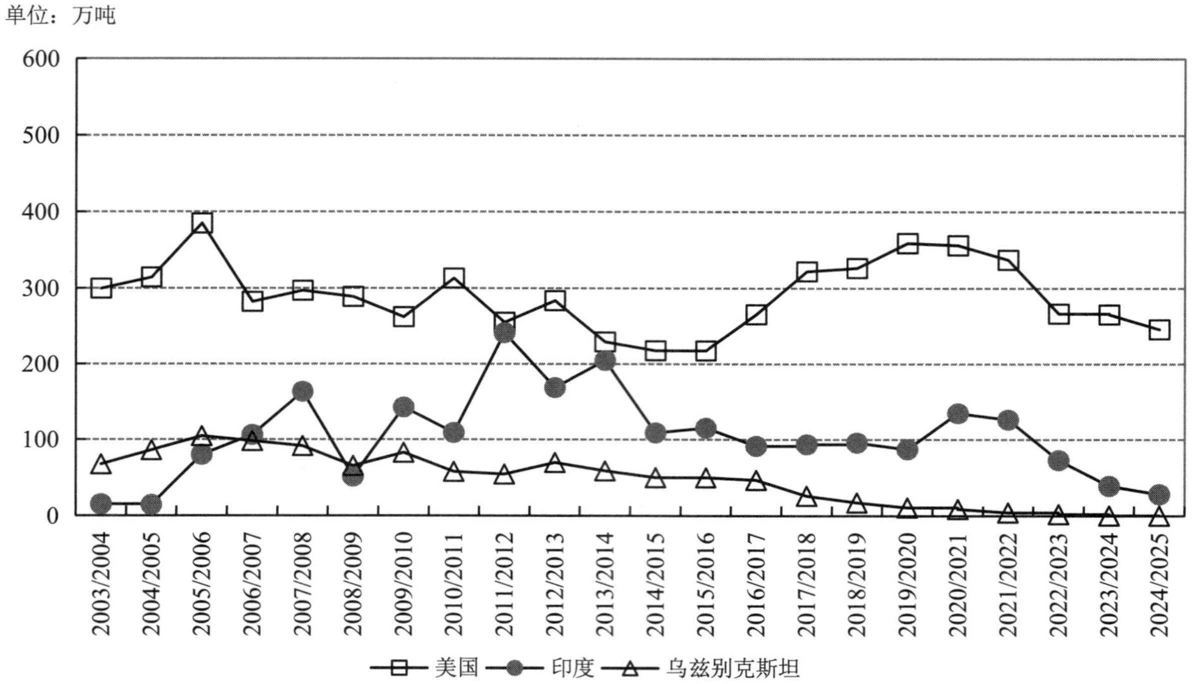

图 5–32　2003/2004 年度以来主要国家棉花出口量变化

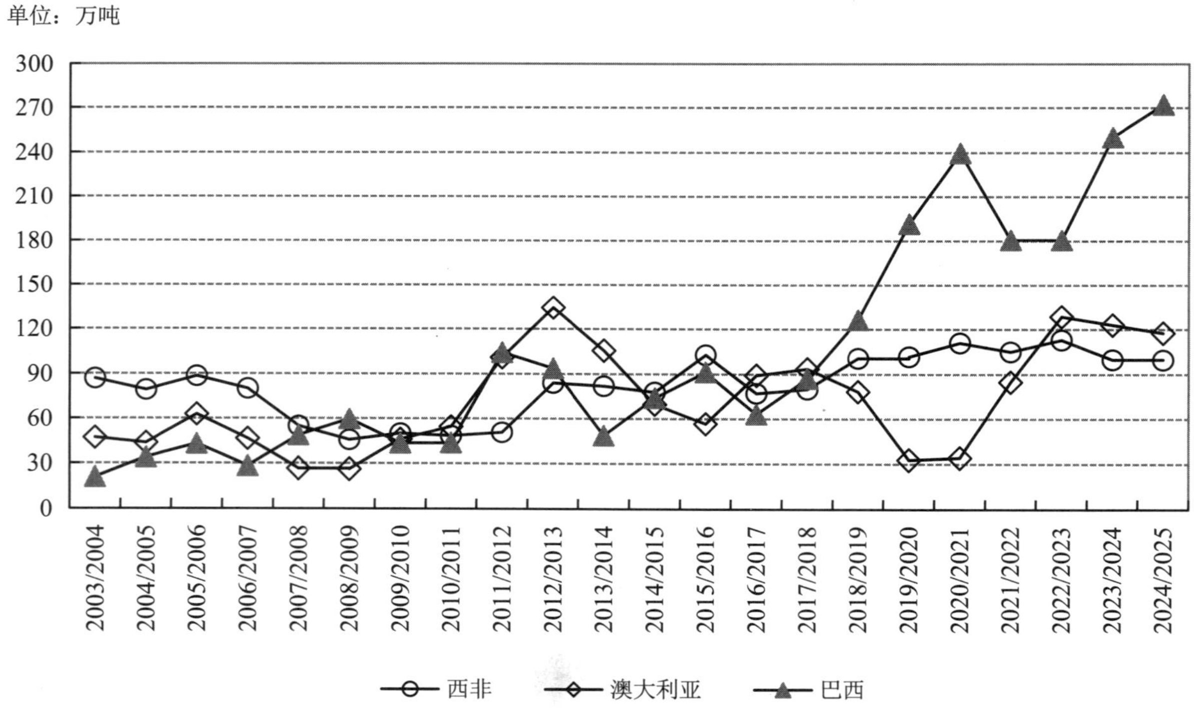

图 5–33　2003/2004 年度以来主要国家棉花出口量变化

表 5–44　2003/2004 年度以来主要国家棉花期末库存预测统计表

单位：万吨

年度	中国	印度	巴基斯坦	土耳其	美国	巴西	孟加拉国	印度尼西亚	泰国	墨西哥
2003/2004	413.3	91.1	68.2	32.2	75.1	97.7	8.2	8.0	8.6	24.9
2004/2005	400.4	190.8	107.7	39.0	119.6	106.3	10.5	8.2	12.5	28.7
2005/2006	490.7	170.7	100.1	35.4	132.1	78.7	10.8	7.9	8.9	28.8
2006/2007	447.1	170.5	92.3	40.3	206.4	117.7	12.9	7.7	7.7	22.4
2007/2008	446.4	153.0	95.9	38.1	218.8	136.1	15.6	9.0	6.9	20.3
2008/2009	465.2	239.9	73.5	32.9	138.0	108.7	18.5	9.2	6.3	16.6
2009/2010	310.2	211.2	66.2	34.9	64.2	94.8	19.3	10.6	6.4	13.4
2010/2011	230.9	256.9	54.9	28.7	56.6	172.1	21.6	9.9	7.0	13.0
2011/2012	676.7	236.6	61.7	27.0	72.9	174.0	18.9	11.5	5.7	15.5
2012/2013	1 096.5	260.6	59.0	28.6	82.7	126.3	21.0	13.2	5.8	14.1
2013/2014	1 365.3	246.4	53.9	29.5	53.3	167.0	22.2	12.5	6.3	12.5
2014/2015	1 353.3	296.5	58.8	35.0	106.7	161.0	26.8	14.0	7.3	15.2
2015/2016	1 415.7	269.7	50.3	30.4	65.3	141.1	28.2	11.9	5.1	12.8
2016/2017	1 041.8	256.8	56.4	31.7	104.5	148.3	33.7	11.5	4.8	11.3
2017/2018	863.7	287.0	53.1	38.7	126.3	180.4	39.6	14.5	4.9	14.0
2018/2019	661.2	175.8	51.3	36.5	95.8	227.1	45.3	14.4	3.9	15.3
2019/2020	723.8	272.5	47.2	38.0	119.7	263.5	39.3	11.5	3.4	15.7
2020/2021	854.6	292.6	49.3	59.0	68.6	242.1	63.1	9.7	1.7	9.3
2021/2022	788.2	236.0	45.5	55.7	74.0	279.6	55.3	9.6	1.8	9.3
2022/2023	820.6	248.1	33.5	71.1	76.2	292.9	48.7	10.0	2.0	10.0
2023/2024	845.0	268.3	46.8	33.3	67.5	120.5	34.5	9.8	3.0	6.6
2024/2025	789.1	202.5	41.4	39.4	95.8	91.9	38.4	8.5	1.7	5.3

资料来源：美国农业部（USDA）。

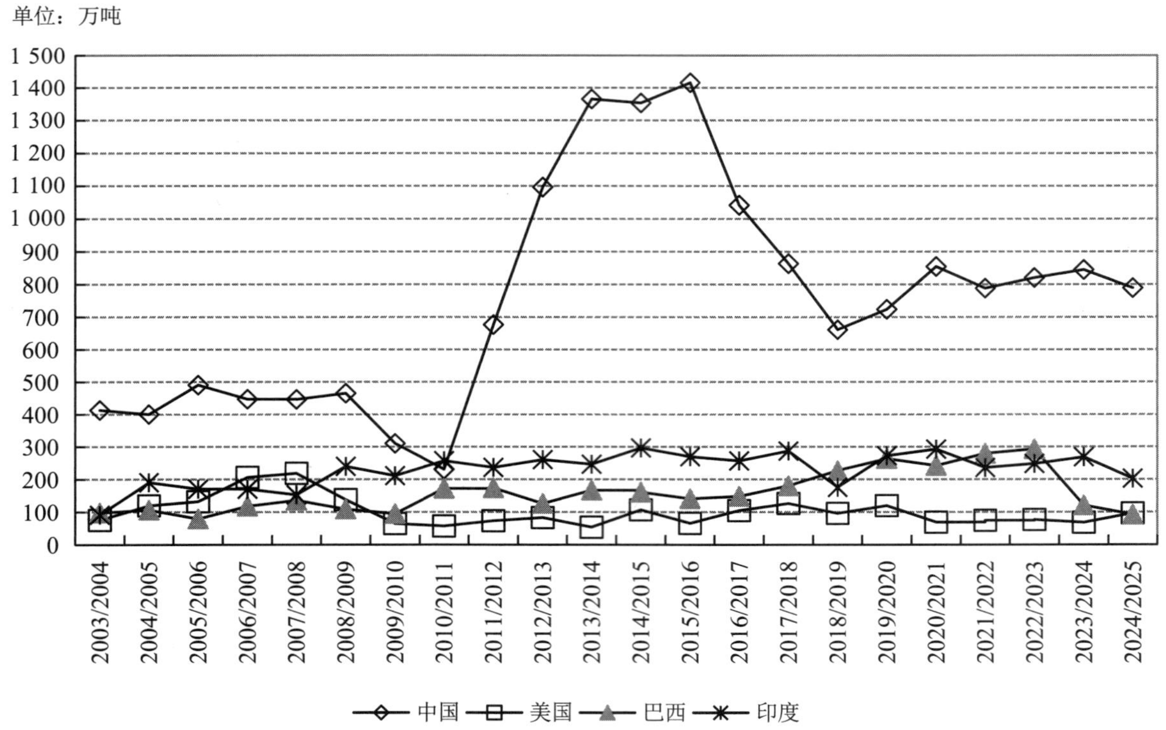

图 5–34　2003/2004 年度以来主要国家棉花期末库存变化

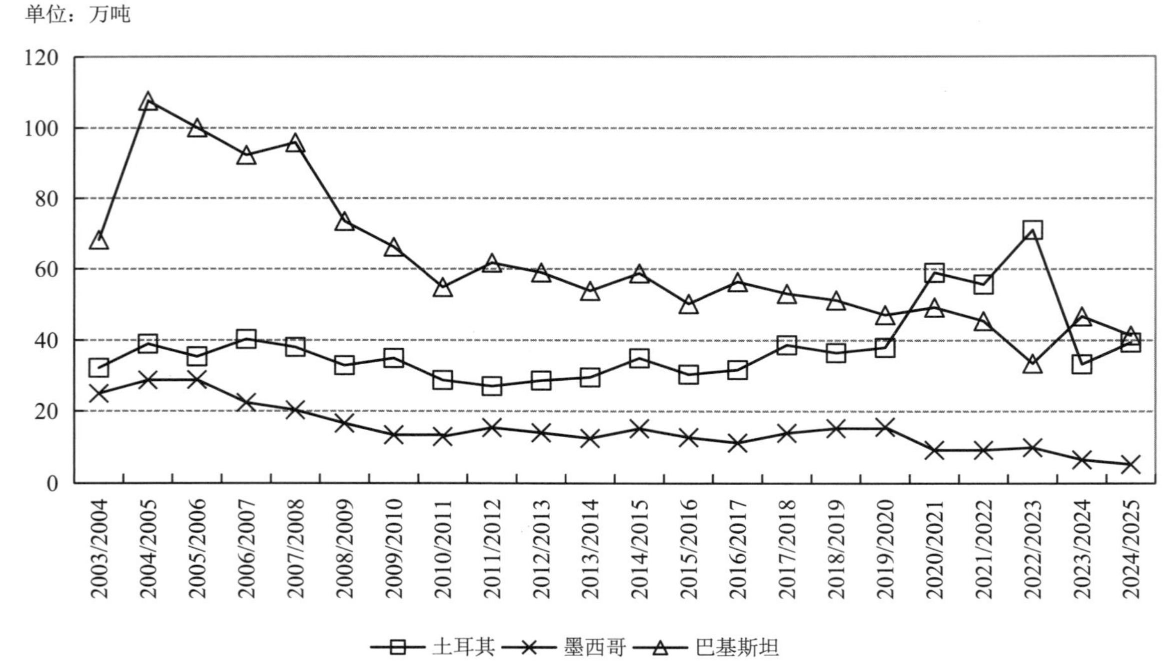

图 5–35　2003/2004 年度以来主要国家棉花期末库存变化

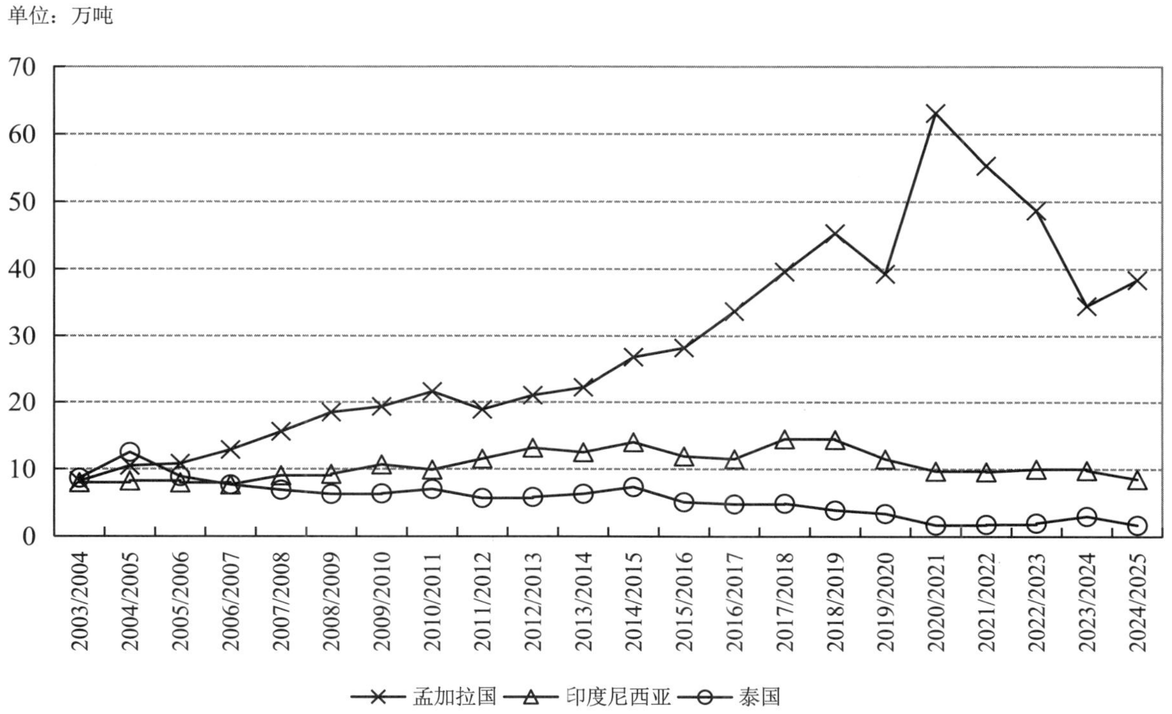

图 5-36　2003/2004 年度以来主要国家棉花期末库存变化

表 5–45　2023/2024 年度主要国家棉花产销存预测表

单位：万吨

国家和地区	期初库存	产量	进口量	消费量	出口量	期末库存
全球	1 803.5	2 458.5	939.6	2 476.1	939.5	1 794
美国	92.5	278.2	0.1	41.4	265.6	67.5
澳大利亚	103.9	111	0	0.2	123	96.1
巴西	125.3	317	0.4	71.8	250.4	120.5
中国	814.3	587.9	239.5	794.7	2	845
印度	257.5	544.3	28.3	522.5	39.2	268.3
孟加拉国	37.7	3.4	163.3	169.8	0	34.5
巴基斯坦	33.2	145.9	87.1	217.7	1.6	46.8
乌兹别克斯坦	37.9	63.1	2.2	69.7	0.5	33
越南	22.7	0.1	145.9	145.9	0	22.8

资料来源：美国农业部（USDA）。

表 5–46　2003/2004 年度以来全球棉花种植面积和单产统计表

单位：亿亩、千克 / 亩

年　度	种植面积	单　产
2003/2004	4.8	43.5
2004/2005	5.4	49.3
2005/2006	5.2	48.9
2006/2007	5.2	51.4
2007/2008	4.9	53.2
2008/2009	4.6	51.3
2009/2010	4.5	49.6
2010/2011	5.1	50.6
2011/2012	5.4	51.2
2012/2013	5.1	52.2
2013/2014	4.9	53.3
2014/2015	5.1	50.8
2015/2016	4.6	48.2
2016/2017	4.5	51.7
2017/2018	5.1	53.2
2018/2019	5.0	51.4
2019/2020	5.2	50.5
2020/2021	4.7	51.7
2021/2022	4.8	52.0
2022/2023	4.7	53.4
2023/2024	4.7	52.6

数据来源：美国农业部（USDA）。

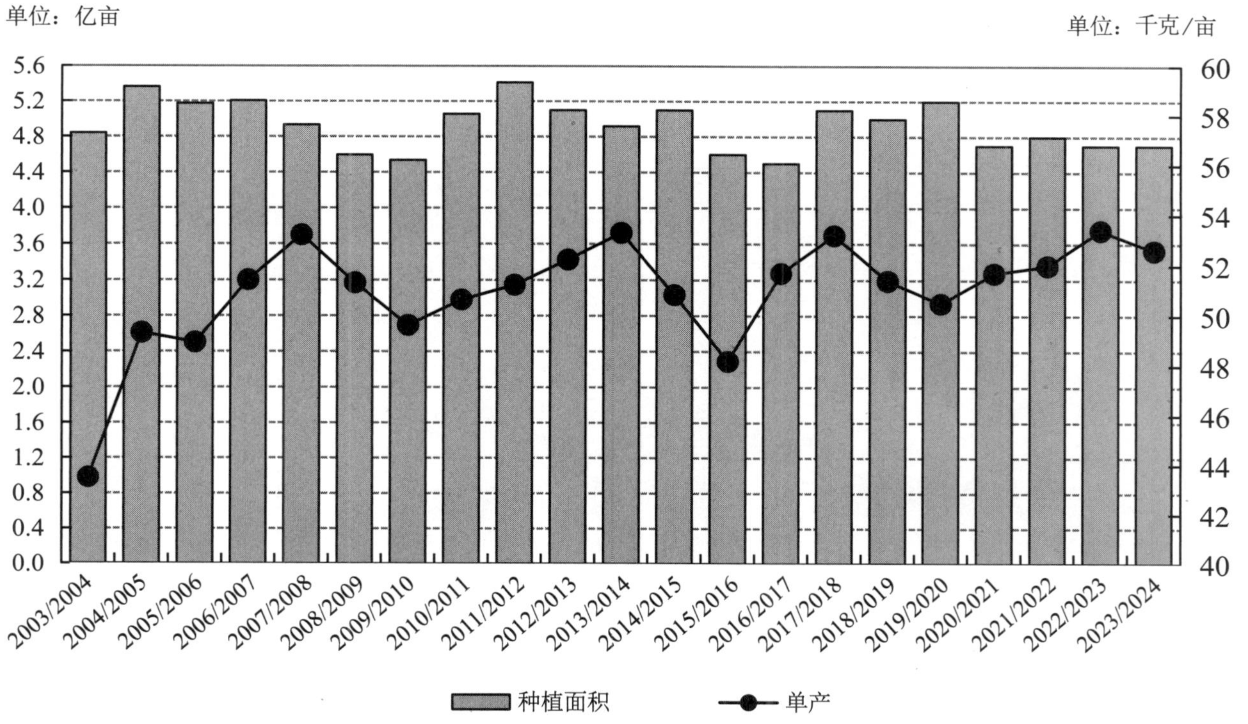

图 5–37　2003/2004 年度以来全球棉花种植面积和单产变化

表 5–47　2013/2014 年度以来 ICE 期货近月合约均价与美棉出口量对比表

单位：万吨、美分 / 磅

年度	美棉出口装运量	ICE 期货价格
2013/2014	231.96	84.29
2014/2015	240.41	63.55
2015/2016	199.3	63.08
2016/2017	326.55	72.99
2017/2018	354.5	79.91
2018/2019	323	72.05
2019/2020	337.7	62.18
2020/2021	356.4	80.43
2021/2022	315.2	118.9
2022/2023	278	84.42
2023/2024	255.8	82.19

数据来源：美国农业部（USDA）、美国洲际交易所（ICE）。

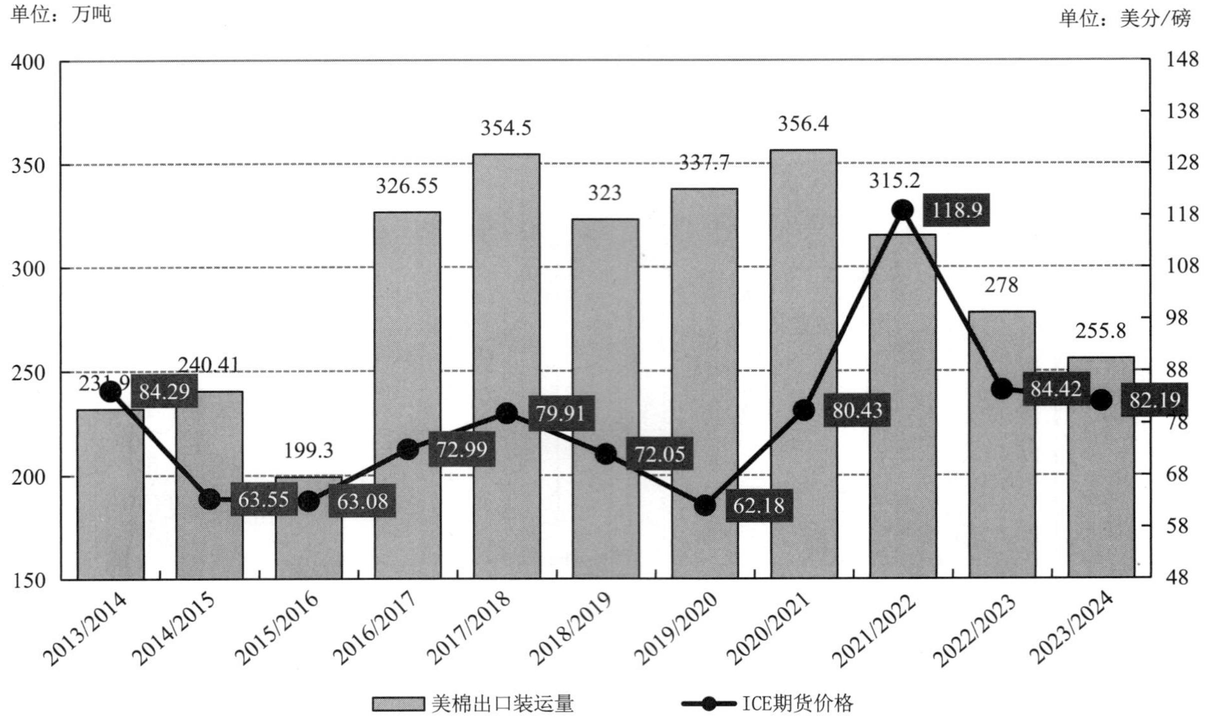

图 5–38　2013/2014 年度以来 ICE 期货近月合约均价与美棉出口量比较

表 5–48　2023/2024 年度美棉出口装运量分月统计表

单位：万吨

月　　份	美棉出口装运量	美棉对中国出口装运量	比重 %
2023 年 8 月	21.46	12.25	—
2023 年 9 月	13.48	6.46	—
2023 年 10 月	7.84	3.65	—
2023 年 11 月	12.11	3.91	—
2023 年 12 月	19.22	11.07	—
2024 年 1 月	24.29	12.56	—
2024 年 2 月	31.96	12.86	—
2024 年 3 月	32.55	13.98	—
2024 年 4 月	23.11	9.09	—
2024 年 5 月	24.10	8.84	—
2024 年 6 月	16.56	5.60	—
2024 年 7 月	12.43	3.63	—

数据来源：美国农业部（USDA）。

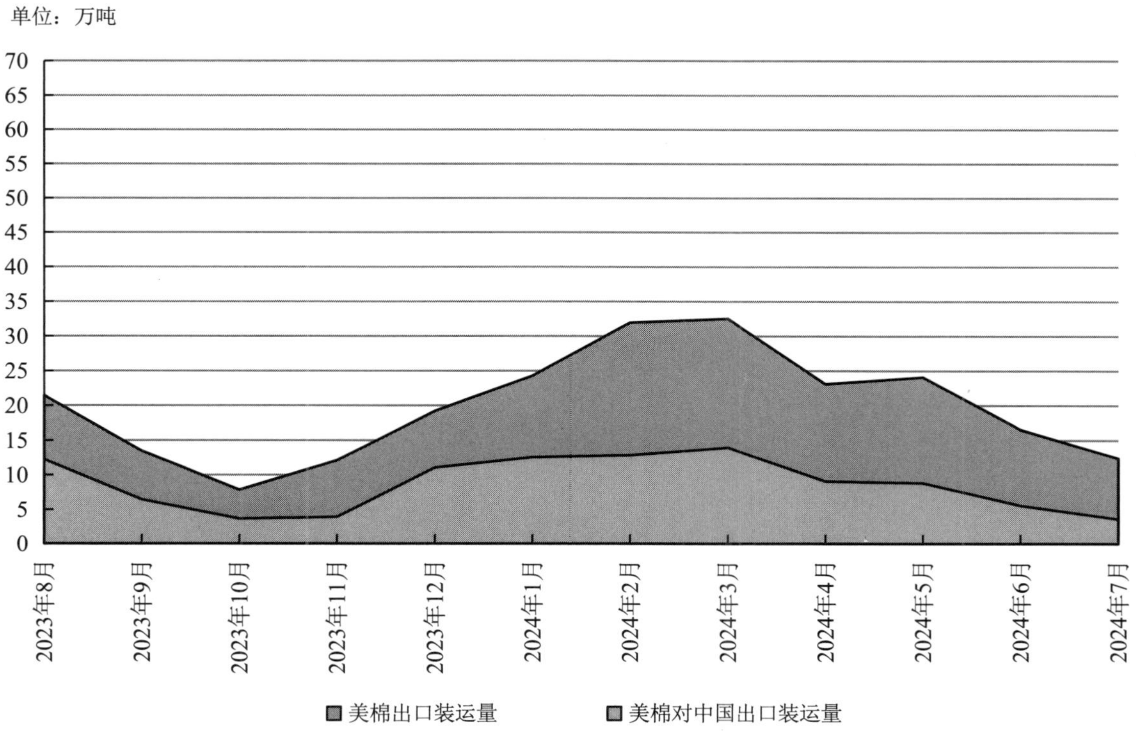

图 5–39　2023/2024 年度美棉出口装运量变化

大 事 记

第六部分

国 内 棉 花

1. 国家发展改革委发布《2024 年粮食、棉花进口关税配额申请和分配细则》

根据《农产品进口关税配额管理暂行办法》，国家发展改革委制定了 2024 年粮食、棉花进口关税配额申请和分配细则。2024 年棉花进口关税配额总量为 89.4 万吨，其中 33% 为国营贸易配额。分配原则根据申请企业的实际生产经营能力和其他相关商业标准进行分配，本次配额申请、分配不区分一般贸易和加工贸易，由企业自行选择确定贸易方式。

2. 关于印发《新疆维吾尔自治区棉花收入保险试点方案》的通知

2023 年 9 月 27 日，为探索形成棉花新型保险机制，印发《新疆维吾尔自治区棉花收入保险试点方案》。

3. 关于印发《2023 年度兵地棉花市场融合试点实施方案》的通知

2023 年 10 月 10 日，为推进兵地棉花市场融合，印发《2023 年度兵地棉花市场融合试点实施方案》。

4. 关于印发《中国（新疆维吾尔自治区）自由贸易试验区总体方案》的通知

2023 年 10 月 21 日，建立中国（新疆维吾尔自治区）自由贸易试验区（以下简称自贸试验区）是党中央、国务院作出的重大决策，是新时代推进改革开放的重要战略举措。为高标准高质量建设自贸试验区，制定本方案。其中指出，整合中亚粮食、棉花等优势农产品资源，支持符合条件的粮食加工、棉纺企业做好粮食、棉花进口业务；统筹推进棉花认证体系建设工作，打造具有国际影响力的棉花认证品牌。

5. 关于停止 2023 年中央储备棉销售的公告

综合考虑当前棉花市场形势，根据国家有关部门要求，中国储备棉管理有限公司定于 2023 年 11 月 15 日起停止 2023 年中央储备棉销售。

6. 关于印发《中央储备棉管理办法》的通知

为加强中央储备棉管理，确保中央储备棉数量真实、质量良好和储存安全，有效发挥中央储备棉在国家宏观调控中的作用，制定本办法。已经 2023 年 12 月 26 日国家发展改革委第 7 次委务会议审议通过和财政部审签，2024 年 4 月 1 日起施行。

7. 关于调整优化自治区棉花及纺织服装产业政策措施的通知

2024 年 4 月 3 日，新疆维吾尔自治区人民政府办公厅印发的《关于调整优化自治区棉花及纺织服装产业政策措施的通知》，对自治区棉花及纺织业发展的政策措施进行了调整优化，旨在加快纺织业发展新质生产力，推动延链补链强链，扎实推进自治区棉花和纺织服装产业集群高质量发展。对出疆棉运费补贴、纺织产品出疆运费补贴等 11 项补贴政策进行优化调整，其中将棉花出疆运费补贴标准从现行的 300 元 / 吨下调为 200 元 / 吨，并调整了不同规格纺织产品的出疆运费补贴标准，取消纺织服装信贷风险补偿基金，自 2024 年 1 月 1 日起至 2027 年 12 月 31 日实施。

8. 新疆维吾尔自治区党委、政府关于印发《关于学习运用“千村示范、万村整治”工程经验有力有效推进乡村全面振兴的实施方案》的通知

2024 年 5 月，为深入贯彻《中共中央、国务院

关于学习运用“千村示范、万村整治”工程经验有力有效推进乡村全面振兴的意见》（中发〔2024〕1 号），结合实际，制定本实施方案。《方案》指出，一是巩固提升棉花产业优势地位。继续支持棉花生产向优势产区集中，确保总产稳定在 500 万吨以上；提单产增总产，强化棉花质量全过程管理；推进棉花收入保险试点；推动兵地棉花市场融合，加快兵地补贴标准衔接，建立统一的政策和信息平台。二是按照“保供给、优布局、提质量”“优工艺、降产能、提品质”“促集聚、创品牌、拓市场”的发展方向，加快建设棉花和纺织服装产业集群。三是优化区域布局，在 34 个县和 68 个团场棉花优势产区布局建设优质棉花生产加工基地，重点打造 5 大纺织产业集聚带、4 个服装产业集聚区、6 个综合纺织服装基地。

9. 关于修订《新疆维吾尔自治区棉花消防安全管理办法》的通知

2024 年 8 月 27 日，为加强棉花消防安全管理，保护单位和个人财产安全，维护公共安全，根据《中华人民共和国消防法》《新疆维吾尔自治区消防条例》等有关法律法规，结合自治区实际，制定本办法。经 2024 年 8 月 15 日自治区第十四届人民政府第 70 次常务会议修订通过，自 2024 年 11 月 1 日起施行。

国 际 市 场

巴西首次超越美国成为全球棉花出口量最大国家

随着巴西棉花产量再创新高和美国棉花产量的连续下降，巴西棉花出口优势进一步显现。2023/2024 年度，巴西棉花产量达到 317.2 万吨的新高，出口量达到 268 万吨，超过美国的 255.8 万吨，首次成为全球棉花出口量最大的国家，美国棉花出口量则下降至 9 年来最低水平。

美国农业部调整巴西棉花产量所属年度

美国农业部 2023 年 10 月供需报告对巴西棉花产量所属年度进行了调整。调整之后，美国农业部预测的巴西棉花产量反映的是公历年收获的棉花，即 2023/2024 年度产量为 2023 年收获的棉花，而非以往定义的 2024 年收获的棉花。美国农业部认为，调整巴西产量所属年度使巴西产量与出口量的关联度提高，库存消费比和波动性也有所降低。

多数国家棉花产量明显减少，全球棉花供需偏紧

2023/2024 年度，除巴西、巴基斯坦和西非国家增产以外，中国、印度、美国、澳大利亚、土耳其等国棉花产量总计减少 200 万吨，全球棉花产量同比减少 72.3 万吨。全球棉花消费小幅增加，棉花供需由上年度的供大于需转变为供略不足需，期末库存随之小幅减少。

棉花市场出现短期炒作

2023 年 12 月底至 2024 年 2 月底，由于 ICE 期货市场点价盘双方的数量严重不对等，即潜在买盘数量远超潜在卖盘，因此基金多头以拉高棉价的方式逼迫纺织厂和贸易商高位点价接盘，市场出现逼空行情，ICE 期货价格大幅波动，盘面从 80 美分涨到 100 美分以上，3 月以后盘面快速回落至大涨前的水平。

纺 织 市 场

1. 关于印发《纺织工业提质升级实施方案（2023—2025 年）》的通知

2023 年 11 月 28 日，工业和信息化部、国家发展改革委、商务部、市场监管总局联合印发《纺织工业提质升级实施方案（2023—2025 年）》。《方案》主要目标为，到 2025 年，现代化纺织产业体系建设取得实质进展，规模以上纺织企业营业收入稳中有增，发展质量效益保持良好水平，纺织工业国际优势地位进一步巩固提升。创新能力不断增强，规模以上纺织企业研发经费投入强度达到 1.3%。智能制造加快推进，70% 的规模以上纺织企业基本实现数字化网络化。产业结构更加优化，高性能纤维、高端纺织装备、战略性产业用纺织品自给率基本满足需求。品牌建设深入推进，形成 20 家全球知名的企业品牌和区域品牌，时尚引领力进一步提升。绿色低碳循环发展体系得到健全，单位工业增加值能源、水资源消耗进一步降低，主要污染物排放强度持续降低，废旧纺织品循环利用质量和规模不断提高。

2. 新疆维吾尔自治区党委、政府印发《关于学习运用“千村示范、万村整治”工程经验有力有效推进乡村全面振兴的实施方案》的通知

2024 年 5 月，为深入贯彻《中共中央、国务院关于学习运用“千村示范、万村整治”工程经验有力有效推进乡村全面振兴的意见》（中发〔2024〕1 号），结合实际，制定本实施方案。《方案》指出，一是巩固提升棉花产业优势地位。继续支持棉花生产向优势产区集中，确保总产稳定在 500 万吨以上；提单产增总产，强化棉花质量全过程管理；推进棉花收入保险试点；推动兵地棉花市场融合，加快兵地补贴标准衔接，建立统一的政策和信息平台。二是按照“保供给、优布局、提质量”“优工艺、降产能、提品质”“促集聚、创品牌、拓市场”的发展方向，加快建设棉花和纺织服装产业集群。三是优化区域布局，在 34 个县和 68 个团场棉花优势产区布局建设优质棉花生产加工基地，重点打造 5 大纺织产业集聚带、4 个服装产业集聚区、6 个综合纺织服装基地。

3. 国家级棉花棉纱交易中心在新疆维吾尔自治区成立

2023 年 12 月 18 日，由新疆维吾尔自治区人民政府、新疆生产建设兵团和中华全国供销合作总社共同设立的国家级棉花棉纱交易中心在新疆维吾尔自治区国际会展中心揭牌成立，进入全面启动建设阶段。

4. 中国棉花棉纱交易中心有限责任公司揭牌成立

2024 年 6 月 28 日，中国棉花棉纱交易中心有限责任公司在乌鲁木齐揭牌成立，旨在高水平运营国家级棉花棉纱交易中心，是自治区党委和政府深入贯彻落实习近平总书记关于新疆维吾尔自治区工作重要讲话重要指示批示精神的实际行动，对推动新疆维吾尔自治区棉花和纺织服装产业集群发展、带动就业、维护我国棉纺织产业链供应链安全具有重要意义。

政 策 文 件

第七部分

关于2024年粮食、棉花进口关税配额申请和分配细则的公告

中华人民共和国国家发展和改革委员会公告

2023年第6号

根据《农产品进口关税配额管理暂行办法》（商务部、国家发展改革委令2003年第4号，商务部令2019年第1号、2021年第2号修改），国家发展改革委制定了2024年粮食、棉花进口关税配额申请和分配细则，现予以公告。

附件：1. 2024年粮食进口关税配额申请和分配细则

2. 2024年棉花进口关税配额申请和分配细则

国家发展改革委

2023年9月21日

附件1

2024年粮食进口关税配额申请和分配细则

根据《农产品进口关税配额管理暂行办法》（商务部、国家发展改革委令2003年第4号，商务部令2019年第1号、2021年第2号修改），国家发展改革委制定了2024年粮食进口关税配额申请和分配细则。

一、配额数量和种类

2024年粮食进口关税配额总量为：小麦（包括其粉、粒，以下简称小麦）963.6万吨，其中90%为国营贸易配额；玉米（包括其粉、粒，以下简称玉米）720万吨，其中60%为国营贸易配额；大米（包括其粉、粒，以下简称大米）532万吨，其中长粒米266万吨、中短粒米266万吨，50%为国营贸易配额。

企业可自主选择申请：（1）国营贸易配额；（2）非国营贸易配额；（3）国营贸易配额和非国营贸易配额。其中，分配给企业的国营贸易配额，须通过国营贸易企业代理进口。在当年8月15日前未签订进口合同的，企业可以委托有贸易权的任何企业进口，有贸易权的企业可以自行进口。

二、申请条件

有资格获得2024年小麦、玉米、大米进口关税配额的企业须首先符合以下条件：2023年10月1日前在市场监督管理部门登记

注册；没有违反《农产品进口关税配额管理暂

行办法》的行为。

同时还必须符合相应品种以下所列条件之一：

（一）小麦

1. 获得2023年小麦进口关税配额且有进口实绩（接受进口关税配额企业委托的代理进口不计入受委托企业的进口实绩，下同）的企业；

2. 2022年小麦年加工能力20万吨以上的面粉和食品生产企业。

（二）玉米

1. 获得2023年玉米进口关税配额且有进口实绩的企业；

2. 2022年玉米年加工能力20万吨以上的饲料生产企业；

3. 2022年玉米年加工能力45万吨以上的其他生产企业。

（三）大米（长粒米和中短粒米需分别申请）

1. 获得2023年大米进口关税配额且有进口实绩的企业；

2. 2022年大米年加工能力10万吨以上的食品生产企业。

三、分配原则

分配原则的总体目标是使得国营贸易配额和非国营贸易配额根据市场条件得到充分使用。

（一）如本细则所公布的进口关税配额总量能够满足符合条件企业的申请总量，按企业申请数量分配。

（二）如本细则所公布的进口关税配额总量不能满足符合条件企业的申请总量，则有进口实绩的企业分得的配额量不少于其上一年配额内的进口量。如有剩余配额，在考虑生产加工能力的基础上，分配给上一年无进口实绩的企业。

（三）如获得进口关税配额的企业未能完成配额内的全部进口量，则按《农产品进口关税配额管理暂行办法》相关罚则规定处理。

四、申请时限

（一）申请企业于2023年10月15日—10月30日通过国际贸易“单一窗口”粮食进口关税配额管理系统线上填写并提交申请材料。逾期不再接收。

（二）国家发展改革委委托各省、自治区、直辖市及计划单列市、新疆生产建设兵团发展改革委（以下简称“委托机构”）于2023年11月15日前将企业申请转报国家发展改革委，并抄报商务部。

五、公示阶段

（一）为方便公众协助国家发展改革委对申请企业所提交信息的真实性进行核实，国家发展改革委将在官方网站上对申请企业信息进行公示（公示期和举报意见提交方式将在公示时一并规定）。

（二）公示期内，任何主体均可就所公示信息的真实性进行举报。公众提交举报意见的期限届满后，国家发展改革委将委托申请企业登记注册所在地的委托机构就举报反映问题进行核查。

（三）核查期间，申请企业有权通过书面等方式，就被举报的相关问题向委托机构提出异议。委托机构审阅被举报申请企业提出的异议并完成调查核实后，向国家发展改革委就举报意见的真实性反馈核查情况。

六、其他规则

（一）企业对其申请表中所填内容的真实性负责，对虚假申报或拒不履行其在申请表中所作承诺的企业，有关部门将按照国家有关规定采取相应惩戒措施。对伪造有关资料骗取粮食进口关税配额的企业，除依法收缴其粮食进口关税配额外，两年内不再受理其粮食进口关税配额的申请。

（二）对伪造、变造或者买卖粮食进口关税配额的企业，依照有关法律规定追究其刑事责任，且两年内不再受理其粮食进口关税配额的申请。

附件 2

2024 年棉花进口关税配额申请和分配细则

根据《农产品进口关税配额管理暂行办法》（商务部、国家发展改革委令 2003 年第 4 号，商务部令 2019 年第 1 号、2021 年第 2 号修改），国家发展改革委制定了 2024 年棉花进口关税配额申请和分配细则。

一、配额数量

2024 年棉花进口关税配额总量为 89.4 万吨，其中 33% 为国营贸易配额。

二、申请条件

2024 年棉花进口关税配额申请企业的基本条件为：2023 年 10 月 1 日前在市场监督管理部门登记注册；没有违反《农产品进口关税配额管理暂行办法》的行为。同时还必须符合以下所列条件之一：

（一）棉花进口国营贸易企业；

（二）纺纱设备（自有）5 万锭及以上的棉纺企业；

（三）全棉水刺非织造布年产能（自有）8 000 吨及以上的企业（水刺机设备幅宽小于或等于 3 米的生产线产能认定为 2 000 吨，幅宽大于 3 米的生产线产能认定为 4 000 吨）。

三、申请材料

（一）2024 年棉花进口关税配额申请表。

（二）企业法人营业执照（副本）。

（三）2023 年棉纱、棉布等棉制品的销售增值税专用发票一张。

四、分配原则

（一）根据申请企业的实际生产经营能力（包括历史进口实绩、生产能力、经营情况等）和其他相关商业标准进行分配。

（二）本次配额申请、分配不区分一般贸易和加工贸易，由企业自行选择确定贸易方式。

五、申请时限

（一）申请企业于 2023 年 10 月 15 日—10 月 30 日通过国际

贸易“单一窗口”棉花进口配额管理系统线上填写并提交申请材料。逾期不再接收。

（二）国家发展改革委委托各省、自治区、直辖市及计划单列市、新疆生产建设兵团发展改革委（以下简称“委托机构”）于 2023 年 11 月 15 日前将企业申请转报国家发展改革委，并抄报商务部。

六、公示阶段

（一）为方便公众协助国家发展改革委对申请企业所提交信息的真实性进行核实，国家发展改革委将在官方网站上对申请企业信息进行公示（公示期和举报意见提交方式将在公示时一并规定）。

（二）公示期内，任何主体均可就所公示信息的真实性进行举报。公众提交举报意见的期限届满后，国家发展改革委将委托申请企业登记注册所在地的委托机构就举报反映问题进行核查。

（三）核查期间，申请企业有权通过书面等方式，就被举报的相关问题向委托机构提出异议。委托机构审阅被举报申请企业提出的异议并完成调查核实后，向国家发展改革委就举报意见的真实性反馈核查情况。

七、其他规则

（一）企业对其提交申请材料和信息的真实性负责，对虚假申报或拒不履行其在申请表中所作承诺的企业，有关部门将按照国家有关规定采取相应惩戒措施。

（二）企业使用获得的棉花进口关税配额进口的棉花由本企业加工经营，不得转卖。

（三）获得棉花进口关税配额的企业要积极配合国家发展改革委及其委托机构对棉花进口关税配额申请、使用情况的监督检查，及时如实提供检查所需资料数据。

（四）对虚假填报申请表、伪造有关资料骗取棉花进口关税配额、未按有关规定和国家发展改革委及其委托机构相关要求开展棉花进口业务的，将收缴其配额，两年内不再受理其棉花进口关税配额和滑准税配额申请。

商务部海关总署关于公布《进口许可证管理货物目录（2024年）》的公告

【发布单位】外贸司

【发布文号】商务部公告2023年第64号

【发文日期】2023年12月29日

依据《中华人民共和国对外贸易法》《中华人民共和国货物进出口管理条例》《消耗臭氧层物质管理条例》《货物进口许可证管理办法》《机电产品进口管理办法》《重点旧机电产品进口管理办法》等法律、行政法规和规章，现公布《进口许可证管理货物目录（2024年）》，自2024年1月1日起执行。商务部、海关总署公告2022年第41号同时废止。

商务部　海关总署

2023年12月29日

进口许可证管理货物目录（2024 年）

序号	货物种类	海关商品编号	货物名称	单位
1	消耗臭氧层物质	2903771000	三氯氟甲烷	千克
		2903772011	二氯二氟甲烷	千克
		2903772016	一氯三氟甲烷	千克
		2903772012	三氯三氟乙烷（用于受控用途除外）	千克
		2903772014	二氯四氟乙烷	千克
		2903772015	一氯五氟乙烷	千克
		2903772017	五氯一氟乙烷	千克
			四氯二氟乙烷	
		2903772018	七氯一氟丙烷	千克
			六氯二氟丙烷	
			五氯三氟丙烷	
			四氯四氟丙烷	
			三氯五氟丙烷	
			二氯六氟丙烷	
			一氯七氟丙烷	

序号	货物种类	海关商品编号	货物名称	单位
		3827110010	二氯二氟甲烷与二氟乙烷的混合物	千克
			一氯二氟甲烷与一氯五氟乙烷的混合物	
			三氟甲烷与一氯三氟甲烷的混合物	
		3827110020	一氯二氟甲烷与二氯二氟甲烷的混合物	千克
			二氟甲烷与一氯五氟乙烷的混合物	
			二氯二氟甲烷与一氯一氟甲烷的混合物	
			一氯一氟甲烷与二氯四氟乙烷的混合物	
			二氯二氟甲烷与二氯四氟乙烷的混合物	
		3827110090	其他含全氯氟烃(CFCs)的混合物，不论是否含含氢氯氟烃(HCFCs)、全氟烃(PFCs)或氢氟烃（HFCs）	千克
		2903191010	1,1,1-三氯乙烷/甲基氯仿（受控用途）	千克
		2903191090	1,1,1-三氯乙烷/甲基氯仿（用于受控用途除外）	千克
		3827140000	含 1,1,1-三氯乙烷（甲基氯仿）的混合物	千克
		2903760010	溴氯二氟甲烷	千克
		2903760020	溴三氟甲烷	千克
		2903760030	二溴四氟乙烷	千克
		3827200000	含溴氯二氟甲烷（Halon-1211）、溴三氟甲烷（Halon-1301）或二溴四氟乙烷（Halon-2402）的混合物	千克
		2903791011	二氯一氟甲烷	千克

序号	货物种类	海关商品编号	货物名称	单位
		2903710000	一氯二氟甲烷	千克
		2903720000	二氯三氟乙烷	千克
		2903791012	一氯四氟乙烷	千克
		2903791013	一氯三氟乙烷	千克
		2903730010	1,1-二氯-1-氟乙烷	千克
		2903730090	二氯一氟乙烷（1,1-二氯-1-氟乙烷除外）	千克
		2903740010	1-氯-1,1-二氟乙烷	千克
		2903740090	一氯二氟乙烷（1-氯-1,1-二氟乙烷除外）	千克
		2903750000	二氯五氟丙烷	千克
		2903791090	其他含氢氯氟烃类物质（这里的烃是指甲烷、乙烷及丙烷）	千克
		3827310011	一氯二氟甲烷、二氟乙烷和一氯四氟乙烷的混合物	千克
		3827310012	五氟乙烷、丙烷和一氯二氟甲烷的混合物	千克
		3827310013	一氯二氟甲烷、二氟乙烷、一氯二氟乙烷和八氟环丁烷的混合物	千克
		3827310014	五氟乙烷、三氟乙烷和一氯二氟甲烷的混合物	千克
		3827310015	丙烯、一氯二氟甲烷和二氟乙烷的混合物	千克
		3827310016	一氯二氟甲烷和二氟乙烷的混合物	千克
		3827310017	四氟乙烷、一氯四氟乙烷和丁烷的混合物	千克
		3827310018	丙烷、一氯二氟甲烷和二氟乙烷的混合物	千克
		3827320011	丙烷、一氯二氟甲烷和八氟丙烷的混合物	千克

序号	货物种类	海关商品编号	货物名称	单位
		3827320012	一氯二氟甲烷、2-甲基丙烷和一氯二氟乙烷的混合物	千克
		3827320013	一氯二氟甲烷、一氯四氟乙烷和一氯二氟乙烷的混合物	千克
		3827320014	一氯二氟甲烷、八氟丙烷和一氯二氟乙烷的混合物	千克
		3827320015	一氯二氟甲烷、一氯四氟乙烷、一氯二氟乙烷和2-甲基丙烷的混合物	千克
		3827320016	一氯二氟甲烷和八氟丙烷的混合物	千克
		3827320017	一氯二氟甲烷和一氯二氟乙烷的混合物	千克
		3827320090	其他含2903710000、2903720000、2903730010、2903730090、2903740010、2903740090、2903750000对应物质的含氢氯氟烃（这里的烃是指甲烷、乙烷及丙烷）混合物，但不含全氯氟烃（CFCs）	千克
		3827310090	其他含2903430010、2903430020、2903420000、2903410000、2903440010、2903440020、2903450000、2903470000、2903480000、2903460010、2903460020、2903460030、2903460040对应物质的含氢氯氟烃（这里的烃是指甲烷、乙烷及丙烷）混合物，但不含CFCs	千克
		3827390000	除上述含氢氯氟烃物质外，其它含氢氯氟烃（这里的烃是指甲烷、乙烷及丙烷）混合物，但不含CFCs	千克
		2903799021	其他溴氟代甲烷、乙烷和丙烷	千克
		3827120000	含氢溴氟烃（HBFCs）的混合物	千克
		2903799022	溴氯甲烷	千克
		2903610000	溴甲烷/甲基溴	千克

序号	货物种类	海关商品编号	货物名称	单位
		3827400000	含溴化甲烷（甲基溴）或溴氯甲烷的混合物	千克
		2903430010	一氟甲烷（甲基氟）	千克
		2903430020	1,1-二氟乙烷 1,2-二氟乙烷	千克
		2903420000	二氟甲烷	千克
		2903410000	三氟甲烷	千克
		2903440010	1,1,1-三氟乙烷 1,1,2-三氟乙烷	千克
		2903440020	五氟乙烷	千克
		2903450000	1,1,1,2-四氟乙烷 1,1,2,2-四氟乙烷	千克
		2903470000	1,1,1,3,3-五氟丙烷 1,1,2,2,3-五氟丙烷	千克
		2903480000	1,1,1,3,3-五氟丁烷 1,1,1,2,2,3,4,5,5,5-十氟戊烷	千克
		2903460010	1,1,1,2,3,3-六氟丙烷	千克
		2903460020	1,1,1,3,3,3-六氟丙烷	千克
		2903460030	1,1,1,2,3,3,3-七氟丙烷	千克

序号	货物种类	海关商品编号	货物名称	单位
		2903460040	1,1,1,2,2,3-六氟丙烷	千克
		3827510000	含 HFC-23 的混合物，但不含含氢氯氟烃（HCFCs）或 CFCs	千克
		3827610011	HFC-125、HFC-143a 和 HFC-134a 的混合物，混合比例（质量比）为 44:52:4	千克
		3827610012	HFC-125 和 HFC-143a 的混合物，混合比例（质量比）为 50:50	千克
		3827610090	其他按重量计含 15%及以上 HFC-143a 的混合物，但不含 CFCs 或 HCFCs	千克
		3827620000	其他，不归入上述子目，按重量计含 55%及以上 HFC-125 但不含无环烃的不饱和氟化衍生物（HFOs）、CFCs 或 HCFCs 的混合物	千克
		3827630010	HFC-125 和 HFC-32 的混合物，混合比例（质量比）为 50:50	千克
		3827630090	其他，不归入上述子目，按重量计含 40%及以上 HFC-125 的混合物，但不含 CFCs 或 HCFCs	千克
		3827640010	HFC-32、HFC-125 和 HFC-134a 的混合物，混合比例（质量比）为 23:25:52	千克
		3827640090	其他，不归入上述子目，按重量计含 30%及以上 HFC-134a，但不含 HFOs、CFCs 或 HCFCs 的混合物	千克
		3827650000	其他，不归入上述子目，按重量计含 20%及以上 HFC-32 和 20%及以上 HFC-125 的混合物，但不含 CFCs 或 HCFCs	千克
		3827680000	其他，不归入上述子目，含 2903430010、2903430020、2903420000、2903410000、2903440010、2903440020、2903450000、2903470000、2903480000、2903460010、2903460020、2903460030、2903460040 对应物质的混合物，但不含 CFCs 或 HCFCs	千克

序号	货物种类	海关商品编号	货物名称	单位
2	化工设备	8419409090	其他蒸馏或精馏设备	台/千克
		8419609010	液化器（将来自级联的 UF6 气体压缩并冷凝成液态 UF6）	台/千克
3	金属冶炼设备	8454309000	其他金属冶炼及铸造用铸造机	台
4	工程机械	8426200000	塔式起重机	台/千克
		8426411000	轮胎式起重机	台/千克
		8426419000	其他带胶轮的自推进起重机械	台/千克
		8426491000	履带式自推进起重机械	台/千克
		8426499000	其他不带胶轮的自推进起重机械	台/千克
		8426990000	其他起重机械	台/千克
		8427209000	其他机动叉车及有升降装置工作车（包括装有搬运装置的机动工作车）	台/千克
		8427900000	其他叉车及可升降的工作车（工作车指装有升降或搬运装置）	台/千克
		8428109000	其他升降机及倒卸式起重机	台/千克
5	起重运输设备	8426193000	龙门式起重机	台/千克
		8426194100	门式装卸桥	台/千克
		8426194200	集装箱装卸桥	台/千克
		8427101000	有轨巷道堆垛机	台/千克
		8427102000	无轨巷道堆垛机	台/千克
		8428602100	单线循环式客运架空索道	台/千克

序号	货物种类	海关商品编号	货物名称	单位
6	造纸设备	8439100000	制造纤维素纸浆的机器	台/千克
		8439200000	纸或纸板的抄造机器	台/千克
		8439300000	纸或纸板的整理机器	台/千克
7	电力电气设备	8501641090	其他输出功率超过 750 千伏安但不超过 350 兆伏安的交流发电机	台/千瓦
		8501642010	由使用可再生燃料锅炉和涡轮机组驱动的交流发电机（输出功率超过 350 兆伏安但不超过 665 兆伏安）	台/千瓦
		8501642090	其他输出功率超过 350 兆伏安但不超过 665 兆伏安的交流发电机	台/千瓦
		8501643010	由使用可再生燃料锅炉和涡轮机组驱动的交流发电机（输出功率超过 665 兆伏安）	台/千瓦
		8501643090	其他输出功率超过 665 兆伏安的交流发电机	台/千瓦
		8502120000	输出功率超过 75 千伏安但不超过 375 千伏安的柴油发电机组（包括半柴油发电机组）	台/千瓦
		8502131000	输出功率超过 375 千伏安但不超过 2 兆伏安的柴油发电机组（包括半柴油发电机组）	台/千瓦
		8502132000	输出功率超过 2 兆伏安的柴油发电机组（包括半柴油发电机组）	台/千瓦
		8502200010	以沼气为燃料的装有点燃式活塞内燃发动机的发电机组（功率≥1000 千瓦，发电效率≥40%）	台/千瓦
		8502200090	其他装有点燃式活塞发动机的发电机组（内燃的）	台/千瓦
		8502390010	依靠可再生能源（太阳能、小水电、潮汐、沼气、地热能、生物质/余热驱动的汽轮机）生产电力的发电机组	台/千瓦
		8515319100	螺旋焊管机（电弧（包括等离子弧）焊接）	台
		8515319900	其他电弧（包括等离子弧）焊接机及装置（全自动或半自动的）	台
		8515390000	其他电弧（等离子弧）焊接机器及装置（非全自动或半自动的）	台
		8515809010	电子束、激光自动焊接机（将端塞焊接于燃料细棒（或棒）的自动焊接机）	台
		8515809090	其他焊接机器及装置	台

序号	货物种类	海关商品编号	货物名称	单位
8	食品加工及包装设备	8419810000	加工热饮料或烹调、加热食品的机器	台/千克
		8421220000	过滤或净化饮料的机器及装置（过滤或净化水的装置除外）	台/千克
		8422301010	乳品加工用自动化灌装设备	台/千克
		8422301090	其他饮料及液体食品灌装设备	台/千克
		8434200000	乳品加工机器	台/千克
		8438100010	糕点生产线	台/千克
9	农业机械	8432313100	免耕直接水稻插秧机	台/千克
		8432393100	非免耕直接水稻插秧机	台/千克
		8433510001	功率在200马力及以上的联合收割机	台/千克
		8433510090	功率在200马力以下的联合收割机	台/千克
		8433530001	功率在160马力及以上的土豆、甜菜收割机	台/千克
		8433591001	功率在160马力及以上的甘蔗收割机	台/千克
		8433592000	棉花采摘机	台/千克
		8433599001	自走式青储饲料收割机	台/千克
		8433599090	其他收割机及脱粒机	台/千克
10	印刷机械	8440102000	胶订机	台/千克
		8443120000	办公室用片取进料式胶印机（展开片尺寸不超过22厘米×36厘米，用税目84.42项下商品进行印刷的机器）	台/千克
		8443140000	卷取进料式凸版印刷机（用税目84.42项下商品进行印刷的机器，但不包括苯胺印刷机）	台/千克
		8443150000	除卷取进料式以外的凸版印刷机（用税目84.42项下商品进行印刷的机器，但不包括苯胺印刷机）	台/千克
		8443160001	线速度在350米/分钟及以上、幅宽在800毫米及以上的苯胺印刷机（柔性版印刷机，用税目84.42项下商品进行印刷的机器）	台/千克
		8443160002	线速度在160米/分钟及以上、幅宽在250毫米及以上但少于800毫米的机组式柔性版印刷机（具有烫印或全息或丝网印刷功能单元）	台/千克
		8443160090	其他苯胺印刷机（柔性版印刷机，用税目84.42项下商品进行印刷的机器）	台/千克
		8443198000	未列名印刷机（网式印刷机除外，用税目84.42项下商品进行印刷的机器）	台/千克
11	纺织机械	8453100000	生皮、皮革的处理或加工机器（包括鞣制机）	台
12	船舶	8901101010	高速客船（包括主要用于客运的类似船舶）	艘
		8901101090	其他机动巡航船、游览船及各式渡船（包括主要用于客运的类似船舶）	艘
		8903320010 8903330010	长度超过8米但在90米以下的汽艇（装有舷外发动机的除外）	艘
		8903310000 8903320090 8903330090	其他汽艇（装有舷外发动机的除外）	艘
		8903990010	长度超过8米但在90米以下的娱乐或运动用其他机动船舶或快艇	艘
		8901109000	非机动巡航船、游览船及各式渡船（以及主要用于客运的类似船舶）	艘
		8901909000	非机动货运船舶及客货兼运船舶	艘
13	硒鼓	8443999010	其他印刷（打印）机、复印机及传真机的感光鼓和含感光鼓的碳粉盒	千克
14	X射线管	9022300000	X射线管	个

说明：

1.目录内第1项所列消耗臭氧层物质包括单独存在的或存在于混合物之内的物质，但不包括制成品内所含此种受控物质或混合物，制成品包括气溶胶、制冷空调/热泵设备、聚氨酯预聚体、泡沫制品、组合聚醚、灭火器、除尘产品、发胶产品等。

2.以加工贸易方式进口并已办理进口许可证的目录内第1项消耗臭氧层物质，进口单位申请内销时，免于办理《消耗臭氧层物质进口许可证》。以加工贸易方式副产的目录第1项消耗臭氧层物质，进口单位申请内销时，免于办理《消耗臭氧层物质进口许可证》。

3.第2至第14项所列货物为旧机电产品。

4.进口许可证管理的商品范围以商品名称描述为准，商品编号供通关申报参考。

商务部海关总署关于公布《出口许可证管理货物目录（2024年）》的公告

【发布单位】外贸司

【发布文号】商务部海关总署公告2023年第65号

【发文日期】2023年12月29日

依据《中华人民共和国对外贸易法》《中华人民共和国货物进出口管理条例》《消耗臭氧层物质管理条例》《货物出口许可证管理办法》等法律、行政法规和规章，现公布《出口许可证管理货物目录（2024年）》（以下简称为目录）和有关事项。

一、许可证的申领

（一）2024年实行许可证管理的出口货物共43种，详见目录。对外贸易经营者出口目录内所列货物的，应向商务部或者商务部委托的地方商务主管部门申请取得《中华人民共和国出口许可证》（以下简称出口许可证），凭出口许可证向海关办理通关验放手续。

（二）出口活牛（对港澳）、活猪（对港澳）、活鸡（对香港）、小麦、玉米、大米、小麦粉、玉米粉、大米粉、药料用人工种植麻黄草、煤炭、原油、成品油（不含润滑油、润滑脂、润滑油基础油）、锯材、棉花的，凭配额证明文件申领出口许可证；出口甘草及甘草制品、蔺草及蔺草制品的，凭配额招标中标证明文件申领出口许可证。

（三）以加工贸易方式出口第二款所列货物的，凭配额证明文件、货物出口合同申领出口许可证。其中，出口甘草及甘草制品、蔺草及蔺草制品的，凭配额招标中标证明文件、海关加工贸易进口报关单申领出口许可证。

（四）以边境小额贸易方式出口第二款所列货物的，由省级地方商务主管部门根据商务部下达的边境小额贸易配额和要求签发出口许可证。以边境小额贸易方式出口甘草及甘草制品、蔺草及蔺草制品、消耗臭氧层物质、摩托车（含全地形车）及其发动机和车架、汽车（包括成套散件）及其底盘等货物的，需按规定申领出口许可证。以边境小额贸易方式出口本款上述情形以外的货物的，免于申领出口许可证。

（五）出口活牛（对港澳以外市场）、活猪（对港澳以外市场）、活鸡（对香港以外市场）、牛肉、猪肉、鸡肉、天然砂（含标准砂）、矾土、磷矿石、镁砂、滑石块（粉）、萤石（氟石）、稀土、锡及锡制品、钨及钨制品、钼及钼制品、锑及锑制品、焦炭、成品油（润滑油、润滑脂、润滑油基础油）、石蜡、部分金属及制品、硫酸二钠、碳化硅、消耗臭氧层物质、柠檬酸、白银、铂金（以加工贸易方式出口）、铟及铟制品、摩托车（含全地形车）及其发动机和车架、汽车（包括成套散件）及其底盘的，需按规定申领出口许可证。其中，消耗臭氧层物质的货样广告品、捐赠、退运需凭出口许可证出口；以一般贸易、加工贸易、边境贸易和捐赠贸易方式出口汽车、摩托车产品的，需按规定的条件申领出口许可证；以工程承包方式出口汽车、摩托车产品的，凭对外承包工程项目备案回执或特定项目立项回执等材料申领出口许可证；以上述贸易方式出口非原产于中国的汽车、摩托车产品的，凭进口海关单据和货物出口合同申领出口许可证。

（六）以加工贸易方式出口第五款所列货物的，除另有规定以外，凭有关批准文件、海关加工贸易进口报关单和货物出口合同申领出口许可证。

（七）出口铈及铈合金（颗粒＜500微米）、钨及钨合金（颗粒＜500微米）、锆、铍、锗、镓的可免于申领出口许可证，但需按规定申领《中华人民共和国两用物项和技术出口许可证》。

（八）我国政府对外援助项下提供的货物免于申领出口许可证。

（九）继续暂停对一般贸易项下润滑油（海关商品编号27101991）、润滑脂（海关商品编号27101992）、润滑油基础油（海关商品编号27101993）出口的国营贸易管理。以一般贸易方式出口上述货物的，凭有效的货物出口合同申领出口许可证。以其他贸易方式出口上述货物的，按照商务部、国家发展改革委、海关总署公告2008年第30号的规定执行。

二、“非一批一证”制和“一批一证”制

（一）对下列货物实行“非一批一证”制管理：即小麦、玉米、大米、小麦粉、玉米粉、大米粉、活牛、活猪、活鸡、牛肉、猪肉、鸡肉、原油、成品油、煤炭、摩托车（含全地形车）及其发动机和车架、汽车（包括成套散件）及其底盘（限新车）、加工贸易项下出口货物、补偿贸易项下出口货物等。出口上述货物的，可在出口许可证有效期内多次通关使用出口许可证，但通关使用次数不得超过12次。

（二）对消耗臭氧层物质、汽车（旧）出口实行“一批一证”制管理，出口许可证在有效期内一次报关使用。

三、货物通关口岸

继续暂停对镁砂、稀土、锑及锑制品等出口货物的指定口岸管理。

四、出口许可机构

商务部和受商务部委托的省级地方商务主管部门及沈阳市、长春市、哈尔滨市、南京市、武汉市、广州市、成都市、西安市商务主管部门按照分工受理申请人的申请并实施出口许可，向符合条件的申请人签发出口许可证。

本公告所称省级地方商务主管部门，是指各省、自治区、直辖市及计划单列市、新疆生产建设兵团商务主管部门。

五、实施时间

本公告自2024年1月1日起执行。商务部、海关总署公告2022年第40号同时废止。

商务部　海关总署

2023年12月29日

出口许可证管理货物目录（2024年）

序号	货物种类		海关商品编号	货物名称	单位
1	活牛		0102290000	非改良种用家牛	千克/头
			0102390010	非改良种用濒危水牛	千克/头
			0102390090	非改良种用其他水牛	千克/头
			0102909010	非改良种用濒危野牛	千克/头
			0102909090	非改良种用其他牛	千克/头
2	活猪	活大猪	0103920010	重量在50千克及以上的非改良种用濒危猪	千克/头
			0103920090	重量在50千克及以上的其他非改良种用猪	千克/头
		活中猪	0103912010	重量在10千克及以上但在50千克以下的非改良种用濒危猪	千克/头
			0103912090	重量在10千克及以上但在50千克以下的其他非改良种用猪	千克/头
		活乳猪	0103911010	重量在10千克以下的非改良种用濒危猪	千克/头
			0103911090	重量在10千克以下的其他非改良种用猪	千克/头
3	活鸡		0105941000	重量超过185克的改良种用鸡	千克/只
			0105949000	重量超过185克的其他鸡（改良种用的除外）	千克/只
			0105999300	重量超过185克的非改良种用珍珠鸡	千克/只
4	牛肉	冰鲜牛肉	0201100010	整头及半头鲜或冷藏的濒危野牛肉	千克
			0201100090	其他整头及半头鲜或冷藏的牛肉	千克
			0201200010	鲜或冷藏的带骨濒危野牛肉	千克
			0201200090	其他鲜或冷藏的带骨牛肉	千克
			0201300010	鲜或冷藏的去骨濒危野牛肉	千克
			0201300090	其他鲜或冷藏的去骨牛肉	千克
			0206100000	鲜或冷藏的牛杂碎	千克
		冻牛肉	0202100010	冻藏的整头及半头濒危野牛肉	千克
			0202100090	其他冻藏的整头及半头牛肉	千克
			0202200010	冻藏的带骨濒危野牛肉	千克
			0202200090	其他冻藏的带骨牛肉	千克
			0202300010	冻藏的去骨濒危野牛肉	千克
			0202300090	其他冻藏的去骨牛肉	千克
			0206210000	冻牛舌	千克
			0206220000	冻牛肝	千克
			0206290000	其他冻牛杂碎	千克
5	猪肉	冰鲜猪肉	0203111010	鲜或冷藏整头及半头濒危乳猪肉	千克
			0203111090	鲜或冷藏整头及半头其他乳猪肉	千克
			0203119010	鲜或冷藏整头及半头濒危其他猪肉	千克
			0203119090	鲜或冷藏整头及半头其他猪肉	千克
			0203120010	鲜或冷藏带骨濒危猪前腿、后腿及肉块	千克
			0203120090	鲜或冷藏带骨其他猪前腿、后腿及肉块	千克

序号	货物种类		海关商品编号	货物名称	单位
			0203190010	其他鲜或冷藏濒危猪肉	千克
			0203190090	其他鲜或冷藏的猪肉	千克
			0206300000	鲜或冷藏的猪杂碎	千克
		冻猪肉	0203219010	冻藏整头及半头濒危其他猪肉	千克
			0203219090	冻藏整头及半头其他猪肉	千克
			0203220010	冻藏带骨濒危猪前腿、后腿及肉块	千克
			0203220090	冻藏带骨其他猪前腿、后腿及肉块	千克
			0203290010	其他冻藏濒危猪肉	千克
			0203290090	其他冻藏猪肉	千克
			0206410000	冻猪肝	千克
			0206490000	其他冻猪杂碎	千克
			0203211010	冻藏整头及半头濒危乳猪肉	千克
			0203211090	冻藏整头及半头其他乳猪肉	千克
6	鸡肉	冰鲜鸡肉	0207110000	鲜或冷的整只鸡	千克
			0207131100	鲜或冷的带骨鸡块	千克
			0207131900	其他鲜或冷的鸡块	千克
			0207132101	鲜或冷的鸡整翅（沿肩关节将鸡翅从整鸡上分割下来的部位）	千克
			0207132102	鲜或冷的鸡翅根（将整翅从肘关节处切开，靠近根部的部分）	千克
			0207132103	鲜或冷的鸡翅中（将整翅从肘关节和腕关节处切开，中间的部分）	千克
			0207132104	鲜或冷的鸡两节翅（翅中和翅尖相连的部分，或翅根和翅中相连的部分）	千克
			0207132901	鲜或冷的鸡翅尖	千克
			0207132902	鲜或冷的鸡膝软骨（鸡膝部连接小腿和大腿的软骨）	千克
			0207132990	其他鲜或冷的鸡杂碎	千克
		冻鸡肉	0207120000	冻的整只鸡	千克
			0207141100	冻的带骨鸡块（包括鸡胸脯、鸡大腿等）	千克
			0207141900	冻的不带骨鸡块（包括鸡胸脯、鸡大腿等）	千克
			0207142101	冻的鸡整翅（沿肩关节将鸡翅从整鸡上分割下来的部位）	千克
			0207142102	冻的鸡翅根（将整翅从肘关节处切开，靠近根部的部分）	千克
			0207142103	冻的鸡翅中（将整翅从肘关节和腕关节处切开，中间的部分）	千克
			0207142104	冻的鸡两节翅（翅中和翅尖相连的部分，或翅根和翅中相连的部分）	千克
			0207142200	冻的鸡爪	千克
			0207142901	冻的鸡翅尖	千克
			0207142902	冻的鸡膝软骨（鸡膝部连接小腿和大腿的软骨）	千克
			0207142990	其他冻的食用鸡杂碎	千克
7	小麦		1001110001	种用硬粒小麦	千克
			1001110090	种用硬粒小麦	千克
			1001190001	其他硬粒小麦	千克
			1001190090	其他硬粒小麦	千克

序号	货物种类	海关商品编号	货物名称	单位
		1001910001	其他种用小麦及混合麦	千克
		1001910090	其他种用小麦及混合麦	千克
		1001990001	其他小麦及混合麦	千克
		1001990090	其他小麦及混合麦	千克
8	玉米	1005100001	种用玉米	千克
		1005100090	种用玉米	千克
		1005900001	其他玉米	千克
		1005900090	其他玉米	千克
9	大米	1006102101	种用长粒米稻谷	千克
		1006102190	种用长粒米稻谷	千克
		1006102901	其他种用稻谷	千克
		1006102990	其他种用稻谷	千克
		1006108101	其他长粒米稻谷	千克
		1006108190	其他长粒米稻谷	千克
		1006108901	其他稻谷	千克
		1006108990	其他稻谷	千克
		1006202001	长粒米糙米	千克
		1006202090	长粒米糙米	千克
		1006208001	其他糙米	千克

序号	货物种类	海关商品编号	货物名称	单位
		1006208090	其他糙米	千克
		1006302001	长粒米精米（不论是否磨光或上光）	千克
		1006302090	长粒米精米（不论是否磨光或上光）	千克
		1006308001	其他精米（不论是否磨光或上光）	千克
		1006308090	其他精米（不论是否磨光或上光）	千克
		1006402001	长粒米碎米	千克
		1006402090	长粒米碎米	千克
		1006408001	其他碎米	千克
		1006408090	其他碎米	千克
10	小麦粉	1101000001	小麦或混合麦的细粉	千克
		1101000090	小麦或混合麦的细粉	千克
		1103110001	小麦粗粒及粗粉	千克
		1103110090	小麦粗粒及粗粉	千克
		1103201001	小麦团粒	千克
		1103201090	小麦团粒	千克
11	玉米粉	1102200001	玉米细粉	千克
		1102200090	玉米细粉	千克
		1103130001	玉米粗粒及粗粉	千克
		1103130090	玉米粗粒及粗粉	千克

序号	货物种类	海关商品编号	货物名称	单位
		1104199010	滚压或制片的玉米	千克
		1104230001	经其他加工的玉米	千克
		1104230090	经其他加工的玉米	千克
12	大米粉	1102902101	长粒米大米细粉	千克
		1102902190	长粒米大米细粉	千克
		1102902901	其他大米细粉	千克
		1102902990	其他大米细粉	千克
		1103193101	长粒米大米粗粒及粗粉	千克
		1103193190	长粒米大米粗粒及粗粉	千克
		1103193901	其他大米粗粒及粗粉	千克
		1103193990	其他大米粗粒及粗粉	千克
13	药料用人工种植麻黄草	1211500012	药料用人工种植麻黄草	千克
14	甘草及甘草制品	1211903600	鲜、冷、冻或干的甘草（不论是否切割、压碎或研磨成粉）	千克
		1302120000	甘草液汁及浸膏	千克
		2938909010	甘草酸粉	千克
		2938909020	甘草酸盐类	千克
		2938909030	甘草次酸及其衍生物	千克
		2938909040	其他甘草酸	千克
15	蔺草及蔺草制品	1401903100	蔺草（已净、漂白或染色的）	千克
		4601291111	蔺草制的提花席、双苜席、垫子（单位面积超过 1 平方米，不论是否包边）	千克/张

序号	货物种类	海关商品编号	货物名称	单位
		4601291112	蔺草制的其他席子（单位面积超过 1 平方米，不论是否包边）	千克/张
		9404210010	蔺草包面的垫子（单件面积超过 1 平方米，无论是否包边）	千克/个
16	天然砂	2505100000	硅砂及石英砂（不论是否着色）	千克
		2505900010	标准砂（不论是否着色，第 26 章的金属矿砂除外）	千克
		2505900090	其他天然砂（不论是否着色，第 26 章的金属矿砂除外）	千克
17	矾土	2508300000	耐火粘土（不论是否煅烧，包括矾土、焦宝石及其他耐火粘土）	千克
		2606000000	铝矿砂及其精矿	千克
18	磷矿石	2510101000	未碾磨磷灰石	千克
		2510109000	其他未碾磨天然磷酸钙、天然磷酸铝钙及磷酸盐白垩（磷灰石除外）	千克
		2510201000	已碾磨磷灰石	千克
		2510209000	其他已碾磨天然磷酸钙、天然磷酸铝钙及磷酸盐白垩（磷灰石除外）	千克
19	镁砂	2519100000	天然碳酸镁（菱镁矿）	千克
		2519901000	熔凝镁氧矿（电熔镁，包括喷补料）	千克
		2519902000	烧结镁氧矿（重烧镁，包括喷补料）	千克
		2519903000	碱烧镁（轻烧镁）	千克
		2519909910	其他氧化镁含量在 70%及以上的矿产品	千克
		2530909910	废镁砖	千克
		2530909930	未煅烧的水镁石	千克
		3824999200	按重量计含氧化镁 70%以上的混合物	千克

序号	货物种类	海关商品编号	货物名称	单位
20	滑石块（粉）	2526102000	未破碎及未研粉的滑石（不论是否粗加修整或仅用锯或其他方法切割成矩形板块）	千克
		2526202001	滑石粉（体积百分比在90%及以上、产品颗粒度不超过18微米的）	千克
		2526202090	已破碎或已研粉的其他天然滑石	千克
		3824999100	按重量计含滑石50%以上的混合物	千克
21	萤石（氟石）	2529210010	按重量计氟化钙含量在97%及以下、砷含量在0.0005%及以下的萤石	千克
		2529210090	按重量计氟化钙含量在97%及以下、砷含量在0.0005%以上的萤石	千克
		2529220010	按重量计氟化钙含量在97%以上、砷含量在0.0005%及以下的萤石	千克
		2529220090	按重量计氟化钙含量在97%以上、砷含量在0.0005%以上的萤石	千克
22	稀土	2530902000	其他稀土金属矿	千克
		2612200000	钍矿砂及其精矿	千克
		2805301100	钕（未相互混合或相互熔合）	千克
		2805301200	镝（未相互混合或相互熔合）	千克
		2805301300	铽（未相互混合或相互熔合）	千克
		2805301400	镧（未相互混合或相互熔合）	千克
		2805301510*	颗粒在500微米以下的铈及其合金（含量在97%及以上，不论球形、椭球体、雾化、片状、研碎金属燃料；未相互混合或相互熔合）	千克
		2805301590	其他金属铈（未相互混合或相互熔合）	千克
		2805301600	金属镨（未相互混合或相互熔合）	千克
		2805301700	金属钇（未相互混合或相互熔合）	千克
		2805301800	金属钪（未相互混合或相互熔合）	千克
		2805301900	其他稀土金属	千克
		2805302100	其他电池级的稀土金属、钪及钇	千克
		2805302900	其他稀土金属、钪及钇	千克
		2846101000	氧化铈	千克
		2846102000	氢氧化铈	千克
		2846103000	碳酸铈	千克
		2846109010	氰化铈	千克
		2846109090	铈的其他化合物	千克
		2846901100	氧化钇	千克
		2846901200	氧化镧	千克
		2846901300	氧化钕	千克
		2846901400	氧化铕	千克
		2846901500	氧化镝	千克
		2846901600	氧化铽	千克
		2846901700	氧化镨	千克
		2846901800	氧化镥	千克
		2846901920	氧化铒	千克
		2846901930	氧化钆	千克
		2846901940	氧化钐	千克

序号	货物种类	海关商品编号	货物名称	单位
		2846901970	氧化镱	千克
		2846901980	氧化钪	千克
		2846901991	灯用红粉	千克
		2846901992	按重量计中重稀土总含量在30%及以上的其他氧化稀土（灯用红粉、氧化铈除外）	千克
		2846901999	其他氧化稀土（灯用红粉、氧化铈除外）	千克
		2846902100	氯化铽	千克
		2846902200	氯化镝	千克
		2846902300	氯化镧	千克
		2846902400	氯化钕	千克
		2846902500	氯化镨	千克
		2846902600	氯化钇	千克
		2846902800	混合氯化稀土	千克
		2846902900	其他未混合氯化稀土	千克
		2846903100	氟化铽	千克
		2846903200	氟化镝	千克
		2846903300	氟化镧	千克
		2846903400	氟化钕	千克
		2846903500	氟化镨	千克
		2846903600	氟化钇	千克

序号	货物种类	海关商品编号	货物名称	单位
		2846903900	其他氟化稀土	千克
		2846904100	碳酸镧	千克
		2846904200	碳酸铽	千克
		2846904300	碳酸镝	千克
		2846904400	碳酸钕	千克
		2846904500	碳酸镨	千克
		2846904600	碳酸钇	千克
		2846904810	按重量计中重稀土总含量在30%及以上的混合碳酸稀土	千克
		2846904890	其他混合碳酸稀土	千克
		2846904900	其他未混合碳酸稀土	千克
		2846909100	镧的其他化合物	千克
		2846909200	钕的其他化合物	千克
		2846909300	铽的其他化合物	千克
		2846909400	镝的其他化合物	千克
		2846909500	镨的其他化合物	千克
		2846909690	钇的其他化合物（LED用荧光粉除外）	千克
		2846909910	按重量计中重稀土总含量在30%及以上的稀土金属、钪的其他化合物（LED用荧光粉、铈的化合物除外）	千克
		2846909990	其他稀土金属、钪的其他化合物（LED用荧光粉、铈的化合物除外）	千克

序号	货物种类		海关商品编号	货物名称	单位
23	锡及锡制品	锡矿砂	2609000000	锡矿砂及其精矿	千克
		锡及锡基合金	2825903100	二氧化锡	千克
			2825903900	其他锡的氧化物及氢氧化物	千克
			8001100000	未锻轧非合金锡	千克
			8001201000	锡基巴毕脱合金	千克
			8001202100	按重量计含铅量在 0.1%以下的焊锡	千克
			8001202900	其他焊锡	千克
			8001209000	其他锡合金	千克
			8002000000	锡废碎料	千克
			8003000000	锡及锡合金条、杆、型材、丝	千克
			8007002000	厚度超过 0.2 毫米的锡板、片及带	千克
			8007004000	锡管及管子附件（例如：接头、肘管、管套）	千克
24	钨及钨制品	钨砂	2611000000	钨矿砂及其精矿	千克
			2620991000	其他主要含钨的矿渣、矿灰及残渣	千克
		仲、偏钨酸铵	2841801000	仲钨酸铵	千克
			2841804000	偏钨酸铵	千克
		三氧化钨及蓝色氧化钨	2825901200	三氧化钨	千克
			2825901910	蓝色氧化钨	千克

序号	货物种类		海关商品编号	货物名称	单位
		钨酸及其盐类	2825901100	钨酸	千克
			2841802000	钨酸钠	千克
			2841803000	钨酸钙	千克
		钨粉及其制品	2849902000	碳化钨	千克
			8101100010*	其他颗粒在 500 微米以下的钨及其合金（含量在 97%及以上，不论球形、椭球体、雾化、片状、研碎金属燃料）	千克
			8101100090	其他钨粉末	千克
			8101940000	未锻轧钨（包括简单烧结的条、杆）	千克
			8101970000	钨废碎料	千克
25	钼及钼制品		2613100000	已焙烧的钼矿砂及其精矿	千克
			2613900000	其他钼矿砂及其精矿	千克
			2825700000	钼的氧化物及氢氧化物	千克
			2841701000	钼酸铵	千克
			2841709000	其他钼酸盐	千克
			8102100000	钼粉	千克
			8102940000	未锻轧钼（包括简单烧结的条、杆）	千克
			8102970000	钼废碎料	千克
			8102990000	钼制品	千克
26	锑及锑制品	锑砂	2617101000	生锑（锑精矿，选矿产品）	千克
			2617109001	其他锑矿砂及其精矿（黄金价值部分）	千克

序号	货物种类		海关商品编号	货物名称	单位
			2617109090	其他锑矿砂及其精矿（非黄金价值部分）	千克
		氧化锑	2825800000	锑的氧化物	千克
		锑（包括锑合金）及锑制品	8110101000	未锻轧锑	千克
			8110102000	锑粉末	千克
			8110200000	锑废碎料	千克
			8110900000	其他锑及锑制品	千克
27	煤炭		2701110010	无烟煤（不论是否粉化，但未制成型）	千克
			2701121000	未制成型的炼焦煤（不论是否粉化）	千克
			2701129000	其他烟煤（不论是否粉化，但未制成型）	千克
			2701190000	其他煤（不论是否粉化，但未制成型）	千克
			2702100000	褐煤（不论是否粉化，但未制成型）	千克
28	焦炭		2704001000	焦炭或半焦炭（煤、褐煤或泥煤制成，不论是否成型）	千克
29	原油		2709000000	石油原油（包括从沥青矿物提取的原油）	千克
30	成品油		2710121000	车用汽油及航空汽油（不含生物柴油）	千克/升
			2710122000	石脑油（不含生物柴油）	千克/升
			2710129101	壬烯（碳九异构体混合物含量超过 90%，不含生物柴油）	千克
			2710129190	其他壬烯（不含生物柴油）	千克
			2710129910	异戊烯同分异构体混合物（不含生物柴油）	千克
			2710129920	脱模剂（包括按重量计含油成分在 70%及以上的制品）	千克
			2710129990	其他轻油及制品（包括按重量计含油成分在 70%及以上的制品，不含生物柴油）	千克
			2710191100	航空煤油（不含生物柴油）	千克/升
			2710191200	灯用煤油（不含生物柴油）	千克/升
			2710191910	正构烷烃（C9-C13，不含生物柴油）	千克/升
			2710191920	异构烷烃溶剂（不含生物柴油）	千克/升
			2710191990	其他煤油馏分的油及制品（不含生物柴油）	千克/升
			2710192210	低硫的 5-7 号燃料油（硫含量不高于 0.5%m/m，不含生物柴油)	千克/升
			2710192300	柴油	千克/升
			2710199100	润滑油（不含生物柴油）	千克/升
			2710199200	润滑脂（不含生物柴油）	千克/升
			2710199310	润滑油基础油（不含生物柴油，产品粘度在 100℃为 37-47，粘度指数为 80 及以上，颜色实测为 2.0 左右，倾点实测为-8℃左右）	千克/升
			2710199390	其他润滑油基础油（不含生物柴油）	千克/升
			2710200000	石油及从沥青矿物提取的油类（但原油除外）以及以上述油为基本成分（按重量计在 70%及以上）的其他税目未列名制品（含生物柴油成分在 30%以下，废油除外）	千克/升
			2711110000	液化天然气	千克
31	石蜡		2712200000	石蜡（按重量计含油量在 0.75%以下，不论是否着色）	千克
			2712901010	食品级微晶石蜡	千克
			2712901090	其他微晶石蜡	千克
32		铋	2825902100	三氧化二铋	千克

序号	货物种类		海关商品编号	货物名称	单位
	部分金属及制品		2825902900	其他铋的氧化物及氢氧化物	千克
			8106101091 8106901019	其他未锻轧铋	千克
			8106101092 8106901029	其他未锻轧铋废碎料	千克
			8106101099 8106901099	其他未锻轧铋粉末	千克
			8106109090 8106909090	其他铋及铋制品	千克
		钛	3206111100	钛白粉，金红石型含量在99.8%及以上且明度（干粉L*）在99.0及以上的	千克
			3206111900	其他钛白粉，不包括金红石型含量在99.8%及以上且明度（干粉L*）在99.0及以上的	千克
			8108202100	未锻轧海绵钛	千克
			8108202990	其他未锻轧钛	千克
			8108203000	钛的粉末	千克
			8108300000	钛废碎料	千克
		钨	3824300010	混合的未烧结金属碳化钨（包括自身混合或与金属粘合剂混合的）	千克
		铂	7110199000	其他半制成铂	克
			7112921000	铂及包铂的废碎料（但含有其他贵金属的地脚料除外）	克
			7112922001	铂含量在3%以上的其他含有铂及铂化合物的废碎料（但税目85.49的货品及含有其他贵金属的地脚料除外，主要用于回收铂）	克
			7112922090	其他含有铂及铂化合物的废碎料（但税目85.49的货品及含有其他贵金属的地脚料除外，主要用于回收铂）	克

序号	货物种类		海关商品编号	货物名称	单位
			7111000000	以贱金属、银或金为底的包铂材料，加工程度未超过半制成品	克
			7115100000	金属丝布或格栅形状的铂催化剂	克
			2843900020	氯化铂	克
			2843900031	奥沙利铂、卡铂、奈达铂、顺铂	克
			2843900039	其他铂化合物	克
			2843900091	贵金属汞齐	克
			2843900099	其他贵金属化合物（不论是否已有化学定义）	克
		钯	7110210000	未锻造或粉末状钯	克
			7110291000	板、片状钯	克
			7110299000	其他半制成钯	克
		铑	7110310000	未锻造或粉末状铑	克
			7110391000	板、片状铑	克
			7110399000	其他半制成铑	克
		钌铱锇	2843900040	燃料电池用氧化铱（铱含量75%及以上，粒径40-100纳米，金属杂质总量小于500ppm）	克
			7110410000	未锻造或粉末状铱、锇、钌	克
			7110491000	板、片状铱、锇、钌	克
			7110499000	其他半制成铱、锇、钌	克
		铁合金	7202110000	按重量计含碳量在2%以上的锰铁	千克
			7202190000	按重量计含碳量不超过2%的锰铁	千克
			7202210010	按重量计含硅量超过55%但在90%以下的硅铁	千克

序号	货物种类		海关商品编号	货物名称	单位
			7202210090	按重量计含硅量超过90%的硅铁	千克
			7202290010	按重量计含硅量在30%及以上但不超过55%的硅铁	千克
			7202290090	按重量计含硅量在30%以下的硅铁	千克
			7202300000	硅锰铁	千克
			7202410000	按重量计含碳量在4%以上的铬铁	千克
			7202490000	按重量计含碳量不超过4%的铬铁	千克
			7202500000	硅铬铁	千克
			7202600000	镍铁	千克
			7202700000	钼铁	千克
			7202801000	钨铁	千克
			7202802000	硅钨铁	千克
			7202910000	钛铁及硅钛铁	千克
			7202921000	按重量计含钒量在75%及以上的钒铁	千克
			7202929000	其他钒铁	千克
			7202930010	钽含量在10%以下的铁钽铌合金	千克
			7202930090	其他铌铁	千克
			7202991100	钕铁硼合金速凝永磁片	千克
			7202991200	钕铁硼合金磁粉	千克
			7202991900	其他钕铁硼合金	千克

序号	货物种类		海关商品编号	货物名称	单位
			7202999110	按重量计中重稀土元素总含量在30%及以上的铁合金（按重量计稀土元素总含量在10%以上）	千克
			7202999191	按重量计稀土元素总含量在10%以上的稀土硅铁合金	千克
			7202999199	其他按重量计稀土元素总含量在10%以上的铁合金	千克
			7202999900	其他铁合金	千克
		镍	7501100000	镍锍	千克
			7501201000	镍湿法冶炼中间品	千克
			7501209000	其他氧化镍烧结物、镍的其他中间产品	千克
			7502101000	未锻轧非合金镍（按重量计镍、钴总量在99.99%及以上，但钴含量不超过0.005%）	千克
			7502109000	其他未锻轧非合金镍	千克
			7502200000	未锻轧镍合金	千克
			7503000000	镍废碎料	千克
		钽	8103201100	松装密度小于2.2克/立方厘米的钽粉	千克
			8103201900	其他钽粉	千克
			8103209000	其他未锻轧钽，包括简单烧结而成的条、杆	千克
			8103300000	钽废碎料	千克
			8103999000	其他锻轧钽及其制品	千克
			8103991100	直径小于0.5毫米的钽丝	千克
			8103991900	其他钽丝	千克
		钴	8105201000	钴湿法冶炼中间品	千克
			8105202000	未锻轧钴	千克

序号	货物种类		海关商品编号	货物名称	单位
			8105209001	钴锍及其他冶炼钴时所得的中间产品	千克
			8105209090	其他钴锍、粉末	千克
			8105300000	钴废碎料	千克
			8105900020	血管支架用钴铬合金管（钴含量45%及以上，铬含量19%-21%，钨含量14%-16%，镍含量9%-11%）	千克
			8105900010 8105900090	其他钴及制品	千克
			2827393000	氯化钴	千克
			2917112000	草酸钴	千克
			2836993000	碳酸钴	千克
			2822001000	四氧化三钴	千克
			2822009000	其他钴的氧化物及氢氧化物（包括商品氧化钴，但四氧化三钴除外）	千克
			2833299010	硫酸钴	千克
		锆	8109210090* 8109290090*	其他未锻轧锆；粉末	千克
			8109310000* 8109390000*	锆废碎料	千克
			8109910090* 8109990000*	其他锻轧锆及锆制品	千克
			2825600090*	二氧化锆	千克
		锰	8111001010	锰废碎料	千克
			8111001090	未锻轧锰；粉末	千克
			8111009000	其他锰及制品	千克
		铍	8112120000*	未锻轧铍、铍粉末	千克
			8112130000*	铍废碎料	千克
			8112190000*	其他铍及其制品	千克
		铬	8112210000	未锻轧铬；铬粉末	千克
			8112220000	铬废碎料	千克
			8112290000	其他铬及其制品	千克
		锗	8112921010*	锗废碎料	千克
			8112921090*	未锻轧的锗；锗粉末	千克
			8112991000*	其他锗及其制品	千克
			2825600001*	锗的氧化物	千克
		钒	8112992001	其他钒氮合金	千克
			8112922010	未锻轧的钒废碎料	千克
			8112922090	未锻轧的钒；钒粉末	千克
			8112992090	其他钒及其制品	千克
			2825301000	五氧化二钒	千克
			2825309000	其他钒的氧化物及氢氧化物	千克
		镓 铼 铌	8112924010	铌废碎料	千克
			8112924090	未锻轧的铌；铌粉末	千克

序号	货物种类	海关商品编号	货物名称	单位
		8112410010	未锻轧的铼废碎料	千克
		8112929010*	未锻轧的镓废碎料	千克
		8112410090	未锻轧的铼；粉末	千克
		8112929090*	未锻轧的镓；粉末	千克
		8112994000	锻轧的铌及其制品	千克
		8112490000	锻轧的铼及其制品	千克
		8112999000*	锻轧的镓及其制品	千克
33	硫酸二钠	2833110000	硫酸二钠	千克
34	碳化硅	2849200000	碳化硅	千克
		3824999910	粗制碳化硅（其中碳化硅含量大于15%，按重量计）	千克
35	消耗臭氧层物质	2903140090	四氯化碳（用于受控用途除外）	千克
		2903771000	三氯氟甲烷	千克
		2903772011	二氯二氟甲烷	千克
		2903772016	一氯三氟甲烷	千克
		2903772012	三氯三氟乙烷（用于受控用途除外）	千克
		2903772014	二氯四氟乙烷	千克
		2903772015	一氯五氟乙烷	千克
		2903772017	五氯一氟乙烷 四氯二氟乙烷	千克

序号	货物种类	海关商品编号	货物名称	单位
		2903772018	七氯一氟丙烷 六氯二氟丙烷 五氯三氟丙烷 四氯四氟丙烷 三氯五氟丙烷 二氯六氟丙烷 一氯七氟丙烷	千克
		3827110010	二氯二氟甲烷与二氟乙烷的混合物 一氯二氟甲烷与一氯五氟乙烷的混合物 三氟甲烷与一氯三氟甲烷的混合物	千克
		3827110020	一氯二氟甲烷与二氯二氟甲烷的混合物 二氟甲烷与一氯五氟乙烷的混合物 二氯二氟甲烷与一氯一氟甲烷的混合物 一氯一氟甲烷与二氯四氟乙烷的混合物 二氯二氟甲烷与二氯四氟乙烷的混合物	千克
		3827110090	其他含全氯氟烃（CFCs）的混合物，不论是否含含氢氯氟烃（HCFCs）、全氟烃（PFCs）或氢氟烃（HFCs）	千克
		2903191090	1,1,1-三氯乙烷/甲基氯仿（用于受控用途除外）	千克
		2903760010	溴氯二氟甲烷	千克
		2903760020	溴三氟甲烷	千克
		2903760030	二溴四氟乙烷	千克
		3827200000	含溴氯二氟甲烷（Halon-1211）、溴三氟甲烷（Halon-1301）或二溴四氟乙烷（Halon-2402）的混合物	千克
		2903791011	二氯一氟甲烷	千克
		2903710000	一氯二氟甲烷	千克

序号	货物种类	海关商品编号	货物名称	单位
		2903720000	二氯三氟乙烷	千克
		2903791012	一氯四氟乙烷	千克
		2903791013	一氯三氟乙烷	千克
		2903730010	1,1-二氯-1-氟乙烷	千克
		2903730090	二氯一氟乙烷（1,1-二氯-1-氟乙烷除外）	千克
		2903740010	1-氯-1,1-二氟乙烷	千克
		2903740090	一氯二氟乙烷（1-氯-1,1-二氟乙烷除外）	千克
		2903750000	二氯五氟丙烷	千克
		2903791090	其他含氢氯氟烃类物质（这里的烃是指甲烷、乙烷及丙烷）	千克
		3827310011	一氯二氟甲烷、二氟乙烷和一氯四氟乙烷的混合物	千克
		3827310012	五氟乙烷、丙烷和一氯二氟甲烷的混合物	千克
		3827310013	一氯二氟甲烷、二氟乙烷、一氯二氟乙烷和八氟环丁烷的混合物	千克
		3827310014	五氟乙烷、三氟乙烷和一氯二氟甲烷的混合物	千克
		3827310015	丙烯、一氯二氟甲烷和二氟乙烷的混合物	千克
		3827310016	一氯二氟甲烷和二氟乙烷的混合物	千克
		3827310017	四氟乙烷、一氯四氟乙烷和丁烷的混合物	千克
		3827310018	丙烷、一氯二氟甲烷和二氟乙烷的混合物	千克
		3827320011	丙烷、一氯二氟甲烷和八氟丙烷的混合物	千克
		3827320012	一氯二氟甲烷、2-甲基丙烷和一氯二氟乙烷的混合物	千克

序号	货物种类	海关商品编号	货物名称	单位
		3827320013	一氯二氟甲烷、一氯四氟乙烷和一氯二氟乙烷的混合物	千克
		3827320014	一氯二氟甲烷、八氟丙烷和一氯二氟乙烷的混合物	千克
		3827320015	一氯二氟甲烷、一氯四氟乙烷、一氯二氟乙烷和2-甲基丙烷的混合物	千克
		3827320016	一氯二氟甲烷和八氟丙烷的混合物	千克
		3827320017	一氯二氟甲烷和一氯二氟乙烷的混合物	千克
		3827320090	其他含2903710000、2903720000、2903730010、2903730090、2903740010、2903740090、2903750000对应物质的含氢氯氟烃（这里的烃是指甲烷、乙烷及丙烷）混合物，但不含全氯氟烃（CFCs）	千克
		3827310090	其他含2903430010、2903430020、2903420000、2903410000、2903440010、2903440020、2903450000、2903470000、2903480000、2903460010、2903460020、2903460030、2903460040对应物质的含氢氯氟烃（这里的烃是指甲烷、乙烷及丙烷）混合物，但不含CFCs	千克
		3827390000	除上述含氢氯氟烃物质外，其它含氢氯氟烃（这里的烃是指甲烷、乙烷及丙烷）混合物，但不含CFCs	千克
		2903799021	其他溴氟代甲烷、乙烷和丙烷	千克
		3827120000	含氢溴氟烃（HBFCs）的混合物	千克
		2903799022	溴氯甲烷	千克
		2903610000	溴甲烷/甲基溴	千克
		3827400000	含溴化甲烷（甲基溴）或溴氯甲烷的混合物	千克
		2903430010	一氟甲烷（甲基氟）	千克
		2903430020	1,1-二氟乙烷 1,2-二氟乙烷	千克
		2903420000	二氟甲烷	千克
		2903410000	三氟甲烷	千克

序号	货物种类	海关商品编号	货物名称	单位
		2903440010	1,1,1-三氟乙烷 1,1,2-三氟乙烷	千克
		2903440020	五氟乙烷	千克
		2903450000	1,1,1,2-四氟乙烷 1,1,2,2-四氟乙烷	千克
		2903470000	1,1,1,3,3-五氟丙烷 1,1,2,2,3-五氟丙烷	千克
		2903480000	1,1,1,3,3-五氟丁烷 1,1,1,2,2,3,4,5,5,5-十氟戊烷	千克
		2903460010	1,1,1,2,3,3-六氟丙烷	千克
		2903460020	1,1,1,3,3,3-六氟丙烷	千克
		2903460030	1,1,1,2,3,3,3-七氟丙烷	千克
		2903460040	1,1,1,2,2,3-六氟丙烷	千克
		3827510000	含 HFC-23 的混合物，但不含含氢氯氟烃（HCFCs）或 CFCs	千克
		3827610011	HFC-125，HFC-143a 和 HFC-134a 的混合物，混合比例（质量比）为 44:52:4	千克
		3827610012	HFC-125 和 HFC-143a 的混合物，混合比例（质量比）为 50:50	千克
		3827610090	其他按重量计含 15%及以上 HFC-143a 的混合物，但不含 CFCs 或 HCFCs	千克
		3827620000	其他，不归入上述子目，按重量计含 55%及以上 HFC-125 但不含无环烃的不饱和氟化衍生物（HFOs）、CFCs 或 HCFCs 的混合物	千克
		3827630010	HFC-125 和 HFC-32 的混合物，混合比例（质量比）为 50:50	千克
		3827630090	其他，不归入上述子目，按重量计含 40%及以上 HFC-125 的混合物，但不含 CFCs 或 HCFCs	千克
		3827640010	HFC-32，HFC-125 和 HFC-134a 的混合物，混合比例（质量比）为 23:25:52	千克
		3827640090	其他，不归入上述子目，按重量计含 30%及以上 HFC-134a，但不含 HFOs、CFCs 或 HCFCs 的混合物	千克

序号	货物种类	海关商品编号	货物名称	单位
		3827650000	其他，不归入上述子目，按重量计含 20%及以上 HFC-32 和 20%及以上 HFC-125 的混合物，但不含 CFCs 或 HCFCs	千克
		3827680000	其他，不归入上述子目，含 2903430010、2903430020、2903420000、2903410000、2903440010、2903440020、2903450000、2903470000、2903480000、2903460010、2903460020、2903460030、2903460040 对应物质的混合物，但不含 CFCs 或 HCFCs	千克
36	柠檬酸	2918140000	柠檬酸	千克
		2918150000	柠檬酸盐及柠檬酸酯	千克
37	锯材	4406110000	未浸渍的铁道及电车道针叶木枕木	千克/立方米
		4406120000	未浸渍的铁道及电车道非针叶木枕木	千克/立方米
		4407111091	经纵锯、纵切、刨切或旋切的非端部接合的红松厚板材（厚度超过 6 毫米）	千克/立方米
		4407111099	经纵锯、纵切、刨切或旋切的非端部接合的樟子松厚板材（厚度超过 6 毫米）	千克/立方米
		4407120091	经纵锯、纵切、刨切或旋切的非端部接合的濒危云杉及冷杉厚板材（厚度超过 6 毫米）	千克/立方米
		4407120099	经纵锯、纵切、刨切或旋切的非端部接合的其他云杉及冷杉厚板材（厚度超过 6 毫米）	千克/立方米
		4407112090	经纵锯、纵切、刨切或旋切的非端部接合的辐射松厚板材（厚度超过 6 毫米）	千克/立方米
		4407191090	经纵锯、纵切、刨切或旋切的非端部接合的花旗松厚板材（厚度超过 6 毫米）	千克/立方米
		4407119091	经纵锯、纵切、刨切或旋切的非端部接合的其他濒危松木厚板材（厚度超过 6 毫米）	千克/立方米
		4407119099	经纵锯、纵切、刨切或旋切的非端部接合的其他松木厚板材（厚度超过 6 毫米）	千克/立方米
		4407199091	经纵锯、纵切、刨切或旋切的非端部接合的其他濒危针叶木厚板材（厚度超过 6 毫米）	千克/立方米
		4407199099	经纵锯、纵切、刨切或旋切的非端部接合的其他针叶木厚板材（厚度超过 6 毫米）	千克/立方米
		4407210091	经纵锯、纵切、刨切或旋切的非端部接合的濒危桃花心木（厚度超过 6 毫米）	千克/立方米

序号	货物种类	海关商品编号	货物名称	单位
		4407210099	经纵锯、纵切、刨切或旋切的非端部接合的其他桃花心木（厚度超过6毫米）	千克/立方米
		4407220090	经纵锯、纵切、刨切或旋切的非端部接合的苏里南肉豆蔻木、细孔绿心樟及美洲轻木（厚度超过6毫米）	千克/立方米
		4407250090	经纵锯、纵切、刨切或旋切的非端部接合的红柳桉木板材（指深红色、浅红色及巴栲红柳桉木，厚度超过6毫米）	千克/立方米
		4407260090	经纵锯、纵切、刨切或旋切的非端部接合的白柳桉、其他柳桉木和阿兰木板材（厚度超过6毫米）	千克/立方米
		4407270090	经纵锯、纵切、刨切或旋切的非端部接合的沙比利木板材（厚度超过6毫米）	千克/立方米
		4407280090	经纵锯、纵切、刨切或旋切的非端部接合的伊罗科木板材（厚度超过6毫米）	千克/立方米
		4407230090	经纵锯、纵切、刨切或旋切的非端部接合的柚木板材（厚度超过6毫米）	千克/立方米
		4407294091	经纵锯、纵切、刨切或旋切的非端部接合的濒危热带红木厚板材（厚度超过6毫米）	千克/立方米
		4407294099	经纵锯、纵切、刨切或旋切的非端部接合的其他热带红木厚板材（厚度超过6毫米）	千克/立方米
		4407299091	经纵锯、纵切、刨切或旋切的非端部接合的南美蒺藜木（玉檀木）厚板材（厚度超过6毫米）	千克/立方米
		4407299092	经纵锯、纵切、刨切或旋切的非端部接合的其他未列名濒危热带木板材（厚度超过6毫米）	千克/立方米
		4407299099	经纵锯、纵切、刨切或旋切的非端部接合的其他未列名热带木板材（厚度超过6毫米）	千克/立方米
		4407910091	经纵锯、纵切、刨切或旋切的非端部接合的蒙古栎厚板材	千克/立方米
		4407910092	经纵锯、纵切、刨切或旋切的非端部接合的濒危野生栎木（橡木）厚板材（厚度超过6毫米，不包括人工培植的）	千克/立方米
		4407910099	经纵锯、纵切、刨切或旋切的非端部接合的其他栎木（橡木）厚板材	千克/立方米
		4407920091	经纵锯、纵切、刨切或旋切的非端部接合的濒危野生水青冈木（山毛榉木）厚板材（厚度超过6毫米，不包括人工培植的）	千克/立方米
		4407920099	经纵锯、纵切、刨切或旋切的非端部接合的其他水青冈木（山毛榉木）厚板材（厚度超过6毫米）	千克/立方米
		4407930091	经纵锯、纵切、刨切或旋切的非端部接合的濒危野生槭木（枫木）厚板材（厚度超过6毫米，不包括人工培植的）	千克/立方米
		4407930099	经纵锯、纵切、刨切或旋切的非端部接合的其他槭木（枫木）厚板材（厚度超过6毫米）	千克/立方米
		4407940090	经纵锯、纵切、刨切或旋切的非端部接合的樱桃木厚板材（厚度超过6毫米）	千克/立方米
		4407950091	经纵锯、纵切、刨切或旋切的非端部接合的水曲柳厚板材	千克/立方米
		4407950099	经纵锯、纵切、刨切或旋切的非端部接合的其他白蜡木厚板材	千克/立方米
		4407960090	经纵锯、纵切、刨切或旋切的非端部接合的桦木厚板材（厚度超过6毫米）	千克/立方米
		4407970090	经纵锯、纵切、刨切或旋切的非端部接合的杨木厚板材（厚度超过6毫米）	千克/立方米
		4407991091	经纵锯、纵切、刨切或旋切的非端部接合的濒危红木厚板材（厚度超过6毫米，税号4407.2940所列热带红木除外）	千克/立方米
		4407991099	经纵锯、纵切、刨切或旋切的非端部接合的其他红木厚板材（厚度超过6毫米，税号4407.2940所列热带红木除外）	千克/立方米
		4407998091	经纵锯、纵切、刨切或旋切的非端部接合的其他未列名的温带濒危非针叶厚板材（厚度超过6毫米）	千克/立方米
		4407998099	经纵锯、纵切、刨切或旋切的非端部接合的其他未列名的温带非针叶厚板材（厚度超过6毫米）	千克/立方米
		4407999092	经纵锯、纵切、刨切或旋切的非端部接合的沉香木及拟沉香木厚板材（厚度超过6毫米）	千克/立方米
		4407999095	经纵锯、纵切、刨切或旋切的非端部接合的其他濒危木厚板材（厚度超过6毫米）	千克/立方米
		4407999099	经纵锯、纵切、刨切或旋切的非端部接合的其他木厚板材（厚度超过6毫米）	千克/立方米
38	棉花	5201000001	未梳的棉花（包括脱脂棉花）	千克
		5201000080	未梳的棉花（包括脱脂棉花）	千克
		5201000090	未梳的棉花（包括脱脂棉花）	千克

序号	货物种类	海关商品编号	货物名称	单位
		5203000001	已梳的棉花	千克
		5203000090	已梳的棉花	千克
39	白银	7106101100	平均粒径在 3 微米以下的非片状银粉	克
		7106101900	平均粒径在 3 微米及以上的非片状银粉	克
		7106102100	平均粒径在 10 微米以下的片状银粉	克
		7106102900	平均粒径在 10 微米及以上的片状银粉	克
		7106911000	纯度在 99.99% 及以上的未锻造银（包括镀金、镀铂的银）	克
		7106919000	其他未锻造银（包括镀金、镀铂的银）	克
		7106921000	纯度在 99.99% 及以上的半制成银（包括镀金、镀铂的银）	克
		7106929000	其他半制成银（包括镀金、镀铂的银）	克
40	铂金（铂或白金）	7110110000	未锻造或粉末状铂（加工贸易方式）	克
		7110191000	板、片状铂（加工贸易方式）	克
41	钢及钢制品	8112923010	未锻轧的钢、钢粉末	千克
		8112923090	未锻轧的钢废碎料	千克
		8112993000	锻轧的钢及其制品	千克
42	摩托车（含全地形车）及其发动机、车架	8407310000	排气量不超过 50 毫升的往复式活塞内燃发动机（用于第 87 章所列车辆）	台/千克
		8407320000	排气量超过 50 毫升但不超过 250 毫升的往复式活塞内燃发动机（用于第 87 章所列车辆）	台/千克
		8703101100	全地形车	辆/千克
		8711100010	微马力摩托车及脚踏两用车（装有排气量为 50 毫升的活塞内燃发动机）	辆/千克

序号	货物种类	海关商品编号	货物名称	单位
		8711201000	小马力摩托车及脚踏两用车（装有排气量超过 50 毫升但不超过 100 毫升的活塞内燃发动机）	辆/千克
		8711202000	小马力摩托车及脚踏两用车（装有排气量超过 100 毫升但不超过 125 毫升的活塞内燃发动机）	辆/千克
		8711203000	小马力摩托车及脚踏两用车（装有排气量超过 125 毫升但不超过 150 毫升的活塞内燃发动机）	辆/千克
		8711204000	小马力摩托车及脚踏两用车（装有排气量超过 150 毫升但不超过 200 毫升的活塞内燃发动机）	辆/千克
		8711205010	小马力摩托车及脚踏两用车（装有排气量超过 200 毫升但在 250 毫升以下的活塞内燃发动机）	辆/千克
		8711205090	小马力摩托车及脚踏两用车（装有排气量为 250 毫升的活塞内燃发动机）	辆/千克
		8711301000	小马力摩托车及脚踏两用车（装有排气量超过 250 毫升但不超过 400 毫升的活塞内燃发动机）	辆/千克
		8711302000	小马力摩托车及脚踏两用车（装有排气量超过 400 毫升但不超过 500 毫升的活塞内燃发动机）	辆/千克
		8711400000	摩托车及脚踏两用车（装有排气量超过 500 毫升但不超过 800 毫升的活塞内燃发动机）	辆/千克
		8711500000	摩托车及脚踏两用车（装有排气量超过 800 毫升的活塞内燃发动机）	辆/千克
		8714100010	摩托车架	千克
43	汽车（包括成套散件）及其底盘	8701210000 8701220000 8701230000 8701240000 8701290000	半挂车用的公路牵引车	辆/千克
		8702109100	30 座及以上的仅装有压燃式活塞内燃发动机（柴油或半柴油发动机）的大型客车	辆/千克
		8702109210	20 座及以上但不超过 23 座的仅装有压燃式活塞内燃发动机（柴油或半柴油发动机）的客车	辆/千克
		8702109290	24 座及以上但不超过 29 座的仅装有压燃式活塞内燃发动机（柴油或半柴油发动机）的客车	辆/千克

序号	货物种类	海关商品编号	货物名称	单位
		8702109300	10 座及以上但不超过 19 座的仅装有压燃式活塞内燃发动机（柴油或半柴油发动机）的客车	辆/千克
		8702209100	30 座及以上的同时装有压燃式活塞内燃发动机（柴油或半柴油发动机）及驱动电动机的大型客车（指装有柴油或半柴油发动机的 30 座及以上的客运车）	辆/千克
		8702209210	20 座及以上但不超过 23 座的同时装有压燃式活塞内燃发动机（柴油或半柴油发动机）及驱动电动机的客车	辆/千克
		8702209290	24 座及以上但不超过 29 座的同时装有压燃式活塞内燃发动机（柴油或半柴油发动机）及驱动电动机的客车	辆/千克
		8702209300	10 座及以上但不超过 19 座的同时装有压燃式活塞内燃发动机（柴油或半柴油发动机）及驱动电动机的客车	辆/千克
		8702301000	30 座及以上的同时装有点燃式活塞内燃发动机及驱动电动机的大型客车	辆/千克
		8702302010	20 座及以上但不超过 23 座的同时装有点燃式活塞内燃发动机及驱动电动机的客车	辆/千克
		8702302090	24 座及以上但不超过 29 座的同时装有点燃式活塞内燃发动机及驱动电动机的客车	辆/千克
		8702303000	10 座及以上但不超过 19 座的同时装有点燃式活塞内燃发动机及驱动电动机的客车	辆/千克
		8702401090	其他 30 座及以上的仅装有驱动电动机的大型客车	辆/千克
		8702402010	20 座及以上但不超过 23 座的仅装有驱动电动机的客车	辆/千克
		8702402090	24 座及以上但不超过 29 座的仅装有驱动电动机的客车	辆/千克
		8702403000	10 座及以上但不超过 19 座的仅装有驱动电动机的客车	辆/千克
		8702901000	30 座及以上的大型客车（指装有其他发动机的 30 座及以上的客运车）	辆/千克
		8702902001	20 座及以上但不超过 23 座的装有非压燃式活塞内燃发动机的客车	辆/千克
		8702902090	24 座及以上但不超过 29 座的装有非压燃式活塞内燃发动机的客车	辆/千克
		8702903000	10 座及以上但不超过 19 座的装有非压燃式活塞内燃发动机的客车	辆/千克

序号	货物种类	海关商品编号	货物名称	单位
		8703213010	仅装有排气量不超过 1 升的点燃式活塞内燃发动机的小轿车	辆/千克
		8703213090	仅装有排气量不超过 1 升的点燃式活塞内燃发动机小轿车的成套散件	辆/千克
		8703214010	仅装有排气量不超过 1 升的点燃式活塞内燃发动机的越野车（4 轮驱动）	辆/千克
		8703214090	仅装有排气量不超过 1 升的点燃式活塞内燃发动机的越野车（4 轮驱动）的成套散件	辆/千克
		8703215010	仅装有排气量不超过 1 升的点燃式活塞内燃发动机的小客车（9 座及以下）	辆/千克
		8703215090	仅装有排气量不超过 1 升的点燃式活塞内燃发动机的小客车的成套散件（9 座及以下）	辆/千克
		8703219010	仅装有排气量不超过 1 升的点燃式活塞内燃发动机的其他载人车辆	辆/千克
		8703219090	仅装有排气量不超过 1 升的点燃式活塞内燃发动机的其他载人车辆的成套散件	辆/千克
		8703223010	仅装有排气量超过 1 升但不超过 1.5 升的点燃式活塞内燃发动机小轿车	辆/千克
		8703223090	仅装有排气量超过 1 升但不超过 1.5 升的点燃式活塞内燃发动机小轿车的成套散件	辆/千克
		8703224010	仅装有排气量超过 1 升但不超过 1.5 升的点燃活塞内燃发动机四轮驱动越野车	辆/千克
		8703224090	仅装有排气量超过 1 升但不超过 1.5 升的点燃活塞内燃发动机四轮驱动越野车的成套散件	辆/千克
		8703225010	仅装有排气量超过 1 升但不超过 1.5 升的点燃式活塞内燃发动机小客车（9 座及以下）	辆/千克
		8703225090	仅装有排气量超过 1 升但不超过 1.5 升的点燃式活塞内燃发动机小客车的成套散件(9 座及以下）	辆/千克
		8703229010	仅装有排气量超过 1 升但不超过 1.5 升的点燃式活塞内燃发动机其他载人车辆	辆/千克
		8703229090	仅装有排气量超过 1 升但不超过 1.5 升的点燃式活塞内燃发动机其他载人车的成套散件	辆/千克
		8703234110	仅装有排气量超过 1.5 升但不超过 2 升的点燃式活塞内燃发动机小轿车	辆/千克
		8703234190	仅装有排气量超过 1.5 升但不超过 2 升的点燃式活塞内燃发动机小轿车的成套散件	辆/千克
		8703234210	仅装有排气量超过 1.5 升但不超过 2 升的点燃式活塞内燃发动机越野车（4 轮驱动）	辆/千克

序号	货物种类	海关商品编号	货物名称	单位
		8703234290	仅装有排气量超过 1.5 升但不超过 2 升的点燃式活塞内燃发动机越野车的成套散件（4 轮驱动）	辆/千克
		8703234310	仅装有排气量超过 1.5 升但不超过 2 升的点燃式活塞内燃发动机小客车（9 座及以下）	辆/千克
		8703234390	仅装有排气量 1.5 升但不超过 2 升的点燃式活塞内燃发动机小客车的成套散件（9 座及以下）	辆/千克
		8703234910	仅装有排气量超过 1.5 升但不超过 2 升的点燃式活塞内燃发动机的其他载人车辆	辆/千克
		8703234990	仅装有排气量超过 1.5 升但不超过 2 升的点燃式活塞内燃发动机的其他载人车辆的成套散件	辆/千克
		8703235110	仅装有排气量超过 2 升但不超过 2.5 升的点燃式活塞内燃发动机小轿车	辆/千克
		8703235190	仅装有排气量超过 2 升但不超过 2.5 升的点燃式活塞内燃发动机小轿车的成套散件	辆/千克
		8703235210	仅装有排气量超过 2 升但不超过 2.5 升的点燃式活塞内燃发动机越野车（4 轮驱动）	辆/千克
		8703235290	仅装有排气量超过 2 升但不超过 2.5 升的点燃式活塞内燃发动机越野车的成套散件（4 轮驱动）	辆/千克
		8703235310	仅装有排气量超过 2 升但不超过 2.5 升的点燃式活塞内燃发动机小客车（9 座及以下）	辆/千克
		8703235390	仅装有排气量超过 2 升但不超过 2.5 升的点燃式活塞内燃发动机的小客车的成套散件（9 座及以下）	辆/千克
		8703235910	仅装有排气量超过 2 升但不超过 2.5 升的点燃式活塞内燃发动机的其他载人车辆	辆/千克
		8703235990	仅装有排气量超过 2 升但不超过 2.5 升的点燃式活塞内燃发动机的其他载人车辆的成套散件	辆/千克
		8703236110	仅装有排气量超过 2.5 升但不超过 3 升的点燃式活塞内燃发动机小轿车	辆/千克
		8703236190	仅装有排气量超过 2.5 升但不超过 3 升的点燃式活塞内燃发动机小轿车的成套散件	辆/千克
		8703236210	仅装有排气量超过 2.5 升但不超过 3 升的点燃式活塞内燃发动机越野车（4 轮驱动）	辆/千克
		8703236290	仅装有排气量超过 2.5 升但不超过 3 升的点燃式活塞内燃发动机越野车的成套散件（4 轮驱动）	辆/千克

序号	货物种类	海关商品编号	货物名称	单位
		8703236310	仅装有排气量超过 2.5 升但不超过 3 升的点燃式活塞内燃发动机小客车（9 座及以下）	辆/千克
		8703236390	仅装有排气量超过 2.5 升但不超过 3 升的点燃式活塞内燃发动机小客车的成套散件(9 座及以下)	辆/千克
		8703236910	仅装有排气量超过 2.5 升但不超过 3 升的点燃式活塞内燃发动机的其他载人车辆	辆/千克
		8703236990	仅装有排气量超过 2.5 升但不超过 3 升的点燃式活塞内燃发动机的其他载人车辆的成套散件	辆/千克
		8703241110	仅装有排气量超过 3 升但不超过 4 升的点燃式活塞内燃发动机小轿车	辆/千克
		8703241190	仅装有排气量超过 3 升但不超过 4 升的点燃式活塞内燃发动机小轿车的成套散件	辆/千克
		8703241210	仅装有排气量超过 3 升但不超过 4 升的点燃式活塞内燃发动机越野车（4 轮驱动）	辆/千克
		8703241290	仅装有排气量超过 3 升但不超过 4 升的点燃式活塞内燃发动机越野车的成套散件（4 轮驱动）	辆/千克
		8703241310	仅装有排气量超过 3 升但不超过 4 升的点燃式活塞内燃发动机的小客车（9 座及以下）	辆/千克
		8703241390	仅装有排气量超过 3 升但不超过 4 升的点燃式活塞内燃发动机的小客车的成套散件(9 座及以下)	辆/千克
		8703241910	仅装有排气量超过 3 升但不超过 4 升的点燃式活塞内燃发动机的其他载人车辆	辆/千克
		8703241990	仅装有排气量超过 3 升但不超过 4 升的点燃式活塞内燃发动机的其他载人车辆的成套散件	辆/千克
		8703242110	仅装有排气量超过 4 升的点燃式活塞内燃发动机小轿车	辆/千克
		8703242190	仅装有排气量超过 4 升的点燃式活塞内燃发动机小轿车的成套散件	辆/千克
		8703242210	仅装有排气量超过 4 升的点燃式活塞内燃发动机越野车（4 轮驱动）	辆/千克
		8703242290	仅装有排气量超过 4 升的点燃式活塞内燃发动机越野车的成套散件（4 轮驱动）	辆/千克
		8703242310	仅装有排气量超过 4 升的点燃式活塞内燃发动机的小客车（9 座及以下）	辆/千克

序号	货物种类	海关商品编号	货物名称	单位
		8703242390	仅装有排气量超过 4 升的点燃式活塞内燃发动机的小客车的成套散件（9 座及以下）	辆/千克
		8703242910	仅装有排气量超过 4 升的点燃式活塞内燃发动机的其他载人车辆	辆/千克
		8703242990	仅装有排气量超过 4 升的点燃式活塞内燃发动机的其他载人车辆的成套散件	辆/千克
		8703311110	仅装有排气量不超过 1 升的压燃式活塞内燃发动机小轿车	辆/千克
		8703311190	仅装有排气量不超过 1 升的压燃式活塞内燃发动机小轿车的成套散件	辆/千克
		8703311910	仅装有排气量不超过 1 升的压燃式活塞内燃发动机的其他载人车辆	辆/千克
		8703311990	仅装有排气量不超过 1 升的压燃式活塞内燃发动机的其他载人车辆的成套散件	辆/千克
		8703312110	仅装有排气量超过 1 升但不超过 1.5 升的压燃式活塞内燃发动机小轿车	辆/千克
		8703312190	仅装有排气量超过 1 升但不超过 1.5 升的压燃式活塞内燃发动机小轿车的成套散件	辆/千克
		8703312210	仅装有排气量超过 1 升但不超过 1.5 升的压燃式活塞内燃发动机越野车（4 轮驱动）	辆/千克
		8703312290	仅装有排气量超过 1 升但不超过 1.5 升的压燃式活塞内燃发动机越野车的成套散件（4 轮驱动）	辆/千克
		8703312310	仅装有排气量超过 1 升但不超过 1.5 升的压燃式活塞内燃发动机小客车（9 座及以下）	辆/千克
		8703312390	仅装有排气量超过 1 升但不超过 1.5 升的压燃式活塞内燃发动机小客车的成套散件(9 座及以下）	辆/千克
		8703312910	仅装有排气量超过 1 升但不超过 1.5 升的压燃式活塞内燃发动机的其他载人车辆	辆/千克
		8703312990	仅装有排气量超过 1 升但不超过 1.5 升的装压燃式活塞内燃发动机的其他载人车辆的成套散件	辆/千克
		8703321110	仅装有排气量超过 1.5 升但不超过 2 升的压燃式活塞内燃发动机小轿车	辆/千克
		8703321190	仅装有排气量超过 1.5 升但不超过 2 升的压燃式活塞内燃发动机小轿车的成套散件	辆/千克
		8703321210	仅装有排气量超过 1.5 升但不超过 2 升的压燃式活塞内燃发动机越野车（4 轮驱动）	辆/千克
		8703321290	仅装有排气量 1.5 升但不超过 2 升的压燃式活塞内燃发动机越野车的成套散件（4 轮驱动）	辆/千克

序号	货物种类	海关商品编号	货物名称	单位
		8703321310	仅装有排气量超过 1.5 升但不超过 2 升的装压燃式活塞内燃发动机小客车（9 座及以下）	辆/千克
		8703321390	仅装有排气量超过 1.5 升但不超过 2 升的压燃式活塞内燃发动机小客车的成套散件(9 座及以下）	辆/千克
		8703321910	仅装有排气量超过 1.5 升但不超过 2 升的压燃式活塞内燃发动机的其他载人车辆	辆/千克
		8703321990	仅装有排气量超过 1.5 升但不超过 2 升的压燃式活塞内燃发动机的其他载人车辆的成套散件	辆/千克
		8703322110	仅装有排气量超过 2 升但不超过 2.5 升的压燃式活塞内燃发动机小轿车	辆/千克
		8703322190	仅装有排气量超过 2 升但不超过 2.5 升的燃式活塞内燃发动机小轿车的成套散件	辆/千克
		8703322210	仅装有排气量超过 2 升但不超过 2.5 升的燃式活塞内燃发动机越野车（4 轮驱动）	辆/千克
		8703322290	仅装有排气量超过 2 升但不超过 2.5 升的燃式活塞内燃发动机越野车的成套散件（4 轮驱动）	辆/千克
		8703322310	仅装有排气量超过 2 升但不超过 2.5 升的燃式活塞内燃发动机小客车（9 座及以下）	辆/千克
		8703322390	仅装有排气量超过 2 升但不超过 2.5 升的压燃式活塞内燃发动机小客车的成套散件(9 座及以下）	辆/千克
		8703322910	仅装有排气量超过 2 升但不超过 2.5 升的压燃式活塞内燃发动机的其他载人车辆	辆/千克
		8703322990	仅装有排气量超过 2 升但不超过 2.5 升的压燃式活塞内燃发动机的其他载人车辆的成套散件	辆/千克
		8703331110	仅装有排气量超过 2.5 升但不超过 3 升的压燃式活塞内燃发动机小轿车	辆/千克
		8703331190	仅装有排气量超过 2.5 升但不超过 3 升的压燃式活塞内燃发动机小轿车的成套散件	辆/千克
		8703331210	仅装有排气量超过 2.5 升但不超过 3 升的压燃式活塞内燃发动机越野车（4 轮驱动）	辆/千克
		8703331290	仅装有排气量超过 2.5 升但不超过 3 升的压燃式活塞内燃发动机越野车的成套散件（4 轮驱动）	辆/千克
		8703331310	仅装有排气量超过 2.5 升但不超过 3 升的压燃式活塞内燃发动机小客车（9 座及以下）	辆/千克
		8703331390	仅装有排气量超过 2.5 升但不超过 3 升的压燃式活塞内燃发动机小客车的成套散件(9 座及以下）	辆/千克

序号	货物种类	海关商品编号	货物名称	单位
		8703331910	仅装有排气量超过 2.5 升但不超过 3 升的压燃式活塞内燃发动机的其他载人车辆	辆/千克
		8703331990	仅装有排气量超过 2.5 升但不超过 3 升的压燃式活塞内燃发动机的其他载人车辆的成套散件	辆/千克
		8703332110	仅装有排气量超过 3 升但不超过 4 升的压燃式活塞内燃发动机小轿车	辆/千克
		8703332190	仅装有排气量超过 3 升但不超过 4 升的压燃式活塞内燃发动机小轿车的成套散件	辆/千克
		8703332210	仅装有排气量超过 3 升但不超过 4 升的压燃式活塞内燃发动机越野车（4 轮驱动）	辆/千克
		8703332290	仅装有排气量超过 3 升但不超过 4 升的压燃式活塞内燃发动机越野车的成套散件（4 轮驱动）	辆/千克
		8703332310	仅装有排气量超过 3 升但不超过 4 升的压燃式活塞内燃发动机小客车（9 座及以下）	辆/千克
		8703332390	仅装有排气量超过 3 升但不超过 4 升的压燃式活塞内燃发动机小客车的成套散件（9 座及以下）	辆/千克
		8703332910	仅装有排气量超过 3 升但不超过 4 升的压燃式活塞内燃发动机的其他载人车辆	辆/千克
		8703332990	仅装有排气量超过 3 升但不超过 4 升的压燃式活塞内燃发动机的其他载人车辆的成套散件	辆/千克
		8703336110	仅装有排气量超过 4 升的压燃式活塞内燃发动机小轿车	辆/千克
		8703336190	仅装有排气量超过 4 升的压燃式活塞内燃发动机小轿车的成套散件	辆/千克
		8703336210	仅装有排气量超过 4 升的压燃式活塞内燃发动机越野车（4 轮驱动）	辆/千克
		8703336290	仅装有排气量超过 4 升的压燃式活塞内燃发动机越野车的成套散件（4 轮驱动）	辆/千克
		8703336310	仅装有排气量超过 4 升的压燃式活塞内燃发动机小客车（9 座及以下）	辆/千克
		8703336390	仅装有排气量超过 4 升的压燃式活塞内燃发动机小客车的成套散件（9 座及以下）	辆/千克
		8703336910	仅装有排气量超过 4 升的压燃式活塞内燃发动机其他载人车辆	辆/千克
		8703336990	仅装有排气量超过 4 升的压燃式活塞内燃发动机其他载人车辆的成套散件	辆/千克
		8703401110	同时装有点燃式活塞内燃发动机（排气量不超过 1 升）及驱动电动机的小轿车（可通过接插外部电源进行充电的除外）	辆/千克

序号	货物种类	海关商品编号	货物名称	单位
		8703401190	同时装有点燃式活塞内燃发动机（排气量不超过 1 升）及驱动电动机的小轿车的成套散件（可通过接插外部电源进行充电的除外）	辆/千克
		8703401210	同时装有点燃式活塞内燃发动机（排气量不超过 1 升）及驱动电动机的越野车（4 轮驱动）（可通过接插外部电源进行充电的除外）	辆/千克
		8703401290	同时装有点燃式活塞内燃发动机（排气量不超过 1 升）及驱动电动机的越野车（4 轮驱动）的成套散件（可通过接插外部电源进行充电的除外）	辆/千克
		8703401310	同时装有点燃式活塞内燃发动机（排气量不超过 1 升）及驱动电动机的小客车（9 座及以下，可通过接插外部电源进行充电的除外）	辆/千克
		8703401390	同时装有点燃式活塞内燃发动机（排气量不超过 1 升）及驱动电动机的小客车的成套散件（9 座及以下，可通过接插外部电源进行充电的除外）	辆/千克
		8703401910	同时装有点燃式活塞内燃发动机（排气量不超过 1 升）及驱动电动机的其他载人车辆（可通过接插外部电源进行充电的除外）	辆/千克
		8703401990	同时装有点燃式活塞内燃发动机（排气量不超过 1 升）及驱动电动机的其他载人车辆的成套散件（可通过接插外部电源进行充电的除外）	辆/千克
		8703402110	同时装有点燃式活塞内燃发动机（排气量超过 1 升但不超过 1.5 升）及驱动电动机的小轿车（可通过接插外部电源进行充电的除外）	辆/千克
		8703402190	同时装有点燃式活塞内燃发动机（排气量超过 1 升但不超过 1.5 升）及驱动电动机的小轿车的成套散件（可通过接插外部电源进行充电的除外）	辆/千克
		8703402210	同时装有点燃式活塞内燃发动机（排气量超过 1 升但不超过 1.5 升）及驱动电动机的四轮驱动越野车（可通过接插外部电源进行充电的除外）	辆/千克
		8703402290	同时装有点燃式活塞内燃发动机（排气量超过 1 升但不超过 1.5 升）及驱动电动机的四轮驱动越野车的成套散件（可通过接插外部电源进行充电的除外）	辆/千克
		8703402310	同时装有点燃式活塞内燃发动机（排气量超过 1 升但不超过 1.5 升）及驱动电动机的小客车（9 座及以下，可通过接插外部电源进行充电的除外）	辆/千克
		8703402390	同时装有点燃式活塞内燃发动机（排气量超过 1 升但不超过 1.5 升）及驱动电动机的小客车的成套散件（9 座及以下，可通过接插外部电源进行充电的除外）	辆/千克

序号	货物种类	海关商品编号	货物名称	单位
		8703402910	同时装有点燃式活塞内燃发动机（排气量超过 1 升但不超过 1.5 升）及驱动电动机的其他载人车辆（可通过接插外部电源进行充电的除外）	辆/千克
		8703402990	同时装有点燃式活塞内燃发动机（排气量超过 1 升但不超过 1.5 升）及驱动电动机的其他载人车辆的成套散件（可通过接插外部电源进行充电的除外）	辆/千克
		8703403110	同时装有点燃式活塞内燃发动机（排气量超过 1.5 升但不超过 2 升）及驱动电动机的小轿车（可通过接插外部电源进行充电的除外）	辆/千克
		8703403190	同时装有点燃式活塞内燃发动机（排气量超过 1.5 升但不超过 2 升）及驱动电动机的小轿车的成套散件（可通过接插外部电源进行充电的除外）	辆/千克
		8703403210	同时装有点燃式活塞内燃发动机（排气量超过 1.5 升但不超过 2 升）及驱动电动机的四轮驱动越野车（可通过接插外部电源进行充电的除外）	辆/千克
		8703403290	同时装有点燃式活塞内燃发动机（排气量超过 1.5 升但不超过 2 升）及驱动电动机的四轮驱动越野车的成套散件（可通过接插外部电源进行充电的除外）	辆/千克
		8703403310	同时装有点燃式活塞内燃发动机（排气量超过 1.5 升但不超过 2 升）及驱动电动机的小客车（9 座及以下，可通过接插外部电源进行充电的除外）	辆/千克
		8703403390	同时装有点燃式活塞内燃发动机（排气量超过 1.5 升但不超过 2 升）及驱动电动机的小客车的成套散件（9 座及以下，可通过接插外部电源进行充电的除外）	辆/千克
		8703403910	同时装有点燃式活塞内燃发动机（排气量超过 1.5 升但不超过 2 升）及驱动电动机的其他载人车辆（可通过接插外部电源进行充电的除外）	辆/千克
		8703403990	同时装有点燃式活塞内燃发动机（排气量超过 1.5 升但不超过 2 升）及驱动电动机的其他载人车辆的成套散件（可通过接插外部电源进行充电的除外）	辆/千克
		8703404110	同时装有点燃式活塞内燃发动机（排气量超过 2 升但不超过 2.5 升）及驱动电动机的小轿车（可通过接插外部电源进行充电的除外）	辆/千克
		8703404190	同时装有点燃式活塞内燃发动机（排气量超过 2 升但不超过 2.5 升）及驱动电动机的小轿车的成套散件（可通过接插外部电源进行充电的除外）	辆/千克
		8703404210	同时装有点燃式活塞内燃发动机（排气量超过 2 升但不超过 2.5 升）及驱动电动机的四轮驱动越野车（可通过接插外部电源进行充电的除外）	辆/千克

序号	货物种类	海关商品编号	货物名称	单位
		8703404290	同时装有点燃式活塞内燃发动机（排气量超过 2 升但不超过 2.5 升）及驱动电动机的四轮驱动越野车的成套散件（可通过接插外部电源进行充电的除外）	辆/千克
		8703404310	同时装有点燃式活塞内燃发动机（排气量超过 2 升但不超过 2.5 升）及驱动电动机的小客车（9 座及以下，可通过接插外部电源进行充电的除外）	辆/千克
		8703404390	同时装有点燃式活塞内燃发动机（排气量超过 2 升但不超过 2.5 升）及驱动电动机的小客车的成套散件（9 座及以下，可通过接插外部电源进行充电的除外）	辆/千克
		8703404910	同时装有点燃式活塞内燃发动机（排气量超过 2 升但不超过 2.5 升）及驱动电动机的其他载人车辆（可通过接插外部电源进行充电的除外）	辆/千克
		8703404990	同时装有点燃式活塞内燃发动机（排气量超过 2 升但不超过 2.5 升）及驱动电动机的其他载人车辆的成套散件（可通过接插外部电源进行充电的除外）	辆/千克
		8703405110	同时装有点燃式活塞内燃发动机（排气量超过 2.5 升但不超过 3 升）及驱动电动机的小轿车（可通过接插外部电源进行充电的除外）	辆/千克
		8703405190	同时装有点燃式活塞内燃发动机（排气量超过 2.5 升但不超过 3 升）及驱动电动机的小轿车的成套散件（可通过接插外部电源进行充电的除外）	辆/千克
		8703405210	同时装有点燃式活塞内燃发动机（排气量超过 2.5 升但不超过 3 升）及驱动电动机的四轮驱动越野车（可通过接插外部电源进行充电的除外）	辆/千克
		8703405290	同时装有点燃式活塞内燃发动机（排气量超过 2.5 升但不超过 3 升）及驱动电动机的四轮驱动越野车的成套散件（可通过接插外部电源进行充电的除外）	辆/千克
		8703405310	同时装有点燃式活塞内燃发动机（排气量超过 2.5 升但不超过 3 升）及驱动电动机的小客车（9 座及以下，可通过接插外部电源进行充电的除外）	辆/千克
		8703405390	同时装有点燃式活塞内燃发动机（排气量超过 2.5 升但不超过 3 升）及驱动电动机的小客车的成套散件（9 座及以下，可通过接插外部电源进行充电的除外）	辆/千克
		8703405910	同时装有点燃式活塞内燃发动机（排气量超过 2.5 升但不超过 3 升）及驱动电动机的其他载人车辆（可通过接插外部电源进行充电的除外）	辆/千克
		8703405990	同时装有点燃式活塞内燃发动机（排气量超过 2.5 升但不超过 3 升）及驱动电动机的其他载人车辆的成套散件（可通过接插外部电源进行充电的除外）	辆/千克

序号	货物种类	海关商品编号	货物名称	单位
		8703406110	同时装有点燃式活塞内燃发动机（排气量超过 3 升但不超过 4 升）及驱动电动机的小轿车（可通过接插外部电源进行充电的除外）	辆/千克
		8703406190	同时装有点燃式活塞内燃发动机（排气量超过 3 升但不超过 4 升）及驱动电动机的小轿车的成套散件（可通过接插外部电源进行充电的除外）	辆/千克
		8703406210	同时装有点燃式活塞内燃发动机（排气量超过 3 升但不超过 4 升）及驱动电动机的四轮驱动越野车（可通过接插外部电源进行充电的除外）	辆/千克
		8703406290	同时装有点燃式活塞内燃发动机（排气量超过 3 升但不超过 4 升）及驱动电动机的四轮驱动越野车的成套散件（可通过接插外部电源进行充电的除外）	辆/千克
		8703406310	同时装有点燃式活塞内燃发动机（排气量超过 3 升但不超过 4 升）及驱动电动机的小客车（9 座及以下，可通过接插外部电源进行充电的除外）	辆/千克
		8703406390	同时装有点燃式活塞内燃发动机（排气量超过 3 升但不超过 4 升）及驱动电动机的小客车的成套散件（9 座及以下，可通过接插外部电源进行充电的除外）	辆/千克
		8703406910	同时装有点燃式活塞内燃发动机（排气量超过 3 升但不超过 4 升）及驱动电动机的其他载人车辆（可通过接插外部电源进行充电的除外）	辆/千克
		8703406990	同时装有点燃式活塞内燃发动机（排气量超过 3 升但不超过 4 升）及驱动电动机的其他载人车辆的成套散件（可通过接插外部电源进行充电的除外）	辆/千克
		8703407110	同时装有点燃式活塞内燃发动机（排气量超过 4 升）及驱动电动机的小轿车（可通过接插外部电源进行充电的除外）	辆/千克
		8703407190	同时装有点燃式活塞内燃发动机（排气量超过 4 升）及驱动电动机的小轿车的成套散件（可通过接插外部电源进行充电的除外）	辆/千克
		8703407210	同时装有点燃式活塞内燃发动机（排气量超过 4 升）及驱动电动机的四轮驱动越野车（可通过接插外部电源进行充电的除外）	辆/千克
		8703407290	同时装有点燃式活塞内燃发动机（排气量超过 4 升）及驱动电动机的四轮驱动越野车的成套散件（可通过接插外部电源进行充电的除外）	辆/千克
		8703407310	同时装有点燃式活塞内燃发动机（排气量超过 4 升）及驱动电动机的小客车（9 座及以下，可通过接插外部电源进行充电的除外）	辆/千克
		8703407390	同时装有点燃式活塞内燃发动机（排气量超过 4 升）及驱动电动机的小客车的成套散件（9 座及以下，可通过接插外部电源进行充电的除外）	辆/千克
		8703407910	同时装有点燃式活塞内燃发动机（排气量超过 4 升）及驱动电动机的其他载人车辆（可通过接插外部电源进行充电的除外）	辆/千克
		8703407990	同时装有点燃式活塞内燃发动机(排气量超过 4 升)及驱动电动机的其他载人车辆的成套散件(可通过接插外部电源进行充电的除外）	辆/千克
		8703501110	同时装有压燃式活塞内燃发动机（柴油或半柴油发动机，排气量不超过 1 升）及驱动电动机的小轿车（可通过接插外部电源进行充电的除外）	辆/千克
		8703501190	同时装有压燃式活塞内燃发动机（柴油或半柴油发动机，排气量不超过 1 升）及驱动电动机的小轿车的成套散件（可通过接插外部电源进行充电的除外）	辆/千克
		8703501910	同时装有压燃式活塞内燃发动机（柴油或半柴油发动机，排气量不超过 1 升）及驱动电动机的其他载人车辆（可通过接插外部电源进行充电的除外）	辆/千克
		8703501990	同时装有压燃式活塞内燃发动机（柴油或半柴油发动机，排气量不超过 1 升）及驱动电动机的其他载人车辆的成套散件（可通过接插外部电源进行充电的除外）	辆/千克
		8703502110	同时装有压燃式活塞内燃发动机（柴油或半柴油发动机，排气量超过 1 升但不超过 1.5 升）及驱动电动机的小轿车（可通过接插外部电源进行充电的除外）	辆/千克
		8703502190	同时装有压燃式活塞内燃发动机（柴油或半柴油发动机，排气量超过 1 升但不超过 1.5 升）及驱动电动机的小轿车的成套散件（可通过接插外部电源进行充电的除外）	辆/千克
		8703502210	同时装有压燃式活塞内燃发动机（柴油或半柴油发动机，排气量超过 1 升但不超过 1.5 升）及驱动电动机的四轮驱动越野车（可通过接插外部电源进行充电的除外）	辆/千克
		8703502290	同时装有压燃式活塞内燃发动机（柴油或半柴油发动机，排气量超过 1 升但不超过 1.5 升）及驱动电动机的四轮驱动越野车的成套散件（可通过接插外部电源进行充电的除外）	辆/千克
		8703502310	同时装有压燃式活塞内燃发动机（柴油或半柴油发动机，排气量超过 1 升但不超过 1.5 升）及驱动电动机的小客车（9 座及以下，可通过接插外部电源进行充电的除外）	辆/千克
		8703502390	同时装有压燃式活塞内燃发动机（柴油或半柴油发动机，排气量超过 1 升但不超过 1.5 升）及驱动电动机的小客车的成套散件（9 座及以下，可通过接插外部电源进行充电的除外）	辆/千克

序号	货物种类	海关商品编号	货物名称	单位
		8703502910	同时装有压燃式活塞内燃发动机（柴油或半柴油发动机，排气量超过 1 升但不超过 1.5 升）及驱动电动机的其他载人车辆（可通过接插外部电源进行充电的除外）	辆/千克
		8703502990	同时装有压燃式活塞内燃发动机（柴油或半柴油发动机，排气量超过 1 升但不超过 1.5 升）及驱动电动机的其他载人车辆的成套散件（可通过接插外部电源进行充电的除外）	辆/千克
		8703503110	同时装有压燃式活塞内燃发动机（柴油或半柴油发动机，排气量超过 1.5 升但不超过 2 升）及驱动电动机的小轿车（可通过接插外部电源进行充电的除外）	辆/千克
		8703503190	同时装有压燃式活塞内燃发动机（柴油或半柴油发动机，排气量超过 1.5 升但不超过 2 升）及驱动电动机的小轿车的成套散件（可通过接插外部电源进行充电的除外）	辆/千克
		8703503210	同时装有压燃式活塞内燃发动机（柴油或半柴油发动机，排气量超过 1.5 升但不超过 2 升）及驱动电动机的四轮驱动越野车（可通过接插外部电源进行充电的除外）	辆/千克
		8703503290	同时装有压燃式活塞内燃发动机（柴油或半柴油发动机，排气量超过 1.5 升但不超过 2 升）及驱动电动机的四轮驱动越野车的成套散件（可通过接插外部电源进行充电的除外）	辆/千克
		8703503310	同时装有压燃式活塞内燃发动机（柴油或半柴油发动机，排气量超过 1.5 升但不超过 2 升）及驱动电动机的小客车（9 座及以下，可通过接插外部电源进行充电的除外）	辆/千克
		8703503390	同时装有压燃式活塞内燃发动机（柴油或半柴油发动机，排气量超过 1.5 升但不超过 2 升）及驱动电动机的小客车的成套散件（9 座及以下，可通过接插外部电源进行充电的除外）	辆/千克
		8703503910	同时装有压燃式活塞内燃发动机（柴油或半柴油发动机，排气量超过 1.5 升但不超过 2 升）及驱动电动机的其他载人车辆（可通过接插外部电源进行充电的除外）	辆/千克
		8703503990	同时装有压燃式活塞内燃发动机（柴油或半柴油发动机，排气量超过 1.5 升但不超过 2 升）及驱动电动机的其他载人车辆的成套散件（可通过接插外部电源进行充电的除外）	辆/千克
		8703504110	同时装有压燃式活塞内燃发动机（柴油或半柴油发动机，排气量超过 2 升但不超过 2.5 升）及驱动电动机的小轿车（可通过接插外部电源进行充电的除外）	辆/千克
		8703504190	同时装有压燃式活塞内燃发动机（柴油或半柴油发动机，排气量超过 2 升但不超过 2.5 升）及驱动电动机的小轿车的成套散件（可通过接插外部电源进行充电的除外）	辆/千克
		8703504210	同时装有压燃式活塞内燃发动机（柴油或半柴油发动机，排气量超过 2 升但不超过 2.5 升）及驱动电动机的四轮驱动越野车（可通过接插外部电源进行充电的除外）	辆/千克
		8703504290	同时装有压燃式活塞内燃发动机（柴油或半柴油发动机，排气量超过 2 升但不超过 2.5 升）及驱动电动机的四轮驱动越野车的成套散件（可通过接插外部电源进行充电的除外）	辆/千克
		8703504310	同时装有压燃式活塞内燃发动机（柴油或半柴油发动机，排气量超过 2 升但不超过 2.5 升）及驱动电动机的小客车（9 座及以下，可通过接插外部电源进行充电的除外）	辆/千克
		8703504390	同时装有压燃式活塞内燃发动机（柴油或半柴油发动机，排气量超过 2 升但不超过 2.5 升）及驱动电动机的小客车的成套散件（9 座及以下，可通过接插外部电源进行充电的除外）	辆/千克
		8703504910	同时装有压燃式活塞内燃发动机（柴油或半柴油发动机，排气量超过 2 升但不超过 2.5 升）及驱动电动机的其他载人车辆（可通过接插外部电源进行充电的除外）	辆/千克
		8703504990	同时装有压燃式活塞内燃发动机（柴油或半柴油发动机，排气量超过 2 升但不超过 2.5 升）及驱动电动机的其他载人车辆的成套散件（可通过接插外部电源进行充电的除外）	辆/千克
		8703505110	同时装有压燃式活塞内燃发动机（柴油或半柴油发动机，排气量超过 2.5 升但不超过 3 升）及驱动电动机的小轿车（可通过接插外部电源进行充电的除外）	辆/千克
		8703505190	同时装有压燃式活塞内燃发动机（柴油或半柴油发动机，排气量超过 2.5 升但不超过 3 升）及驱动电动机的小轿车的成套散件（可通过接插外部电源进行充电的除外）	辆/千克
		8703505210	同时装有压燃式活塞内燃发动机（柴油或半柴油发动机，排气量超过 2.5 升但不超过 3 升）及驱动电动机的四轮驱动越野车（可通过接插外部电源进行充电的除外）	辆/千克
		8703505290	同时装有压燃式活塞内燃发动机（柴油或半柴油发动机，排气量超过 2.5 升但不超过 3 升）及驱动电动机的四轮驱动越野车的成套散件（可通过接插外部电源进行充电的除外）	辆/千克
		8703505310	同时装有压燃式活塞内燃发动机（柴油或半柴油发动机，排气量超过 2.5 升但不超过 3 升）及驱动电动机的小客车（9 座及以下，可通过接插外部电源进行充电的除外）	辆/千克
		8703505390	同时装有压燃式活塞内燃发动机（柴油或半柴油发动机，排气量超过 2.5 升但不超过 3 升）及驱动电动机的小客车的成套散件（9 座及以下，可通过接插外部电源进行充电的除外）	辆/千克
		8703505910	同时装有压燃式活塞内燃发动机（柴油或半柴油发动机，排气量超过 2.5 升但不超过 3 升）及驱动电动机的其他载人车辆（可通过接插外部电源进行充电的除外）	辆/千克
		8703505990	同时装有压燃式活塞内燃发动机（柴油或半柴油发动机，排气量超过 2.5 升但不超过 3 升）及驱动电动机的其他载人车辆的成套散件（可通过接插外部电源进行充电的除外）	辆/千克

序号	货物种类	海关商品编号	货物名称	单位
		8703506110	同时装有压燃式活塞内燃发动机（柴油或半柴油发动机，排气量超过 3 升但不超过 4 升）及驱动电动机的小轿车（可通过接插外部电源进行充电的除外）	辆/千克
		8703506190	同时装有压燃式活塞内燃发动机（柴油或半柴油发动机，排气量超过 3 升但不超过 4 升）及驱动电动机的小轿车的成套散件（可通过接插外部电源进行充电的除外）	辆/千克
		8703506210	同时装有压燃式活塞内燃发动机（柴油或半柴油发动机，排气量超过 3 升但不超过 4 升）及驱动电动机的四轮驱动越野车（可通过接插外部电源进行充电的除外）	辆/千克
		8703506290	同时装有压燃式活塞内燃发动机（柴油或半柴油发动机，排气量超过 3 升但不超过 4 升）及驱动电动机的四轮驱动越野车的成套散件（可通过接插外部电源进行充电的除外）	辆/千克
		8703506310	同时装有压燃式活塞内燃发动机（柴油或半柴油发动机，排气量超过 3 升但不超过 4 升）及驱动电动机的小客车（9 座及以下，可通过接插外部电源进行充电的除外）	辆/千克
		8703506390	同时装有压燃式活塞内燃发动机（柴油或半柴油发动机，排气量超过 3 升但不超过 4 升）及驱动电动机的小客车的成套散件（9 座及以下，可通过接插外部电源进行充电的除外）	辆/千克
		8703506910	同时装有压燃式活塞内燃发动机（柴油或半柴油发动机，排气量超过 3 升但不超过 4 升）及驱动电动机的其他载人车辆（可通过接插外部电源进行充电的除外）	辆/千克
		8703506990	同时装有压燃式活塞内燃发动机（柴油或半柴油发动机，排气量超过 3 升但不超过 4 升）及驱动电动机的其他载人车辆的成套散件（可通过接插外部电源进行充电的除外）	辆/千克
		8703507110	同时装有压燃式活塞内燃发动机（柴油或半柴油发动机，排气量超过 4 升）及驱动电动机的小轿车（可通过接插外部电源进行充电的除外）	辆/千克
		8703507190	同时装有压燃式活塞内燃发动机（柴油或半柴油发动机，排气量超过 4 升）及驱动电动机的小轿车的成套散件（可通过接插外部电源进行充电的除外）	辆/千克
		8703507210	同时装有压燃式活塞内燃发动机（柴油或半柴油发动机，排气量超过 4 升）及驱动电动机的四轮驱动越野车（可通过接插外部电源进行充电的除外）	辆/千克
		8703507290	同时装有压燃式活塞内燃发动机（柴油或半柴油发动机，排气量超过 4 升）及驱动电动机的四轮驱动越野车的成套散件（可通过接插外部电源进行充电的除外）	辆/千克
		8703507310	同时装有压燃式活塞内燃发动机（柴油或半柴油发动机，排气量超过 4 升）及驱动电动机的的小客车（9 座及以下，可通过接插外部电源进行充电的除外）	辆/千克

序号	货物种类	海关商品编号	货物名称	单位
		8703507390	同时装有压燃式活塞内燃发动机（柴油或半柴油发动机，排气量超过 4 升）及驱动电动机的小客车的成套散件（9 座及以下，可通过接插外部电源进行充电的除外）	辆/千克
		8703507910	同时装有压燃式活塞内燃发动机（柴油或半柴油发动机，排气量超过 4 升）及驱动电动机的的其他载人车辆（可通过接插外部电源进行充电的除外）	辆/千克
		8703507990	同时装有压燃式活塞内燃发动机（柴油或半柴油发动机，排气量超过 4 升）及驱动电动机的的其他载人车辆的成套散件（可通过接插外部电源进行充电的除外）	辆/千克
		8703601100 8703601200 8703601300 8703601900	同时装有点燃式活塞内燃发动机及驱动电动机、可通过接插外部电源进行充电的其他载人车辆，排气量不超过 1000 毫升	辆/千克
		8703602100 8703602200 8703602300 8703602900	同时装有点燃式活塞内燃发动机及驱动电动机、可通过接插外部电源进行充电的其他载人车辆，排气量超过 1000 毫升，但不超过 1500 毫升	辆/千克
		8703603100 8703603200 8703603300 8703603900	同时装有点燃式活塞内燃发动机及驱动电动机、可通过接插外部电源进行充电的其他载人车辆，排气量超过 1500 毫升，但不超过 2000 毫升	辆/千克
		8703604100 8703604200 8703604300 8703604900	同时装有点燃式活塞内燃发动机及驱动电动机、可通过接插外部电源进行充电的其他载人车辆，排气量超过 2000 毫升，但不超过 2500 毫升	辆/千克
		8703605100 8703605200 8703605300 8703605900	同时装有点燃式活塞内燃发动机及驱动电动机、可通过接插外部电源进行充电的其他载人车辆，排气量超过 2500 毫升，但不超过 3000 毫升	辆/千克

序号	货物种类	海关商品编号	货物名称	单位
		8703606100 8703606200 8703606300 8703606900	同时装有点燃式活塞内燃发动机及驱动电动机、可通过接插外部电源进行充电的其他载人车辆，排气量超过 3000 毫升，但不超过 4000 毫升	辆/千克
		8703607100 8703607200 8703607300 8703607900	同时装有点燃式活塞内燃发动机及驱动电动机、可通过接插外部电源进行充电的其他载人车辆，排气量超过 4000 毫升	辆/千克
		8703701100 8703701200 8703701300 8703701900	同时装有压燃活塞内燃发动机（柴油或半柴油发动机）及驱动电动机、可通过接插外部电源进行充电的其他载人车辆，排气量不超过 1000 毫升	辆/千克
		8703702100 8703702200 8703702300 8703702900	同时装有压燃活塞内燃发动机（柴油或半柴油发动机）及驱动电动机、可通过接插外部电源进行充电的其他载人车辆，排气量超过 1000 毫升，但不超过 1500 毫升	辆/千克
		8703703100 8703703200 8703703300 8703703900	同时装有压燃活塞内燃发动机（柴油或半柴油发动机）及驱动电动机、可通过接插外部电源进行充电的其他载人车辆，排气量超过 1500 毫升，但不超过 2000 毫升	辆/千克
		8703704100 8703704200 8703704300 8703704900	同时装有压燃活塞内燃发动机（柴油或半柴油发动机）及驱动电动机、可通过接插外部电源进行充电的其他载人车辆，排气量超过 2000 毫升，但不超过 2500 毫升	辆/千克
		8703705100 8703705200 8703705300 8703705900	同时装有压燃活塞内燃发动机（柴油或半柴油发动机）及驱动电动机、可通过接插外部电源进行充电的其他载人车辆，排气量超过 2500 毫升，但不超过 3000 毫升	辆/千克

序号	货物种类	海关商品编号	货物名称	单位
		8703706100 8703706200 8703706300 8703706900	同时装有压燃活塞内燃发动机（柴油或半柴油发动机）及驱动电动机、可通过接插外部电源进行充电的其他载人车辆，排气量超过 3000 毫升、但不超过 4000 毫升	辆/千克
		8703707100 8703707200 8703707300 8703707900	同时装有压燃活塞内燃发动机（柴油或半柴油发动机）及驱动电动机、可通过接插外部电源进行充电的其他载人车辆，排气量超过 4000 毫升	辆/千克
		8703800010	旧的仅装有驱动电动机的其他载人车辆	辆/千克
		8703900021	其他型排气量不超过 1 升的其他载人车辆	辆/千克
		8703900022	其他型排气量超过 1 升但不超过 1.5 升的其他载人车辆	辆/千克
		8703900023	其他型排气量超过 1.5 升但不超过 2 升的其他载人车辆	辆/千克
		8703900024	其他型排气量超过 2 升但不超过 2.5 升的其他载人车辆	辆/千克
		8703900025	其他型排气量超过 2.5 升但不超过 3 升的其他载人车辆	辆/千克
		8703900026	其他型排气量超过 3 升但不超过 4 升的其他载人车辆	辆/千克
		8703900027	其他型排气量超过 4 升的其他载人车辆	辆/千克
		8704210000	柴油型其他小型货车,仅装有压燃式活塞内燃发动机，车辆总重量不超过 5 吨	辆/千克
		8704223000	柴油型其他中型货车,仅装有压燃式活塞内燃发动机，车辆总重量超过 5 吨但在 14 吨以下	辆/千克
		8704224000	柴油型其他重型货车,仅装有压燃式活塞内燃发动机，车辆总重量在 14 吨及以上但不超过 20 吨	辆/千克
		8704230010	固井水泥车、压裂车、混砂车、连续油管车、液氮泵车用底盘，动力装置仅装有压燃式活塞内燃发动机（柴油或半柴油发动机）,车辆总重量＞35 吨,装驾驶室	辆/千克
		8704230020	起重 55 吨及以上的汽车起重机用底盘，动力装置仅装有压燃式活塞内燃发动机（柴油或半柴油发动机）	辆/千克

序号	货物种类	海关商品编号	货物名称	单位
		8704230030	车辆总重量在 31 吨及以上的清障车专用底盘，动力装置仅装有压燃式活塞内燃发动机（柴油或半柴油发动机）	辆/千克
		8704230090	柴油型的其他超重型货车，仅装有压燃式活塞内燃发动机，车辆总重量超过 20 吨	辆/千克
		8704310000	车辆总重量不超过 5 吨的其他货车，汽油型，仅装有点燃式活塞内燃发动机	辆/千克
		8704323000	车辆总重量超过 5 吨但不超过 8 吨的其他货车，汽油型，仅装有点燃式活塞内燃发动机	辆/千克
		8704324000	车辆总重量超过 8 吨的其他货车，汽油型，仅装有点燃式活塞内燃发动机	辆/千克
		8704410000	同时装有压燃式活塞内燃发动机（柴油或半柴油发动机）及驱动电动机的其他货车,车辆总重量不超过 5 吨	辆/千克
		8704421000	同时装有压燃式活塞内燃发动机（柴油或半柴油发动机）及驱动电动机的其他货车,车辆总重量超过 5 吨，但小于 14 吨	辆/千克
		8704422000	同时装有压燃式活塞内燃发动机（柴油或半柴油发动机）及驱动电动机的其他货车,车辆总重量在 14 吨及以上，但不超过 20 吨	辆/千克
		8704430010	固井水泥车、压裂车、混砂车、连续油管车、液氮泵车用底盘，动力装置为同时装有压燃式活塞内燃发动机（柴油或半柴油发动机）及驱动电动机，车辆总重量 > 35 吨,装驾驶室	辆/千克
		8704430020	起重 55 吨及以上的汽车起重机用底盘，动力装置为同时装有压燃式活塞内燃发动机（柴油或半柴油发动机）及驱动电动机	辆/千克
		8704430030	车辆总重量在 31 吨及以上的清障车专用底盘，动力装置为同时装有压燃式活塞内燃发动机（柴油或半柴油发动机）及驱动电动机	辆/千克
		8704430090	同时装有压燃式活塞内燃发动机（柴油或半柴油发动机）及驱动电动机的其他货车,车辆总重量超过 20 吨	辆/千克
		8704510000	车辆总重量不超过 5 吨的其他货车，汽油型，同时装有点燃式活塞内燃发动机及驱动电动机	辆/千克
		8704521000	车辆总重量超过 5 吨但不超过 8 吨的其他货车，汽油型，同时装有点燃式活塞内燃发动机及驱动电动机	辆/千克
		8704522000	车辆总重量超过 8 吨的其他货车，汽油型，同时装有点燃式活塞内燃发动机及驱动电动机	辆/千克

序号	货物种类	海关商品编号	货物名称	单位
		8704600000	仅装有驱动电动机的其他货车	辆/千克
		8704900000	其他货运机动车辆	辆/千克
		8706002100	车辆总重量在 14 吨及以上的货车底盘（装有发动机）	台/千克
		8706002200	车辆总重量在 14 吨以下的货车底盘（装有发动机）	台/千克
		8706003000	大型客车底盘（装有发动机）	台/千克
		8706009000	其他机动车辆底盘（装有发动机，用于税目 87.01、87.03 和 87.05 所列车辆）	台/千克

说明：

1、对外贸易经营者出口标有"*"的货物可免于申领《中华人民共和国出口许可证》，但需按规定申领《中华人民共和国两用物项和技术出口许可证》。

2、目录内所列第 35 项消耗臭氧层物质包括单独存在的或存在于混合物之内的物质，但不包括制成品内所含此种受控物质或混合物，制成品包括气溶胶、制冷空调/热泵设备、聚氨酯预聚体、泡沫制品、组合聚醚、灭火器、除尘产品、发胶产品等。

3、出口许可证管理范围以货物种类及货物名称为准，海关商品编号供通关申报参考。

《2024 年农产品进口关税配额再分配公告》

中华人民共和国国家发展和改革委员会
中华人民共和国商务部
公 告

2024 年第 3 号

根据《农产品进口关税配额管理暂行办法》（商务部、国家发展改革委令 2003 年第 4 号 商务部令 2019 年第 1 号、2021 年第 2 号修改）和《2024 年粮食进口关税配额申请和分配细则》《2024 年棉花进口关税配额申请和分配细则》（国家发展改革委公告 2023 年第 6 号）、《2024 年食糖进口关税配额申请和分配细则》（商务部公告 2023 年第 34 号）有关规定，现将 2024 年农产品进口关税配额再分配有关事项公告如下。

一、持有 2024 年小麦、玉米、大米、棉花、食糖进口关税配额的最终用户，当年未就全部配额数量签订进口合同，或已签订进口合同但预计年底前无法从始发港出运的，均应将其持有的关税配额量中未完成或不能完成的部分于 9 月 15 日前交还所在地（省、自治区、直辖市、计划单列市、新疆生产建设兵团）发展改革委、商务主管部门。小麦、玉米、大米通过国际贸易“单一窗口”粮食进口关税配额管理系统交还，棉花通过国际贸易“单一窗口”棉花进口配额管理系统交还，食糖通过农产品进口关税配额管理系统交还。国家发展改革委、商务部将对交还的配额进行再分配。对 9 月 15 日前没有交还且年底前未充分使用配额的最终用户，国家发展改革委、商务部在分配下一年农产品进口关税配额时对相应品种按比例扣减。

二、获得本公告第一条所列商品 2024 年进口关税配额并在 8 月底前已全部使用完毕的最终用户，以及符合相关分配细则所列申请条件但在年初分配时未获得 2024 年进口关税配额的新用户，可以提出农产品进口关税配额再分配申请。

三、申请企业需在 9 月 1 日—15 日向所在地（省、自治区、直辖市、计划单列市、新疆生产建设兵团）发展改革委、商务主管部门提交再分配申请材料。相关商品申请表见附件 1、2、3。

四、粮食、棉花进口关税配额再分配由申请企业于 9 月 1 日—15 日通过国际贸易“单一窗口”粮食、棉花进口配额管理系统线上填写并提交申请材料，各省、自治区、直辖市、计划单列市、新疆生产建设兵团发展改革委于 9 月 18 日前转报国家发展改革委并抄报商务部。食糖进口关税配额再分配由各省、自治区、直辖市、计划单列市、新疆生产建设兵团商务主管部门于 9 月 1 日—15 日接收企业申请材料，并将再分配申请表中所包含的信息上传至农产品进口关税配额管理系统进行网上申报，9 月 18 日前将汇总后的再分配申请材料以书面形式转报商务部。

五、国家发展改革委、商务部对用户交还的配额按照先来先领方式进行再分配，9 月 30 日前将关税配额再分配量分配到最终用户。

六、再分配关税配额的有效期等其他事项按照《农产品进口关税配额管理暂行办法》及相关分配细则执行。

七、小麦、玉米、大米、棉花进口关税配额的再分配，由国家发展改革委会同商务部以及各省、自治区、直辖市、计划单列市、新疆生产建设兵团发展改革委组织实施；食糖进口关税配额再分配，由商务部以及各省、自治区、直辖市、计划单列市、新疆生产建设兵团商务主管部门组织实施。

附件：

1.《2024 年粮食进口关税配额再分配申请表》

2.《2024 年棉花进口关税配额再分配申请表》

3.《2024 年食糖进口关税配额再分配申请表》

国家发展改革委

商　　务　　部

2024 年 8 月 7 日

附件 1

2024 年粮食进口关税配额再分配申请表

<table>
<tr><td colspan="5">企业名称：</td></tr>
<tr><td colspan="5">企业注册地址：</td></tr>
<tr><td colspan="5">企业性质：　□国有　□股份制　□民营　□外商投资</td></tr>
<tr><td colspan="5">统一社会信用代码：</td></tr>
<tr><td colspan="5">联系方式：</td></tr>
<tr><td>申请配额品种名称：（）</td><td colspan="2">□ 2024 年获得该品种年度配额者</td><td colspan="2">□ 2024 年未获得该品种年度配额者</td></tr>
<tr><td rowspan="3">申请配额种类、数量及贸易方式</td><td colspan="2">□非国营贸易配额，其中</td><td colspan="2">□国营贸易配额，其中</td></tr>
<tr><td colspan="2">（1）一般贸易：</td><td colspan="2">（1）一般贸易：</td></tr>
<tr><td colspan="2">（2）加工贸易：</td><td colspan="2">（2）加工贸易：</td></tr>
<tr><td rowspan="3">2023 年企业生产加工能力</td><td colspan="2">加工原料名称：</td><td colspan="2">产品名称：</td></tr>
<tr><td colspan="2">该原料年加工能力：</td><td colspan="2">该产品年生产能力：</td></tr>
<tr><td colspan="2">该原料年实际用量：</td><td colspan="2">该产品年实际产量：</td></tr>
<tr><td colspan="5">以下由获得年度配额的企业填写（代理企业不得将代理其他企业完成的进口量计入本企业进口实绩）</td></tr>
<tr><td rowspan="2"></td><td colspan="2">2023 年</td><td colspan="2">2024 年</td></tr>
<tr><td>非国营贸易配额</td><td>国营贸易配额</td><td>非国营贸易配额</td><td>国营贸易配额</td></tr>
<tr><td rowspan="2">分配到的配额量</td><td>一般贸易：</td><td>一般贸易：</td><td>一般贸易：</td><td>一般贸易：</td></tr>
<tr><td>加工贸易：</td><td>加工贸易：</td><td>加工贸易：</td><td>加工贸易：</td></tr>
<tr><td rowspan="2">实际进口量（核销量）</td><td>一般贸易：</td><td>一般贸易：</td><td>一般贸易：</td><td>一般贸易：</td></tr>
<tr><td>加工贸易：</td><td>加工贸易：</td><td>加工贸易：</td><td>加工贸易：</td></tr>
<tr><td rowspan="2">中期调整退回量</td><td>一般贸易：</td><td>一般贸易：</td><td>一般贸易：</td><td>一般贸易：</td></tr>
<tr><td>加工贸易：</td><td>加工贸易：</td><td>加工贸易：</td><td>加工贸易：</td></tr>
<tr><td colspan="5">本企业已阅知《2024 年农产品进口关税配额再分配公告》相关内容，并郑重承诺本企业符合粮食进口关税配额申请条件，提交的粮食进口关税配额各项申报材料真实、准确、有效；获得粮食进口关税配额后，保证按照国家有关法律法规、规章开展进口业务。如违反本承诺，愿意承担相应法律责任和后果，并接受相关惩戒。
申请企业（盖章）　　企业法定代表人（签字）：</td></tr>
</table>

填表说明：

1. 企业名称与统一社会信用代码必须一一对应，一码一申请。

2. 在“申请配额种类”中，企业可勾选非国营贸易配额，或者国营贸易配额，或者两者皆勾选。

3. 企业根据申请的粮食配额品种，填写对应的“企业生产加工能力”，包括：(1) 对作为加工原料的粮食的年加工能力和实际用量。(2) 对以粮食为主要原料生产出的产品的年生产能力和实际产量。

附件 2

2024 年棉花进口关税配额再分配申请表

<table>
<tr><td colspan="3">申请企业名称：</td><td colspan="2">统一社会信用代码：</td></tr>
<tr><td colspan="5">企业注册地址：</td></tr>
<tr><td colspan="4">企业性质：□国有　□股份制　□民营　□外商投资</td><td>联系电话：</td></tr>
<tr><td colspan="2">注册资本（万元）：</td><td colspan="2">2023 年纳税额（万元）：</td><td>2023 年资产负债率：</td></tr>
<tr><td colspan="5">配额申请数量（吨，不区分贸易方式）：</td></tr>
<tr><td rowspan="7">企业生产经营情况</td><td>纺纱能力：</td><td>锭</td><td>2023 年棉花用量：</td><td>吨</td></tr>
<tr><td>其中，环锭纺：</td><td>锭</td><td>其中，进口棉用量：</td><td>吨</td></tr>
<tr><td>转杯纺：</td><td>头</td><td>2023 年纱线产量：</td><td>吨</td></tr>
<tr><td>喷气涡流纺：</td><td>头</td><td>其中，棉纱产量：</td><td>吨</td></tr>
<tr><td>全棉水刺非织造布产能：</td><td>吨</td><td>#纯棉纱产量：</td><td>吨</td></tr>
<tr><td>2023 年棉制品出口金额：</td><td>万美元</td><td>2023 年全棉水刺非织造布产量：</td><td>吨</td></tr>
<tr><td>其中，自营出口金额：</td><td>万美元</td><td></td><td></td></tr>
<tr><td colspan="5">备注：</td></tr>
<tr><td colspan="5">本企业已阅知《2024 年农产品进口关税配额再分配公告》相关内容，郑重承诺：保证本企业符合国家规定的棉花进口关税配额申请条件，保证本申请表所填写的内容真实有效、有据可查，没有任何隐瞒或虚假信息。获得棉花进口关税配额后，保证按照国家有关法律法规、规章和相关规定开展进口业务。如违反本承诺，本企业愿意承担相关责任和后果，并接受有关部门相应惩戒。

申请企业（盖章）　　　　企业法定代表人（签字）：</td></tr>
</table>

填表说明：

1. 企业名称与统一社会信用代码必须一一对应，一码一申请。

2.“纺纱能力”指折环锭纺产能，须填报本企业自有设备且 2024 年 7 月 31 日已投产使用的实际纺纱能力。转杯纺和喷气涡流纺分别按每头 10 锭和 20 锭折算为环锭纺纱锭数，全棉水刺非织造布产能按每吨 6.25 锭折算为环锭纺纱锭数。

3. 本表棉纱指以棉花为原料之一加工的纱线，纯棉纱指含棉量为 100% 的棉纱线。

4. 填报数据精确到个位。企业须保存与上述填报数据相一致的采购、销售发票和出入库凭证等证明材料备查。检查时，如无法完整提供，将视为虚假填报。

5. 2024 年 7 月 31 日纺纱能力较最近一次国家发展改革委及其委托机构组织的产能现场核查及抽查有变化的，请保留相关凭据备查，并在“备注”栏说明。

附件 3

2024 年食糖进口关税配额再分配申请表

数量单位：吨

<table>
<tr><td colspan="5">企业名称：</td></tr>
<tr><td colspan="5">企业注册地址：</td></tr>
<tr><td colspan="5">企业性质：　□国有　□股份制　□民营　□外商投资</td></tr>
<tr><td colspan="5">统一社会信用代码：</td></tr>
<tr><td colspan="5">联系人及联系电话：</td></tr>
<tr><td>2024 年是否获得关税配额</td><td colspan="2">□ 2024 年获得食糖关税配额者</td><td colspan="2">□ 2023 年未获得食糖关税配额者</td></tr>
<tr><td rowspan="3">申请关税配额种类、数量及贸易方式</td><td colspan="2">□非国营贸易关税配额，其中</td><td colspan="2">□国营贸易关税配额，其中</td></tr>
<tr><td colspan="2">（1）一般贸易：</td><td colspan="2">（1）一般贸易：</td></tr>
<tr><td colspan="2">（2）加工贸易：</td><td colspan="2">（2）加工贸易：</td></tr>
<tr><td rowspan="3">2022 年企业产品及生产能力</td><td colspan="4">产品名称：</td></tr>
<tr><td colspan="2">该产品年实际产量：</td><td colspan="2">食糖年实际用量：</td></tr>
<tr><td colspan="4">该产品年销售额（万元）：</td></tr>
<tr><td colspan="5">以下由获得年度关税配额的企业填写（不包括代理进口）</td></tr>
<tr><td rowspan="2"></td><td colspan="2">2023 年</td><td colspan="2">2024 年</td></tr>
<tr><td>国营贸易关税配额</td><td>非国营贸易关税配额</td><td>国营贸易关税配额</td><td>非国营贸易关税配额</td></tr>
<tr><td rowspan="2">获得关税配额量</td><td>一般贸易：</td><td>一般贸易：</td><td>一般贸易：</td><td>一般贸易：</td></tr>
<tr><td>加工贸易：</td><td>加工贸易：</td><td>加工贸易：</td><td>加工贸易：</td></tr>
<tr><td rowspan="2">实际进口量（核销量）</td><td>一般贸易：</td><td>一般贸易：</td><td>一般贸易：</td><td>一般贸易：</td></tr>
<tr><td>加工贸易：</td><td>加工贸易：</td><td>加工贸易：</td><td>加工贸易：</td></tr>
<tr><td rowspan="2">中期调整退回量</td><td>一般贸易：</td><td>一般贸易：</td><td>一般贸易：</td><td>一般贸易：</td></tr>
<tr><td>加工贸易：</td><td>加工贸易：</td><td>加工贸易：</td><td>加工贸易：</td></tr>
<tr><td colspan="5">是否同意对外提供本企业关税配额获得数量　□是　□否</td></tr>
<tr><td colspan="5">本企业已阅知《2024 年农产品进口关税配额再分配公告》相关内容，并郑重承诺本企业符合食糖进口关税配额申请条件，提交的食糖进口关税配额各项申报材料真实、准确、有效；获得食糖进口关税配额后，保证按照国家有关法律法规、规章制度开展进口业务。如违反本承诺，愿承担相应法律责任和后果，并接受相关惩戒。

申请企业（盖章）　企业法定代表人（签字）　日期：</td></tr>
</table>

填表说明：

1. 企业名称与统一社会信用代码必须一一对应，一码一申请。
2. 在“申请关税配额种类”中，企业可勾选非国营贸易配额，或者国营贸易配额，或者两者皆勾选。

第八部分

附　　件

附录 1 国内主要涉棉机构通讯录

涉棉机构	通信地址	电　话
国家发展和改革委员会经济贸易司	北京市西城区月坛南街 38 号	010-68502000
国家发展和改革委员会农村经济司	北京市西城区月坛南街 38 号	010-68783311
财政部经济建设司	北京市西城区三里河南三巷 3 号	010-68551114
商务部对外贸易司	北京市东长安街 2 号	010-65197420
农业农村部种植业管理司	北京市朝阳区农展馆南里 11 号	010-59193366
农业农村部农村经济研究中心	北京市西城区西四砖塔胡同 56 号	010-66115901
中华人民共和国海关总署信息中心	北京市建国门内大街 6 号	010-65194114
国家统计局工交司	北京市西城区月坛南街 57 号	010-68782859
中国农业发展银行	北京市西城区月坛北街甲 2 号	010-68081453
中国纤维质量监测中心	北京市东城区安定门东大街 5 号	010-87998820
中国棉花协会	北京市复兴门内大街 45 号主楼 7 层	010-66053910
中国棉麻流通经济研究会	北京市西城区复兴门内大街 45 号	010-66095222
中国纺织工业联合会	北京市东城区东长安街 12 号	010-85229207
中国棉纺织行业协会	北京市东城区东长安街 12 号	010-80699609
中国纺织品进出口商会	北京市朝阳区潘家园南里 12 楼 7 层	010-67739273
中国储备棉管理有限公司	北京市西城区华远街 17 号	010-83326500
中华棉花集团有限公司	北京市西城区宣武门外大街甲 1 号 11 层 1105	010-59338188
中棉工业有限责任公司	北京市西城区宣武门外大街甲 1 号 6 层 608	010-59338950
中纺棉花进出口有限公司	北京市东城区建国门内大街 19 号 7 层	010-65281122
国家棉花市场监测系统	北京市石景山区京原路 19 号 1 号楼中储粮油脂大厦 11 层	010-83020089
中国供销集团有限公司	北京市西城区宣武门外大街甲 1 号	010-59338888
北京全国棉花交易市场集团有限公司	北京市西城区宣武门外大街甲 1 号环球财讯中心 B 座 15 层	010-59338602
郑州商品交易所	河南省郑州市郑东新区商务外环路 30 号	0371-65610069
中国农科院棉花研究所	河南省安阳市开发区黄河大道 38 号	0372-2562200
安徽财经大学棉花工程研究所	安徽省蚌埠市宏业路 255 号	0552-3112124
山东天鹅棉业机械股份有限公司	山东省济南市天桥区大魏庄东路 99 号	0531-58675811

附录 2　国内主要棉花纤维检验机构

单位名称	地　　址	电　　话
中国纤维质量监测中心	北京市东城区安定门东大街 5 号	010-87998820
天津市产品质量监督检测技术研究院纺织纤维检验中心	天津市南开区科研西路 2 号增 6 号	022-87551828
河北省纤维质量监测中心	河北省石家庄市中华南大街 537 号	0311-67568296
内蒙古自治区纤维检验局	呼和浩特市新城区鸿盛工业园区规划路	0471-4931336
辽宁省纤维检验局	辽宁省沈阳市和平区永安北路 8 号	024-23894057
江苏省纤维检验局	江苏省南京市北京西路 6 号	18118992768
浙江省品牌发展中心（浙江省纤维质量监测中心）	浙江省杭州市天目山路 222 号	0571-85123534
宁波市产品食品质量检验研究院（宁波市纤维检验所）	浙江省宁波市江南路 1588 号 D 座	0574-87878625
安徽省纤维检验局	合肥市包河工业区延安路 13 号	0551-63356467
福建省纤维检验中心	福建省福州市仓山区照屿路 17 号	0591-87887663
山东省纤维质量监测中心	山东省济南市经二路 343 号	0531-87911540
青岛市纤维纺织品监督检验研究院	山东省青岛市崂山区深圳路 173 号	0532-88911931
湖北省纤维检验局	湖北省武汉市武昌区公平路 8 号	027-88224867
湖南省纤维检测研究院	长沙市时代阳光大道 238 号	0731-89967239
广州纤维产品检测研究院	广州市海珠区南华东路 687 号	020-66348635
广西壮族自治区产品质量检验研究院	南宁市邕宁区蒲庙镇永乐路 28 号	0771-5869795
四川省纤维检验局	四川省成都市蜀都大道少城路 7 号（人民公园斜对面）	028-86639111
贵州省纤维检验局	贵州省贵阳市云岩区头桥海马冲街 45 号	0851-6518084
云南省产品质量监督检验研究院	云南省昆明市教场东路 23 号	0871-65193060
陕西省纤维质量监测中心	陕西省西安市碑林区咸宁西路 30 号省质检大厦 13 层	029-62655811
宁夏回族自治区纤维质量监测中心	宁夏银川市贺兰县德胜工业园区清园路 1-1 号	0951-8614015
新疆维吾尔自治区纤维质量监测中心	乌鲁木齐市河北东路 188 号	0991-3191710
陕西省纤维质量监测中心	陕西省西安市碑林区咸宁西路 30 号省质检大厦 13 层	029-62655811
宁夏回族自治区纤维质量监测中心	宁夏银川市贺兰县德胜工业园区清园路 1-1 号	0951-8614015
新疆维吾尔自治区纤维质量监测中心	乌鲁木齐市河北东路 188 号	0991-3191710

图书在版编目（CIP）数据

中国棉花年鉴. 2023/2024 / 中储棉花信息中心有限公司编. -- 北京 : 中译出版社, 2025. 8. -- ISBN 978-7-5001-8327-3

Ⅰ. F326.12-54

中国国家版本馆CIP数据核字第20255AB326号

中国棉花年鉴 2023/2024

ZHONGGUO MIANHUA NIANJIAN 2023/2024

策划编辑：刘香玲

责任编辑：刘香玲

文字编辑：王　珏

排　　版：北京竹页文化传媒有限公司

出版发行：中译出版社

地　　址：北京市丰台区右外西路 2 号院中国国际出版交流中心

电　　话：（010）68359719（编辑部）

邮　　编：100069

电子邮箱：book@ctph.com.cn

网　　址：http://www.ctph.com.cn

印　　刷：三河市国英印务有限公司

经　　销：新华书店

规　　格：880 mm×1230 mm 1/16

印　　张：18

字　　数：440 千字

版　　次：2025 年 8 月第 1 版

印　　次：2025 年 8 月第 1 次

ISBN 978-7-5001-8327-3　定价：390.00 元